SUSAN BAUER-WU

A Future We Can Love

AF286365

 GOLDMANN

SUSAN BAUER-WU

A FUTURE
WE CAN
LOVE

Inspiriert durch das Gespräch zwischen dem

DALAI LAMA &
GRETA THUNBERG

Wie wir mit Herz und Verstand den
Weg aus der Klimakrise finden können

Unter Mitarbeit von Stephanie Higgins

Aus dem amerikanischen Englisch
von Elisabeth Liebl

GOLDMANN

FSC
www.fsc.org

MIX
Papier | Fördert
gute Waldnutzung
FSC® C083411

Penguin Random House Verlagsgruppe FSC® N001967

1. Auflage
Deutsche Erstausgabe Juni 2023
Copyright © 2023 der Originalausgabe by The Mind & Life Institute
Basierend auf dem Buch *Kreisläufe des Klimawandels*,
edition a, Wien
Copyright © 2023 der deutschsprachigen Ausgabe:
Wilhelm Goldmann Verlag, München,
in der Penguin Random House Verlagsgruppe GmbH,
Neumarkter Str. 28, 81673 München
Grafiken: Bastian Welzer
Umschlag: Uno Werbeagentur, München
Umschlagmotive: Bilder vom Gespräch: 2021, Mind & Life Institute;
weitere Motive: shutterstock/Yuriy2012
Redaktion: Ralf Lay
Satz: Satzwerk Huber, Germering
Druck und Bindung: CPI books GmbH, Leck
Printed in the EU
SC · CB
ISBN 978-3-442-22356-5

Inhalt

Einführung 11

Teil I

Wissen

1. Die Wissenschaft: Warum Eis, Wind, Wolken und
   Bäume wichtig sind 33

2. Der Spirit: Das Problem mit dem »Business as usual« . . 65

Teil II

Leistungsfähigkeit

3. Die Leistungsfähigkeit der Erde: Lasst sie tun,
   was ihre Aufgabe ist 95

4. Die Leistungsfähigkeit des Menschen: Warum wir ein
   Gefühl der Wirkmächtigkeit entwickeln müssen 125

Teil III

Wille

5. Das gebrochene Herz: Dunkelheit und Licht   159

6. Das Wunder: Eine Gegenwart, auf die wir uns freuen
   können, und eine Zukunft, die vorstellbar ist   187

Teil IV

Handeln

7. Der Beginn einer neuen Ära: Das »Zeitalter des
   Genug«   215

Nachwort   263
Dank   265

Anhang

Über die Autorinnen   269
GesprächspartnerInnen   269
Quellen   271
Anmerkungen   275
Sachregister   283
Personenregister   287

Unsere grenzenlose Dankbarkeit
gilt Seiner Heiligkeit und Greta.

Der Segen

Jetzt. Sie plätschert immer noch.
Immer noch summt sie, pulsiert, erbebt.
Immer noch seufzt sie.
Und ihr Murmeln unter dem Himmel.

Wir hören zu, und alles, was wir hören, ist: Die Zeit drängt. Die Wasser wirbeln, die Winde peitschen, die Feuer toben voller Zorn. Der Herausforderungen sind unzählige, aber ebenso grenzenlos sind die Möglichkeiten. Unsere Trauer ist eine Belastung, aber unser Mitgefühl ist stark. Wir schaffen ein kosmisches Gewebe voller Ehrfurcht und Schrecken, voller Staunen und Zweifel, voll Werden und Vergehen … wir und alle anderen.
Das unermessliche, unaufhörliche Weben ist Liebe in all ihren myriadischen Formen.
Wir hören das Summen von Mutter Erde. Ihr Rufen. Ihren Herzschlag, ihre Flügel. Wir, die wir selbst aus Erde sind, sind durchlässig. Die tätige Liebe fließt – fließt hindurch – und füllt die Risse der Hoffnungslosigkeit, der Ohnmacht, der Isolation.
Wir atmen ein und kehren zurück voller Dankbarkeit.
Wir atmen aus und verbinden uns mit sich entfaltender Güte und Fürsorge.
Es ist die Liebe, die der Trauer einen Sinn verleiht, die Wut zum Handeln werden lässt, die Verzweiflung zum Wandel, die Angst zur Geborgenheit. Die Liebe heilt alle Wunden. Sie macht ganz, sie stellt wieder her … sie baut Brücken.
Denn wir, unser ganzes Sein, sind *offen*.

Vertrauen entsteht.

Meine Anverwandten: Erinnert euch an die ersten Schritte der Entdeckung, fort vom Nicht-Wissen.

Ja.

Diese ersten Schritte tun wir hier und heute wieder.

Heute gehen wir achtsam und absichtsvoll. Unsere Vergangenheit bringt diese Wachheit mit sich. Das Morgen geschieht hier und heute, durch uns.

Ja.

Erinnert euch an die Zeit, als wir noch barfuß gingen. Als unsere Sohlen die Haut unserer Länder liebkosten und sich nicht bekümmerten um Kiesel und Dornen. Weil sie auf Spiel ausgingen und auf Verbundenheit.

Meine Anverwandten, erinnert euch, wie Mutter Erde euch hielt. Wie ihr liebevoller Blick, ihr Lächeln auf euch ruhte.

Wir lächeln zurück, denn wir hören ihr nun wirklich zu.

Jetzt. Wir plätschern.
Wir summen, pulsieren, erbeben.
Wir seufzen.
Unser Murmeln unter dem Himmel.

Dr. Yuria Celidwen, Tochter der Nahua und Maya

Einführung

Verabreden sich ein tibetischer Lama und eine Umweltaktivistin zu einem Zoom-Meeting …

Klingt wie der Anfang zu einem Witz, ist es aber nicht. Der tibetische Lama war kein anderer als der Dalai Lama, und bei der Umweltaktivistin handelte es sich um Greta Thunberg. Dieses Gespräch hat tatsächlich stattgefunden. Der Anlass für diese Online-Diskussion – die Klimakrise, die wir gegenwärtig erleben – hätte ernster kaum sein können. Doch wie immer, wenn der Dalai Lama beteiligt ist, verlief auch dieses Gespräch nicht todernst. Es waren trotz allem ein Feuer und eine Leichtigkeit zu spüren, ungeachtet des Themas und der – für Greta, die in Schweden saß – sehr frühen Stunde, wobei »mitten in der Nacht« es eher träfe. In Charlottesville, Virginia, wo ich arbeite, war es auch schon reichlich spät, nämlich 22.30 Uhr. Aber ich bin ohnehin eine Nachteule; und egal, zu welcher Tages- oder Nachtzeit dieses Gespräch stattgefunden hätte, ich wäre ebenso wach gewesen und froh, dabei zu sein.

10. Januar 2021, 9.00 Uhr früh im indischen Dharamsala. Der Dalai Lama und Greta Thunberg trafen sich zum ersten Mal. Etwa eine Million Menschen hatten sich dem Livestream zugeschaltet, um zu hören, was die beiden Leitgestalten sich zum Thema »Klimakrise« zu sagen hätten. Meine Aufgabe war es, die einleitenden Worte zu diesem Ereignis zu sprechen, da es von der Organisation, für die ich arbeite, dem Mind & Life Institute, gehostet wurde. Ich hatte Greta schon eine Stunde vor dem Event kontaktiert (in Schweden war es da 3.45 Uhr früh, wie ich anerkennend erwähnen möchte), um zu kontrollieren, ob mit der Bild- und Ton-

übertragung alles funktionierte. Zuerst war sie verständlicherweise noch ein bisschen verschlafen. Doch irgendwer – ich denke mal, es war ihr Vater – brachte ihr dann Tee und Toast, und schnell wurde sie zu der jungen, geradezu unheimlich gefassten Erwachsenen mit den klaren Augen, die ich aus dem Internet kannte. Sie saß mit nach hinten gebundenen Haaren und schwarzem Hoodie im elterlichen Wohnzimmer, der Hintergrund erfrischend unaufgeräumt. Auf dem Sofa eine verwurschtelte Decke. Auf – ja was: einem Hutständer, einer Lampe? – saß eine überständige Weihnachtsmütze, obwohl Weihnachten schon ein paar Wochen zurücklag. Greta zeigte sich ohne Allüren, nur mit ihrer zum Markenzeichen gewordenen Ernsthaftigkeit, was den Zustand unseres Planeten angeht. Hinter ihr konnte ich sehen, wie der tiefste schwedische Winter pechschwarz zum Fenster hereinsah.

Der Dalai Lama lächelte und winkte uns aus einem bequemen Stuhl hinter einem kleinen Holztisch zu, auf dem eine Uhr stand. Er saß in einem sonnenhellen Raum voll tiefroter und gelber Blumen, welche die Farben seiner traditionellen Mönchsrobe aufnahmen. Er hatte sich schon seit vielen Jahrzehnten für Umweltthemen starkgemacht, lange vor Gretas Geburt und zu einer Zeit, als das Ozonloch in den Köpfen präsenter war als die Bedrohung, die der Mensch für das Weltklima darstellt. Aber erst im Jahr zuvor hatte der Dalai Lama Greta einen Brief geschrieben. Darin hieß es: »Auch mir ist der Umweltschutz ein Herzensanliegen. Wir Menschen sind die einzige Spezies, die die Macht hat, die Erde, so wie wir sie kennen, zu zerstören. Doch wie wir die Fähigkeit haben, die Erde zu zerstören, so haben wir auch die Fähigkeit, sie zu beschützen. Es ist ermutigend zu sehen, wie du der Welt die Augen geöffnet hast für die Notwendigkeit, unseren Planeten, unser einziges Zuhause, zu schützen. Und gleichzeitig hast du so viele junge Brüder und Schwestern inspiriert, Teil dieser Bewegung zu werden.«

Nun, an Greta direkt gewandt, bringt der Dalai Lama noch einmal seine Bewunderung und seinen Optimismus zum Ausdruck, die ihn diesen Brief schreiben ließen. Und dass er sehr gespannt sei auf das, was sie zu sagen habe. »Die jüngeren Mitglieder der Menschheitsfamilie zeigen sich aufrichtig besorgt um unsere Zukunft, um unseren Planeten, und das ist ein sehr, sehr hoffnungsvolles Zeichen.« Gretas Antwort und ihre ersten direkten Worte an den Dalai Lama zeigen, dass diese Wertschätzung gegenseitig ist: »Ich kann sagen, dass wir als jüngere Generation ewig dankbar dafür sind, dass Sie für uns eintreten, und nicht nur für uns, sondern für die gesamte Menschheit und den ganzen Planeten.«

Doch wie Greta so oft und zu Recht betont, ist es weder fair noch zielführend, unsere gesamte Hoffnung auf die junge Generation zu setzen und die Rettung des Planeten ihr zu überlassen. Denn bis sie und ihre Altersgenossen alt genug sind, um als Umweltwissenschaftler, Klimajournalisten, gewählte Mandatsträger oder Ingenieure für grüne Energie aktiv zu werden, haben wir das kritische Zeitfenster verpasst, in dem sich die Katastrophen, die mit einer globalen Erwärmung über 1,5 bis 2 Grad Celsius hinaus verbunden sind, noch verhindern ließen. Natürlich findet Greta es, im Gegensatz zu den meisten Erwachsenen, gut, dass der Dalai Lama während eines Großteils seines langen Lebens für die Belange des Planeten eingetreten ist. Schläft er auch jede Nacht geruhsame neun Stunden, das Thema »Umwelt« hat er darüber keinesfalls verschlafen.

Ebenso trifft zu, was der Dalai Lama sagt: Diese von jungen Menschen getragenen Bewegungen *sind* ein ermutigendes Zeichen; und wenn sich uns irgendwo Gelegenheit zur Hoffnung bietet, dann sollten wir diese Gelegenheit ergreifen. Während ich den beiden zuhöre, kommt mir ein Gedanke: Irgendwo in diesem Spektrum zwischen dem 85-jährigen Oberhaupt des tibetischen Buddhismus und der achtzehnjährigen Umweltaktivistin müssen auch wir aktiv werden.

Das ist unsere Aufgabe. Was den meisten Menschen auch mehr oder weniger bewusst ist, mag uns das Wissen um diese Notwendigkeit noch so neu sein. Vielleicht wurde es geweckt durch die

Schlagzeilen der Zeitungen, durch Dokumentarfilme, oder konkreter und unmittelbarer durch Hitzewellen, Waldbrände, Flutkatastrophen oder Wasserknappheit. Die meisten von uns kennen die schlechten Nachrichten zum Klimawandel, und die meisten hegen daran keinen Zweifel, ob wir uns mit diesem Thema nun beschäftigen oder nicht. In diesen Tagen hören wir wieder und wieder von den Problemen. Und viele Menschen auf dieser Welt erleben sie ganz unmittelbar. Was aber bei Greta und dem Dalai Lama so anders ist: Wie diese beiden das Gespräch aufziehen, bekommt es etwas durchaus Einladendes. Was einen Umschwung in der bisherigen Herangehensweise bewirken kann. Zumindest war das bei mir der Fall.

Vielleicht möchten wir über diese Dinge lieber nicht reden, doch die jüngsten Ereignisse haben uns gezwungen, unsere Scheuklappen abzulegen, die uns vor der Erkenntnis bewahrten, dass unserem Planeten etwas droht, was gefährlicher ist als alles, was die Menschheit je gesehen, erlebt oder in ihren Annalen festgehalten hat. Extreme Wetterereignisse sind nichts Neues, doch die zunehmende Häufigkeit und ihre Schwere sind alarmierend. Nachrichten über Unwetterkatastrophen erreichen uns so häufig, dass ich sie mittlerweile jede Woche, wenn nicht jeden Tag, aus irgendeinem Winkel der Welt erwarte. Das beständige Tröpfeln erschreckender Schlagzeilen fühlt sich fast schon normal an. Es stumpft uns ab. Ich schaue mir die Nachrichten an, »sehe« sie aber nicht wirklich. Ich höre von einer Schlammlawine oder einem Waldbrand und schüttele den Kopf, doch dieses Leid fühlt sich zu heftig an, um es auszuhalten, also wende ich den Blick ab. Nicht, weil mir alles egal ist, sondern weil ich mich hilflos fühle. Oder genauer: fühlte. Bis mir die Menschen, die Sie in diesem Buch kennenlernen werden, zu der Erkenntnis verhalfen, dass ich in Wirklichkeit mit allem und jedem verbunden bin und dass es Menschen gibt, die gegen diese Entwicklungen bereits etwas tun. Und dass ich mich ihnen anschließen kann.

Vielleicht empfinden manche die Klimakrise als etwas, was – irgendwo weit weg – andere Menschen betrifft. Vielleicht scheint sie manchen als etwas, was weit in der Zukunft eintreten wird und uns genügend Zeit zum Gegensteuern lässt. Vielleicht fürchten wir auch, dass wir, lassen wir das Leid der Welt an uns heran, in Verzweiflung oder Lähmung versinken. Wie sollen wir morgens noch aus dem Bett kommen, wenn wir tatsächlich die Verluste und den Schaden nachempfinden, den wir unseren Mitmenschen, zahllosen nichtmenschlichen Lebewesen und unserem Planeten wider besseres Wissen zufügen? Vielleicht denken oder beten wir, dass jemand anders sich um diese Probleme kümmern möge, in letzter Sekunde sozusagen, mit einer technischen Wunderwaffe ausgerüstet. Oder dass eine Heilsgestalt auf einem weißen Pferd heransprengt und alle sich plötzlich der guten Sache anschließen. Charismatische Führungsgestalten und technologische Innovationen können uns zwar helfen, aber sie allein werden uns nicht retten.

Zwar tun viele in Sachen Umwelt, was sie als Einzelperson tun können: Müll trennen, recyceln, Politiker wählen, die sich für den Umweltschutz einsetzen, unterstützen, Solaranlagen installieren oder ein E-Auto kaufen (wenn sie sich das leisten können). Aber dann hören wir von wohlmeinenden Menschen, solche individuellen Bemühungen würden nichts bringen. Dann recyceln wir zwar weiter unseren Müll und verwenden keine Trinkhalme aus Plastik, aber die Fakten über die Klimakrise sitzen uns wie düstere Schatten im Nacken. Wir kommen uns vor wie kleine Würstchen angesichts steigender Meeresspiegel und schmelzender Polkappen. Doch auch wenn unsere individuellen Bemühungen nicht ausreichen, ist die stille Resignation doch keineswegs die beste Alternative. Selbst wenn es uns überhaupt nicht passt: Wir müssen lernen, miteinander über die Klimakrise zu reden.

Wie Greta gegenüber dem Dalai Lama sagte: »Ich habe die Erfahrung gemacht und mache sie immer noch, dass es massiv am Bewusstsein fehlt für die wahren Probleme des Klimawandels und die Risiken, die sich daraus ergeben. Und dass wir als Gesellschaft viel zu wenig Zeit darauf verwenden, darüber zu reden. Die Diskussionen, die stattfinden, sind thematisch zu eng begrenzt. Das liegt hauptsächlich daran, weil die Wissenschaft nicht ausreichend einbezogen ist.« Zustimmung seitens der Wissenschaftler: Zwar seien die meisten Menschen wegen der Klimakrise besorgt oder beunruhigt, würden das aber nicht thematisieren. Mag sein, weil wir glauben, nicht genug zu wissen, und Angst haben, uns zu informieren. Angst vor dem, was wir herausfinden könnten. Mag sein, dass wir genug wissen, aber zu viel Angst haben, es laut auszusprechen, und das Ganze lieber wegschieben. Mag sein, dass es für uns ungemütlich werden kann. Je mehr wir über dieses Thema wissen, desto mehr scheint es zur sozialen No-go-Area zu mutieren. Ich weiß, dass ich nicht allein bin, wenn ich ebendas nicht möchte.

Nachdem ich erfahren hatte, dass es diesen Klimawandel gibt, versuchte ich lange Zeit, einfach mit meinem Leben weiterzumachen und ein guter Mensch zu sein, meinen Teil zum Wohl der Welt beizutragen und mich ansonsten an das zu klammern, was ich als Normalität ansah. Dann aber beschloss mein Kollege beim Mind & Life Institute, der Filmemacher Barry Hershey, eine Reihe von Kurzfilmen über die Macht der klimatischen Feedback-Loops (Prozesse, durch welche die Erderwärmung die weitere Erwärmung zusätzlich verstärkt) zu machen. Als er mir von diesen Filmen erzählte, bemühte ich mich darum, Mind & Life zum Podium der Erstausstrahlung zu machen. Als Termin fassten wir den Januar 2021 ins Auge – schon mit der Vorstellung, den Dalai Lama und Greta mit einzubeziehen. Der Dalai Lama hatte Mind & Life vor 35 Jahren mitbegründet und ist der Arbeit unserer Organisation immer noch verbunden. Er zeigte sich sehr interessiert an einer öffentlichen Diskussion mit Greta. Deren Teilnahme war allerdings alles andere als gesichert. Angesichts der Qualität der Filme, der Gelegenheit, dem Dalai Lama zu begegnen, und der Möglichkeit, mit dieser öffentlichen Diskussion Millionen von Zuschauern zu erreichen, beschlossen wir, bei ihr wegen einer Teilnahme anzufragen.

Doch sie zu kontaktieren, war eine echte Herausforderung. Nach mehreren erfolglosen Versuchen, sie über Dritte anzusprechen, erfuhren wir, dass der Dalai Lama ihr besagten Brief geschrieben hatte, und hofften, sie würde zustimmen, wenn wir darauf eingingen. Jeder, der an der Planung dieses Events mitwirkte, saß auf glühenden Kohlen, während die Uhr tickte. Der November verstrich, und Anfang Dezember hatten wir immer noch keine Reaktion. Dann plötzlich, einen Monat bevor das Event stattfinden sollte, kam Gretas Zusage. Wir alle jubelten. Über die Feiertage arbeiteten wir mit Hochdruck daran, das Event in allen Einzelheiten durchzuplanen.

Als der Dalai Lama 1987 am ersten Dialog des Mind & Life Institute teilnahm, stand er bereits in den Fünfzigern seines bemerkenswerten Lebens. Er entstammt einer Bauernfamilie aus der alten tibetischen Region Amdo, wo er am 6. Juli 1935 geboren wurde. An das Tibet, in dem er aufwuchs, erinnert er sich als »Paradies für Wildtiere« (»keine Übertreibung«).[1] Er kann sich gut daran erinnern, wie er von Takster, dem osttibetischen Dorf, in dem er zur Welt kam, zur Hauptstadt Lhasa reiste, wo er im Alter von vier Jahren als neuer Dalai Lama inthronisiert werden sollte. Besonders in Erinnerung sind ihm die vielen Wildtiere geblieben, die ihn unterwegs faszinierten: »Riesige Herden von *kyang*, Wildeseln, und *drong*, wilden Yaks, streiften frei über die weiten Ebenen. Hin und wieder erhaschten wir einen Blick auf schimmernde Herden von *goa*, den scheuen Tibetgazellen, von *shawa chukar*, Weißlippenhirschen, oder von *tsö*, Tibetantilopen. Ich weiß auch noch, wie sehr mich die kleinen *chibi*, Pikas oder Pfeifhasen, faszinierten, die sich auf den Grasflächen tummelten. Sie waren so unglaublich freundlich. Ich beobachtete auch gern die Vögel, die würdevollen *go* (Bartgeier, manchmal auch als Bartadler bezeichnet), die hoch über den Klös-

tern kreisten und oben in den Bergen saßen, die Herden von Gän-
sen *(gnang-kar)*; und manchmal, nachts, konnte ich den Ruf der *ug-
pa* (Waldohreule) hören.« Er erinnert sich weiter, dass er sich nicht
einmal in Lhasa »von der Welt der Natur getrennt gefühlt« habe.[2]

Zwanzig Jahre nach dieser idyllischen Reise, die er als Kind gemacht hatte, wurde der Dalai Lama 1959 als junger Erwachsener gezwungen, Tibet zu verlassen. Landsleute, die danach ihrem Heimatland einen Besuch abgestattet hatten, berichteten dem Dalai Lama
von immensen Umweltzerstörungen, deren Zeugen sie gewesen
waren – einen nicht zu übersehenden Rückgang der Fauna, eine
massive Abholzung der Wälder –: »Kahl geschoren wie der Schädel eines Mönchs«, so der Eindruck, den der Dalai Lama aus diesen
Gesprächen zurückbehielt.[3] Seit Langem schon ist ihm der Zusammenhang bewusst zwischen dieser Abholzung im Quellgebiet der
großen Flüsse Asiens und den Überschwemmungen in Ländern
wie Bangladesch. Zehn oder fünfzehn Jahre später machte ihn ein
chinesischer Ökologe mit dem Konzept des tibetischen Hochlands
als »drittem Pol«[4] bekannt – eine gigantische Eisfläche von ähnli-
cher Bedeutung wie Arktis und Antarktis, die sich gleichfalls sehr
viel schneller erwärmt als der übrige Planet, sodass wir gut daran
täten, ihr die gebührende Aufmerksamkeit zu widmen und sie besser zu schützen.

Seit mittlerweile über sechzig Jahren führt der Dalai Lama die
Gemeinde der Exiltibeter an – Flüchtlinge, die gezwungen waren,
ihre vertraute Welt hinter sich zu lassen, so wie die Klimaflüchtlinge
dies heute tun müssen. Viele Menschen sind bereits aus den Wüs-
tengebieten vertrieben worden, und bis 2050 wird mit zweihundert
Millionen von ihnen gerechnet (manche Schätzungen gehen bis zu
einer Milliarde).[5] Die Geschichte, die uns der Dalai Lama erzählt
und mit Mut und Würde vorlebt, kann uns viel darüber lehren,
was uns über solche Verlusterfahrungen hinwegzuhelfen vermag.
Und auch wie wir uns unsere Menschlichkeit selbst in den finsteren
Zeiten von Traumata und Verzweiflung bewahren können. Im Jahr

1989 erhielt er den Friedensnobelpreis. Er ist der erste Preisträger, bei dem in der Begründung für die Preisverleihung sein Engagement zum Schutz der Umwelt hervorgehoben wurde.

»Ich lebte in Tibet, bis ich 24 war«, erzählte der Dalai Lama 2013 bei einem Umweltgipfel, »und wann immer wir einen Fluss oder Strom durchquerten, genossen wir das. Erst als ich nach Indien kam, hörte ich die Leute sagen: ›Du kannst dieses Wasser nicht trinken.‹ Das hat mich sehr erstaunt. Langsam kam ich dann dahinter: Wenn Wasser auch aussieht wie Wasser, so kann es trotzdem stark verschmutzt sein. Fische und andere Wassertiere überleben darin nur mit Mühe. Aber ich kann mich auch an einen Besuch in Stockholm erinnern. Mitten durch die Stadt fließt ein Fluss, und ein paar meiner Freunde erzählten mir, die Fische würden wegen spezieller Maßnahmen gegen die Wasserverschmutzung wieder in den Fluss zurückkehren. Zwar gäbe es immer noch Fabriken, die ihr Abwasser in den Fluss einleiten, aber sie würden es jetzt reinigen, um das Wasser nicht zu verschmutzen. Mit dem Ergebnis, dass bestimmte Fischarten allmählich wieder zurückkehrten. Vorher hatte es überhaupt keine Fische mehr gegeben. Schon aus diesen Gründen entwickelte ich ein starkes Interesse an Umweltfragen.«[6] Stockholm! Wenn ich ihn da von Angesicht zu Angesicht im Gespräch mit Greta sehe, kann ich mich über diesen Zufall nur freuen.

Mitten in der Nacht aufstehen. Ein Opfer, wie so vieles von dem, was sie bisher getan hat. Sieben Tage vor ihrer Begegnung mit dem Dalai Lama feierte Greta ihren achtzehnten Geburtstag. Am Montag darauf würde sie nach langer Abwesenheit wieder zur Schule gehen. In Interviews und anderen öffentlichen Äußerungen betont sie immer wieder, dass sie eigentlich lieber in der Schule wäre, dass sie ihre Ausbildung und ihre Kindheit opfern würde, um die Erwachsenen wachzurütteln. Nicht »damit ihr uns erklärt, was politisch machbar ist in der Gesellschaft, die ihr geschaffen habt«, wie sie vor dem britischen Parlament sagte. »Sondern damit ihr eure Differenzen beilegt und handelt, wie ihr es in einem Krisenfall tun würdet. Wir Kinder tun das, weil wir unsere Hoffnungen und Träume zurückhaben wollen.«[7] Wir entschuldigten uns, sie zu dieser Stunde aus dem Bett gerissen zu haben.

Während der Vorbereitungen für das, was ich nur noch kurz »die Debatte« nannte, dachte ich viel über die unterschiedlichen Hintergründe dieser beiden Galionsfiguren der Klimabewegung nach. Entstammte der Dalai Lama dem nachgerade prämodernen Tibet und hatte er im Laufe seines Lebens eine Zeitreise durch Jahrhunderte technologischer Entwicklung hinter sich gebracht, ist Greta ein Kind des urbanen, industriellen, postmodernen Schweden. Geboren 2003, das Jahr, in dem Fotohandys auf breiter Front Einzug in die Gesellschaft hielten, ist sie eine Post-Millennial, die das 20. Jahrhundert nicht aus eigener Anschauung kennt. Wie so viele ihres Alters beherrscht sie den Umgang mit den sozialen Medien aus dem Effeff (während ich diese Zeilen schreibe, hat sie fünf Millionen Follower auf Twitter) und bedient sich ihrer, um die globale Klimadiskussion am Laufen zu halten. Doch sogar in ihrem noch relativ jungen Leben konnte sie bereits beobachten, welche Folgen der Klimawandel für ihr Heimatland hat. Veränderungen, die durchaus vergleichbar sind mit dem, was im Hochland von Tibet geschieht. Ein Sechstel von Schweden liegt nördlich des Polarkreises. Sie und ihr Vater sind mit ihrem E-Auto in den Norden gefahren, um sich vor Ort anzusehen, wie sich die Baumgrenze nach oben verschiebt, wodurch sich die alpine Zone verkleinert, sodass die Wildtiere, die bisher dort gelebt haben, sich in immer größere Höhen zurückziehen müssen, »bis es nichts mehr gibt, wo sie noch hingehen könnten«[8]. Und Greta hörte sich an, was die Wissenschaftler sagen, die diese Veränderungen messen, nämlich dass diese Prozesse sich immer weiter beschleunigen.

Die »Debatte« entwickelte sich mehr und mehr zu einem Großprojekt. Als Direktorin des Mind & Life Institute fiel die Verantwortung dafür mir zu. Während der Planungen wurden Feedback-

Loops und Klimakrise für mich zu Themen, die ich nicht länger ignorieren konnte und – weit wichtiger – nicht länger ignorieren wollte.

Es gab eine Menge zu stemmen – wie so oft bei Projekten, die dem Dalai Lama am Herzen liegen. Und es gibt viel zu erzählen über die »Debatte«. Es waren auch Klimawissenschaftler zugeschaltet, um die Fragen dieser beiden notorisch und furchtlos neugierigen Menschen zu beantworten und den Zuhörern die wissenschaftlichen Zusammenhänge zu erläutern. Ich brenne darauf, Ihnen all diese Leute vorzustellen.

Auf den folgenden Seiten lernen Sie kennen: die Permafrost-Expertin Sue Natali, den fünfmaligen Mitautor des IPCC-Weltklimaberichtes Bill Moomaw sowie viele ihrer Kollegen (die auch in Barry Hersheys Filmen mitgewirkt haben). Wie Greta bei dieser Veranstaltung sagte (und Barrys Dokumentarfilmer-Instinkt bestätigte): »Wir können die Klimakrise nicht lösen, wenn wir diese Feedback-Loops nicht berücksichtigen und sie nicht wirklich verstehen. Das ist also ein wichtiger Schritt.« Diese Filme sind online verfügbar und frei abrufbar (unter https://feedbackloopsclimate.com).

Doch außer der Gelegenheit, mehr über Klima-Feedback-Loops zu erfahren, geschah an jenem Tag (beziehungsweise jener Nacht, je nach Zeitzone) noch etwas. Allein die Tatsache, dass der Dalai Lama und Greta Thunberg gemeinsam in diesem virtuellen Konferenzraum saßen, brachte Licht ins Dunkel. Ich spürte, wie ein Teil meiner Ängste wegschmolz, wobei ich zum ersten Mal merkte, dass ich auch dabei sein wollte. Ich wollte ein Teil dieser Debatte werden. Und ich wollte andere einladen, sich ebenfalls zu engagieren.

Dieses Buch ist nun meine Einladung an Sie, sich Greta, dem Dalai Lama und einer großen Anzahl motivierter Menschen anzuschließen, um über eine Zukunft zu sprechen, die wir nicht fürchten müssen, sondern auf die wir uns freuen können. Wie Greta zum Dalai Lama sagte: »Auch wenn wir vielleicht sehr unterschiedlich sind, was unser Alter und viele andere Dinge angeht, so teilen wir doch das gleiche Ziel, das Ziel, unseren Planten, das Leben auf der Erde und die Menschheit zu schützen.« Wer würde dieses Ziel nicht teilen? Lassen Sie uns nun darüber sprechen, was es braucht, um das auch zu erkennen.

Es hat auf dieser Welt schon immer Menschen gegeben, die bereit waren, scheinbar aussichtslose Herausforderungen auf sich zu nehmen und zum Wohle der anderen ihr eigenes Wohlergehen zu riskieren, wenn nicht gar zu opfern. Sie sehen Unrecht, Leid oder Gefahr und begeben sich mitten hinein, sei es, um Alarm zu schlagen oder andere den Fängen des Unheils zu entreißen. Sie knicken nicht ein angesichts bürokratischer oder anderer Hürden, Schwierigkeiten oder Rückschläge, geschweige denn sozialer Missbilligung. Sie sind unsere Helden, unsere Heiligen, unsere Leitgestalten, die sowohl die Integrität wie auch den Mut haben, den Status quo infrage zu stellen und diejenigen herauszufordern, die uns schaden wollen. In der buddhistischen Tradition bezeichnet man solche Leute als »Bodhisattva« – Menschen, welche die Dinge so sehen, wie sie tatsächlich sind, und die bereit sind, alles zu tun, was notwendig ist, um jedes einzelne Wesen ohne Ausnahme von seinen Leiden zu befreien. Es heißt, dass sie nie auch nur eines von ihnen aufgeben. Wenn wir Geschichten über solche Menschen hören oder Zeuge ihres Handelns werden, berührt dies unmittelbar unser Herz. Und die buddhistische Tradition lehrt auch, dass von Natur aus jeder von uns ein solcher Bodhisattva ist, dass wir alle mit dieser Anlage zum mitfühlenden Handeln geboren wurden. Die Frage ist daher nicht, was ein Dalai Lama, eine Greta Thunberg, eine Sue Natali oder ein Bill Moomaw tun würden. Die Frage ist vielmehr: Was werde ich tun? Was werden Sie tun? Was werden wir tun?

Greta, der Dalai Lama und die damals anwesenden Wissenschaftler stehen als Menschen für all das, was notwendig ist, um die Probleme anzugehen, die vor uns liegen. Wie Greta sagte: »Wir kennen bereits alle Fakten und auch die Lösungen.«[9] Und wie der Dalai Lama an jenem Tag meinte: »Unser Denken muss sich neu ausrichten.« Etwas, was er im Laufe seines langen Lebens immer wieder gesagt hat: Veränderung beginnt damit, dass wir sehen, wie die Dinge tatsächlich sind, also nicht so, wie wir sie gern hätten. Darum waren selbst die Menschen, die von der Diskussion der beiden nur gehört hatten, zuversichtlicher, was den Zustand der Welt anging, nur weil dieses Gespräch überhaupt stattgefunden hatte.

Aufgrund der immensen Forschungsarbeit, die seitens der Wissenschaft geleistet wird, können wir uns angesichts der Krise, auf die wir zusteuern, nicht mehr damit herausreden, von alldem nichts gewusst zu haben. Zum Glück kann uns die Wissenschaft aber auch sagen, und dies immer präziser, welche kollektiven Anstrengungen wir unternehmen müssen, um diesen Herausforderungen zu begegnen. Der Dalai Lama appelliert an unser kollektives Gewissen und fordert uns auf, uns auf unser Menschsein und unser Mitgefühl für kommende Generationen zu besinnen und uns in unserem Handeln von der Einsicht leiten zu lassen, dass das Wohlergehen aller Wesen auf unserem so verwundbaren blauen Planeten miteinander verbunden ist. Greta und alle, die sich ihr angeschlossen haben, sagen – mit der Wissenschaft im Rücken –: *Gut, lasst uns das angehen. Lasst uns jetzt alles tun, was nötig ist, um eine Zukunft zu schaffen, auf die wir uns freuen können.*

Wäre er nicht Mönch geworden, so der Dalai Lama weiter, dann hätte er eine Laufbahn als Wissenschaftler oder Ingenieur eingeschlagen. Seit es besteht, fördert das Mind & Life Institute, mit ständiger Unterstützung durch den Dalai Lama, den Dialog zwischen Wissenschaftlern, spirituellen Lehrern und Neuerern. Die Grundidee war und ist, dass diese verschiedenen Gruppen voneinander lernen, gemeinsam neue Wege finden und ganz allgemein das Beste im anderen zum Vorschein bringen, um so in der Welt eine Veränderung zum Guten zu bewirken. Das tun wir nun seit 45 Jahren, doch haben wir seit 2015, als ich Präsidentin wurde, unsere Mission erweitert: von »mehr Wohlergehen für den Menschen« zu »mehr Wohlergehen« – für jede Form von Leben, für alle Wesen in Anerkennung der Tatsache, dass wir nur *in Verbindung mit der Natur* prosperieren können. Oder wir wenden uns gegen sie, aber egal, für welchen Weg wir uns entscheiden, wir werden ihn gemeinsam gehen müssen. Wir sind Teil der Natur, untrennbar mit ihr verbunden. Leider scheinen allzu viele Menschen diese wechselseitige Abhängigkeit vergessen haben.

Ist es auch das Markenzeichen des Mind & Life Institute, dass es ihm gelingt, die unterschiedlichsten Stimmen aus den Bereichen Forschung, kontemplative Weisheit und gesellschaftliche Veränderung zusammenzubringen und so die umfassenden Diskussionen zu ermöglichen, wie sie beispielsweise in diesem Buch zu finden sind, so wende ich mich im Folgenden weniger als Präsidentin dieser Organisation an Sie, sondern als Susan Bauer-Wu, Mensch, Mutter, Großmutter und besorgte Bürgerin dieses Planeten. Seit jenem Wintertag Anfang 2021, als der Dalai Lama und Greta sich zu diesem Gespräch verabredeten, habe ich Solarmodule auf meinem Dach montiert und am »Council *on the* Uncertain Human Future (Gremium zur unsicheren Zukunft des Menschen)«[10] teilgenommen. Ich fliege sehr viel weniger als früher, und dies nicht nur wegen der Corona-Pandemie. Mit meiner neu gefundenen, na ja, nicht gerade Furchtlosigkeit in Sachen Klimawandel, aber mit mehr Ehrlichkeit, Solidarität und Mut habe ich meine Lektüre zur Klimakrise ausgedehnt, höre mir einschlägige Podcasts an und rede mit jedem, den ich kenne, über dieses Thema. Und ich habe das Glück, beruflich und privat mit sehr vielen gut informierten, weisen und mitfühlenden Menschen zusammenzukommen. Dieses Buch ist das Ergebnis all dieser Gespräche, und mir schien, es wäre passend, wenn dieses Buch ebenfalls Dialogform hätte – aber nicht so, dass ich Ihnen etwas über den Klimawandel erzähle. Dafür bin ich nicht qualifiziert. Ich sehe es einfach so, als würden wir uns unterhalten. Denn ich möchte, dass mehr Leute wissen, wie so etwas aussehen und ablaufen könnte.

Ich habe das Glück und die Gabe, dass ich Leute zu einem Gespräch zusammenbringen kann. Die Menschen, die Sie auf den folgenden Seiten kennenlernen werden, saßen nicht alle zur selben Zeit im selben Raum. Ein paar von ihnen sind mittlerweile sogar verstorben. Doch habe ich mir die Freiheit genommen, das Buch so zu schreiben, als säßen wir alle in diesem Moment zusammen, denn so empfinde ich das seit damals, seit der Zeit mit dem Dalai Lama und Greta. Und eine zunehmende, sich ausweitende Debatte ist, was wir brauchen, was unser Planet von uns braucht, jetzt, in diesem Augenblick.

Nun leiten wir im Alltag Gespräche nicht mit einer These ein oder geben ihnen eine Gliederung vor, doch ein Buch braucht einen logischen Aufbau, dem es folgt und der seinen Grundgedanken erläutert. Der Grundgedanke, der sich aus dieser Diskussion (vor allem mit Thupten Jinpa entwickelte, meinem Freund und Kollegen bei Mind & Life, Religionswissenschaftler, Gelehrter und langjähriger Englischübersetzer des Dalai Lama), ist folgender: Der Weg in eine Zukunft, der wir mit Freude entgegensehen können, beginnt mit Wissen und führt über unsere Fähigkeit und Bereitschaft, uns zu ändern, zum Handeln. Daher gliedert sich dieses Buch in vier Teile:

- Wissen,
- Leistungsfähigkeit,
- Wille und
- Handeln.

Diese Abfolge lässt sich aus den buddhistischen Lehren über Ethik und Karma ableiten und damit auch von den Grundprinzipien so gut wie jeden ethischen oder rechtlichen Systems.

Verantwortung beginnt mit Wissen. Als Greta beim Gespräch mit dem Dalai Lama gefragt wurde, was sie den Leuten sagen würde, um sie zum Handeln zu bringen, meinte sie: »Wenn ich Sie alle um eines bitten könnte, dann darum, dass Sie sich informieren, dass Sie versuchen, so viel als möglich zu lernen.« Der Dalai Lama stimmte ihr zu und ergänzte: »Von Erziehung und Bildung hängt sehr viel ab.« Wir müssen über ausreichend Wissen und Information verfügen, um verantwortlich handeln und für unser Handeln die Verantwortung übernehmen zu können. Und das vielleicht wichtigste Wissen ist das von der uns eigenen Fähigkeit zu heilen (die wir als Einzelwesen wie als Gemeinschaft besitzen) sowie die Kenntnis der Selbstheilungskräfte unseres Planeten. Wir *können* uns ändern, und die Natur kann sich regenerieren. Doch in welche Richtung werden wir uns ändern, und was werden wir dann tun? Wir müssen gewillt sein, das, was wir wissen, tatsächlich und gemäß unseren Möglichkeiten praktisch umzusetzen. Der Wille weist uns in die richtige Richtung und treibt unser Handeln an. Es geht hier um den Unterschied zwischen dem Kreisen um Angst und Sorge beziehungsweise den alten Gewohnheiten einerseits und der konstruktiven Reaktion auf die Hilferufe unseres Planeten andererseits. Der letzte Punkt schließlich ist das konkrete Handeln und der Punkt, auf den diese Diskussion hoffentlich hinführt. Wenn ich den Leuten erzähle, dass ich ein Buch über die Klimakrise schreibe, dann erwidern fast alle mehr oder weniger das Gleiche: »Schön und gut, aber was kann ich dafür schon tun?« Der letzte Teil des Buchs hat zum Ziel, uns allen zu helfen, eine Antwort auf diese Frage zu finden.

Wenn etwas nicht getan wird – in diesem Fall: wenn nicht genug gegen die Klimakrise unternommen wird –, dann ist doch die Frage, an welchem der vier Punkte wir zu kurz greifen. Wissen? Leistungsfähigkeit? Wille? Handeln? Was hindert uns daran, der Situation gerecht zu werden? Darüber möchte ich sprechen, und ich war überrascht und ermutigt – auch überrascht, dass ich mich ermutigt fühlte – von den Antworten, die ich hier versammelt habe.

So hatte ich beispielsweise schon von den Klima-Rückkopplungsschleifen gehört, wusste aber nicht, dass diese auch umgekehrt funktionieren. Statt uns zu schaden, wirken sie heilend und können uns helfen, den Planeten wieder *abzukühlen*. Die Natur – auch die menschliche – weist mehr Heilkräfte auf, als ich gedacht hatte.

Und wenn ich mit anderen vernünftigen, mitfühlenden Menschen über die Klimakrise spreche, geht es mir danach besser. Nicht schlechter.

Außerdem sind Klimaangst und -verzweiflung absolut normale Reaktionen. Wir sollten todunglücklich sein, wenn wir erkennen, wie Greta sagt, »was genau vorgeht«. Doch auch in der Trauer liegt Schönheit, weil sie aus der Liebe erwächst. Und unsere Trauer kann zur Quelle der Willenskraft werden, weil sie uns daran erinnert, was wir lieben, was wir noch nicht verloren haben und was wir schützen wollen.

Was jeder von uns tut, ist wichtiger, als wir denken. Und was wir zusammen zuwege bringen, ist das A und O. In gewisser Weise sind Problem und Lösung ein und dasselbe: wechselseitige Verbundenheit. Darüber hinaus liegt in der Ungewissheit der Same aller Möglichkeiten. In dieser Debatte geht es auch nicht darum, was wir aufgeben müssen, sondern darum, was wir dadurch gewinnen.

Die Lösung für diese Krise ist keineswegs nur technischer oder wissenschaftlicher Natur, sie liegt in unserem Geist, in unserem Herzen und in der Verbundenheit miteinander. Das Potenzial hier auf dieser Erde, unserer Heimat – »unserer einzigen Heimat«, wie der Dalai Lama sagt –, ist gewaltig: Wir haben die Möglichkeit, eine Welt zu schaffen so voller Schönheit, dass wir gerade erst begonnen haben, uns dies vorzustellen. Wenn wir dieser Situation gerecht werden, können wir eine Welt voller Fairness, Schönheit, Fülle und Güte gestalten.

Es ist nichts Neues, dass der Dalai Lama und Greta Thunberg sich für die Erwärmung des Klimas und die Zukunft der Erde interessieren. Vielleicht haben Sie schon früher gehört oder gelesen, was die beiden über dieses Thema denken. Aber ihre beiden Stimmen zusammen, mit all den Wissenschaftlern, führen uns zu Einsichten, die uns vorher unbekannt waren. Sie vermitteln unerwartete Erkenntnisse, die stärker sind als alles, was nur einer von beiden zu sagen hätte. Und so wie die Antwort auf ein besonders komplexes Rätsel sich häufig »zwischen den Zeilen« findet, werden wir überrascht feststellen, dass wir im Gespräch mit diesen beiden und miteinander das Wissen, die Leistungsfähigkeit, den Willen und den Mut zum Handeln entdecken, die uns eine Zukunft sichern, auf die wir uns freuen können.

Andererseits enthält das Gespräch zwischen den beiden nicht schon alle Antworten. Es war sozusagen der Auftakt, der wegweisende Lichtstrahl eines Leuchtturms. Eine Aufforderung zum Handeln, die hoffentlich die – unterschiedlichsten – Menschen berührt, sodass sie zusammenkommen und über die Krise sprechen, die wir gerade erleben. In Wahrheit können unsere Lehrer uns zwar sagen, in welche Richtung wir gehen sollen, aber auch sie wissen nicht, was wir dort vorfinden werden oder wie wir dahin gelangen. Trotz des Sturms auf das Kapitol, der nur drei Tage zuvor stattfand und die Aufmerksamkeit der Welt forderte, schalteten sich doch eine Million Menschen ein, um das Gespräch zwischen den beiden live zu erleben. Und Abertausende mehr sahen sich später die Aufzeichnungen an. Das Gespräch wurde simultan in dreizehn Sprachen übersetzt und erreichte Menschen auf allen Kontinenten. Indem wir es ausweiten auf Millionen Menschen, die bislang nicht fürs Klima eintraten oder sich von Illusionen, Scham oder Angst lähmen ließen, hoffe ich, dass wir verändern können, wie wir übers Klima nachdenken. Dass wir die Ursachen und Bedingungen aufdecken, die den Wandel ermöglichen. Zusammen mit einigen der besten Sozial-, Umwelt- und Kognitionswissenschaftler sowie mit führenden Gestalten uralter Weisheitstraditionen möchte ich hier einen Weg vorstellen, um den Bodhisattva in uns allen zu erwecken: ausgehend vom Wissen, das wir brauchen, über die Leistungsfähigkeit, die wir besitzen, und den Willen, den wir entfachen können, hin zum Tun, das etwas verändern wird.

Greta hat zusammen mit ihrer Familie ein Buch verfasst: *Our House Is on Fire*. Dieses Buch habe ich all meinen Freunden und Angehörigen geschenkt. Ich kann es gar nicht genug empfehlen, nicht nur als Teil der Klimadebatte, sondern auch weil es eine berührende Familiengeschichte und darüber hinaus großartig geschrieben ist. Gretas Reden wurden gesammelt und veröffentlicht. Aber ich möchte hier auch unterstreichen, dass es mir nicht darum geht, mehr Menschen dazu zu bringen, sich mit Greta auseinanderzusetzen. Ich will, dass die Erwachsenen sich die Realität der Klimakrise bewusst machen. Ich habe dieses Buch geschrieben, um den jungen Menschen diese Last abzunehmen. Sie sind es, deren Zukunft auf dem Spiel steht. Sie haben also ohnehin schon viel zu tragen. Ein Grund, warum Greta und all die jungen Leute die Erwachsenen erreichen, ist doch, dass sie die überzeugendste Geschichte über die Klimakrise erzählen. Wie Yuval Noah Harari so treffend charakterisiert: Die Alten opfern die Jungen »auf dem Altar ihrer Gier und Verantwortungslosigkeit«.[11] Was die jungen Menschen angeht, möchte ich meinen Altersgenossen zurufen: »Hört auf damit!« Oder wie der Dalai Lama zu Greta sprach: »Ich glaube, unsere Generation hat eine Menge Probleme verursacht.« Und daher sage ich: Lasst uns den jungen Leuten zuhören. Wir müssen aufholen, uns informieren und uns engagieren.

Sie sollen noch wissen, dass die Autorenerträge von diesem Buch an das Mind & Life Institute gehen, eine gemeinnützige Organisation, die sich dem Wohlergehen des gesamten Planeten widmet. »Wenn jeder wüsste, wie ernst die Situation ist und wie wenig tatsächlich getan wird«, meint Greta, »dann würden sich uns alle Menschen anschließen.«[12] Dieses Buch ist meine Art, mich neben sie zu setzen, zusammen mit dem Dalai Lama, und andere Menschen einzuladen, es uns gleichzutun.

Kennen Sie das Kinderbuch, das erzählt, wie mehrere Waldge-schöpfe vor dem Regen Zuflucht suchen unter einem Pilz? Es kommen immer mehr, und wie durch ein Wunder findet ein jeder Platz. Aber es ist kein Wunder, denn das ist es, was Pilze tun: Im Regen werden sie größer. Ich schreibe dieses Buch in der Hoffnung, dass die Diskussion über den Klimawandel auf die gleiche Weise wachsen möge und sich nicht nur erweitert, sondern auch tiefer geht. Und dass sie sich zur Zuflucht auswächst, nicht zu einer Aufzählung von Opfern und Anforderungen. In diesem Buch geht es nicht um mich. Ich bin nur da, um euch zu sagen: »Kommt unter diesen Pilz!« Wir versammeln uns: Sie, Greta, der Dalai Lama, die Wissenschaftler, die Aktivisten, die jungen Menschen, die Babyboomer, die Waldgeschöpfe und alles, was es sonst noch gibt – und deshalb werden sich die Dinge wandeln, mit uns. Dieses Gespräch wird uns verändern, wenn wir das zulassen. Oder wie Greta sagt: »Verbreitet das Wissen. Verbreitet das Bewusstsein, sodass es auch andere erreicht.«

Und wie der Dalai Lama sagt: »Die Vergangenheit ist vergangen. Die Zukunft aber liegt in den Händen der jungen Generation.« Der Zufall will es, dass ich die letzten Worte dieser Einführung an seinem 87. Geburtstag schreibe. Er arbeitet immer noch daran, sein Wissen zu verbreiten. Die »junge Generation«, das sind wir alle.

TEIL I

Wissen

*Das menschliche Gehirn ist etwas ausgesprochen Besonderes und Be-
eindruckendes. Doch wenn wir unsere heutige Welt ansehen, ist der
Mensch in gewisser Weise auch der schlimmste Unruhestifter. Andere
Lebewesen verbringen ihre Zeit mit Essen, Schlafen, Sex und so weiter – wir aber nicht. Wir haben viele Wünsche und sind viel zu sehr
von uns eingenommen. Wenn man die Geschichte des Planeten betrachtet, dann hat unter den verschiedenen Säugetieren der Mensch
auf dieser Erde sicher viel Gutes getan, aber gleichzeitig schaffen wir
uns eine Menge Probleme.*

Der Dalai Lama

*Wir müssen den Menschen erklären, was im Augenblick passiert, weil
der Großteil von uns davon keine Ahnung hat. Die meisten Menschen, die ich kenne oder getroffen habe, haben noch nie etwas von
Rückkopplungsschleifen, Kettenreaktionen oder Kipppunkten gehört.
Dabei sind sie von entscheidender Bedeutung, wenn wir verstehen
wollen, wie die Welt funktioniert.*

Greta Thunberg

Kapitel 1

Die Wissenschaft: Warum Eis, Wind, Wolken und Bäume wichtig sind

»Nun, die Rede ist recht dramatisch«, meint Greta trocken, als wir uns zusammen eine Videoaufzeichnung ansehen. Sie meint ihre unvergessliche, empörte »Wie-könnt-ihr-es-wagen«-Rede vor den Vereinten Nationen 2019. »Aber meine Erfahrung ist, dass es den Menschen an Bewusstsein für den Klimawandel fehlt und dass die Wissenschaft in unsere Debatten darüber nie genug eingebunden ist.«

Greta Thunberg hat uns wieder und wieder gebeten, ihre Worte zu überprüfen. Auch vor den Vereinten Nationen zitiert sie den neuesten Bericht des Intergovernmental Panel on Climate Change (IPCC). Sie sagt: »Hören Sie auf die Wissenschaftler!« Dank der Bewegung, die Greta ins Leben gerufen hat, als sie 2018 zum ersten Mal in den Schulstreik trat, hören meiner Meinung nach mehr Menschen zu, aber vielleicht immer noch nicht genug. Denn an jenem Morgen im Januar 2021, als sie – mehr als ein Jahr nach ihrer Rede vor der UN – mit dem Dalai Lama sprach, verwies sie immer noch auf das fehlende Bewusstsein. Bei diesem Gespräch kam sie insgesamt fünfmal darauf zurück.

»Ich glaube, wir brauchen unbedingt einen Bewusstseinswandel. Wir müssen den Menschen erklären, was jetzt passiert, weil der Großteil davon keine Ahnung hat«, sagt sie. Und fügt hinzu: »Die meisten Menschen, die ich kenne oder getroffen habe, haben noch nie etwas von Rückkopplungsschleifen, Kettenreaktionen oder Kipppunkten gehört.«

Wie viel Wissen braucht ein Normalbürger, der nicht Klimawissenschaftler ist? Wie viel ist hilfreich? Wie viel können wir ertragen? Ich ringe mit diesen Fragen. Ich weiß keine sichere Antwort darauf, aber ich kann Ihnen eines sagen: Dass ich mit meinen Fragen zum Klimawandel nicht allein dastehe, hat meine Klimaangst ganz entscheidend gelindert. Es klingt vielleicht paradox, aber je mehr Zeit ich damit zubringe, den Wissenschaftlern zuzuhören, vor allem wenn wir als fürsorgliche Menschen miteinander reden und ich das Gefühl bekomme, dass wir das gemeinsam durchstehen, dass wir uns am Kopf kratzen und versuchen, unser Bestes zu tun, desto weniger habe ich das Gefühl, einen Albtraum zu erleben, in dem ich im freien Fall in einen unermesslichen Abgrund stürze. Die Aussagen der Wissenschaftler, die Sie hier kennenlernen werden und die bei dem Gespräch zwischen dem Dalai Lama und Greta dabei waren, wie auch die Filme über die Rückkopplungsschleifen (Feedback-Loops), die das Mind & Life Institute gedreht hat, sind keine leichtverdauliche Kost. Wenn diese Wissenschaftler das Wort ergreifen, klingen sie freundlich. Aber ich weiß, dass es sich um praxisorientierte, rationale Menschen handelt, die in ihrem Fach häufig zu den Besten gehören. Dieses Gespräch war keine Therapiesitzung, aber ich habe mich beim Zuhören aufgehoben gefühlt.

Tatsächlich interessiere ich mich vor allem für jenes Wissen, das uns Hoffnung schenkt und Wege zum Handeln aufzeigt, ohne die Fakten zu überzuckern. Die Klima-Rückkopplungsschleifen sind dabei zentral. Wir nehmen also Gretas Hinweis auf und machen sie zum Hauptthema dieses Kapitels. Haben Sie je von »Climate Feedback Loops« gehört, wie der englische Fachausdruck dafür lautet? Die Wissenschaft hat Dutzende solcher Rückkopplungsschleifen gefunden, die alle bereits aktiv sind. Wir werden uns speziell fünf solcher Schleifen näher ansehen und erklären, warum sie wichtig sind. Die Feedback-Loops kamen für mich einer Erleuchtung gleich, weil sie die Wahrheit über den Klimawandel begreiflich machen, selbst wenn man sich nur mit einem einzigen Loop beschäftigt. Sie erzählen nicht die ganze Geschichte, aber sie enthüllen die tiefere Wahrheit über die Situation, in der wir uns aktuell befinden.

Feedback-Loops sind für uns gute und schlechte Nachrichten zugleich. Sie sind das Problem und die Möglichkeit seiner Lösung. Wenn wir mehr darüber erfahren, ist sofort klar, warum wir nicht weitermachen können wie bisher. Aber wenn wir es zulassen, wird uns die Natur selbst helfen, gegen den Klimawandel anzukämpfen. Denn die Feedback-Loops werden, wenn wir sie umkehren können, dabei unser wichtigster Verbündeter sein. Also hören wir zu, was uns die Wissenschaft zu sagen hat.

Der Katastrophenfall

Wir wissen, dass sich die Erde erwärmt. Wir wissen, dass das Verbrennen fossiler Brennstoffe wie Erdöl, Kohle und Erdgas die Atmosphäre mit wärmespeichernden Gasen füllt wie Kohlendioxid, Methan oder Stickstoffoxid, und zwar in bisher nicht da gewesenem Ausmaß. Während die Welt noch debattiert, wie viel Erwärmung über das Niveau des vorindustriellen Zeitalters hinaus die Erde aushalten kann – 1,5 Grad Celsius, 2 beziehungsweise 2,5 Grad? –, heizt sich die Erde weiter auf.

Was nur wenige Menschen wissen, ist: Es sind nicht nur unsere Treibhausgasemissionen, die der Welt einheizen. Die steigenden Temperaturen setzen die natürlichen Erwärmungsmechanismen der Erde in Gang, die sich selbst verstärken.

George Woodwell schlägt schon seit über fünfzig Jahren Alarm, was dies angeht. George ist Klimawissenschaftler und so angesehen, dass das Forschungszentrum Woods Hole, das er 1985 auf Cape Cod gegründet hat, mittlerweile ihm zu Ehren umbenannt wurde in »Woodwell Climate Research Center«. In einem Artikel, den er bereits 1989 im *Scientific American* veröffentlichte, schrieb er, dass die durch menschliches Tun verursachte Erderwärmung »schon jetzt schnell voranschreitet, sich aber aufgrund der Erwärmung selbst möglicherweise noch beschleunigen wird«. Heute verzichtet George auf Formulierungen wie »möglicherweise«. »Das Problem ist doch, dass die Welt viel zu heiß wird für die aktuelle Verteilung der Menschen und der Landwirtschaft über den Globus, zu heiß für menschliches Wohlbefinden und menschliche Interessen«, sagt er. »Und es wird immer schlimmer.«[1]

Dreißig Jahre sind vergangen, seitdem George seinen Artikel im *Scientific American* publiziert hat. Nun ist es die sechzehnjährige Greta, die diese Warnung vor den Vereinten Nationen erneut ausspricht: »Die allseits beliebte Vorstellung, dass wir innerhalb von zehn Jahren unsere Emissionen halbieren, gibt uns nur eine 50-prozentige Chance, die Erwärmung auf unter 1,5 Grad Celsius zu drücken. Wir riskieren damit irreversible Kettenreaktionen, die der Mensch nicht mehr kontrollieren kann. 50 Prozent mag Ihnen annehmbar erscheinen, aber diese Zahlen berücksichtigen die meisten Feedback-Loops nicht, die Kipppunkte oder die zusätzliche Erwärmung durch Luftverschmutzung. Und sie nehmen keinerlei Rücksicht auf Fragen der Klimagerechtigkeit und der Verteilung von Wohlstand.«[2]

Was aber sind nun diese Klima-Rückkopplungsschleifen und die Kipppunkte, die irreversible Kettenreaktionen auslösen können? Ich habe davon erst kürzlich gehört, jetzt frage ich mich jedoch, wieso niemand je darüber spricht.

Der sehr professorale Kerry Emanuel in seinem leicht verknitterten Cordblazer erklärt diese Feedback-Loops anhand eines bekannten Phänomens: dem Audio-Feedback: »Wenn Sie ein Mikrofon zu nahe an einen Lautsprecher stellen, dann tritt da plötzlich dieses schrille Pfeifen auf. Das liegt daran, dass der vom Mikro aufgenommene Ton über den Lautsprecher abgestrahlt wird, den das Mikro wiederum auffängt. Das nennt man ein ›positives Feedback‹, weil die Schleife dabei verstärkt wird.« Kerry ist Meteorologe und ein bekannter Klimawissenschaftler, der am MIT (Massachusetts Institute of Technology) forscht. Er hat 2012 ein Büchlein veröffentlicht mit dem Titel *What We Know About Climate Change* (das 2018 eine Aktualisierung erfuhr). Ich rufe mir ins Gedächtnis, dass »positiv« und »negativ« in der Wissenschaft nichts damit zu tun hat, ob etwas gut oder schlecht ist. Mit »positiv« meint Kerry, dass sich das Feedback selbst verstärkt. Auch der berüchtigte Teufelskreis ist eine »positive« Rückkopplungsschleife.

Wo es ums Klima geht, stammt der Input von den Gasen, die bei der Nutzung fossiler Brennstoffe entstehen und Treibhausgase in die Atmosphäre entlassen, was die Temperatur der Erde erhöht und sich selbst verstärkende Erwärmungsmechanismen in Gang setzt wie schmelzendes Eis, fehlenden Schnee und tauenden Permafrost, den mäandernden Jetstream, Wolken, welche die Wärme festhalten, und sterbende Wälder, die weiter zur Erwärmung beitragen. Das Resultat: Erwärmung, welche die Erwärmung anheizt. Das schrille Pfeifen, das Kerry anspricht, scheint mir ein passender Vergleich für den Schaden, den die vom Menschen verursachten Rückkopplungsschleifen auf der Erde anrichten.

Der Feedback-Loop des schmelzenden Spiegels

Die Klimawissenschaft spricht von der Albedo, aber ich bin nicht sicher, ob dieser Begriff es in den alltäglichen Sprachgebrauch schaffen wird – oder auch nur sollte, da wir doch andere Begriffe haben, die jeder versteht, Begriffe wie »Spiegel«, »Reflexion« und

»Eis«. Was Wissenschaftler als »Albedo« bezeichnen, ist das Reflexionsvermögen einer Oberfläche. Das kann jede Oberfläche sein, aber im Zusammenhang mit dem Klima geht es speziell um die Arktis. Am Nord- und Südpol reflektieren Eis und Schnee nämlich bis zu 85 Prozent des einfallenden Sonnenlichts zurück ins All und tragen dazu bei, dass die Erde abkühlt. Doch in den letzten Jahrzehnten bricht dieser natürliche Spiegel allmählich weg, da die durch Emissionen fossiler Brennstoffe verursachte Erwärmung zum Abschmelzen von Schnee und Eis führt. Die Erde verliert also die Fähigkeit, Sonnenstrahlen zu reflektieren. Dadurch kommt eine gefährliche Wärme-Rückkopplungsschleife in Gang. Am schlimmsten trifft es den hohen Norden, wo Schnee und Meereis zunehmend verschwinden. Wissenschaftler nennen dies den »Albedo-Effekt«, ich nenne es den »Feedback-Loop des schmelzenden Spiegels«. Den wir im Übrigen schon vom Gemälde eines Salvador Dalí kennen, ein passendes Bild für diese anormalen Zeiten.

In den letzten dreißig Jahren hat der Geophysiker Don Perovich das Meereis vermessen und dabei gewaltige Veränderungen in der Arktis bemerkt. »Es gab schon immer diesen jährlichen Zyklus. Das Eis wächst ungefähr neun oder zehn Monate des Jahres an und schmilzt dann für ein paar Monate ab«, erklärt er. Er hat Augenbrauen, die vermutlich lustig aussähen, würde er sie runzeln, aber bei diesem Thema bleibt er ernst, wenn auch freundlich. »Was sich jetzt ändert, ist das Timing. Die Schmelze beginnt früher, der Frost setzt später ein. Und wir haben in jedem Monat des Jahres weniger Eis als früher, vor allem gegen Ende des Sommers.«

Daher die ganze Aufregung um die Arktis, daher die Tatsache, dass der Klimawandel etwas mit Eisbären zu tun hat. Die globale Erwärmung durch menschengemachte Treibhausgase hat zur Folge, dass sich die Arktis zwei- bis dreimal stärker erwärmt als der Rest des Planeten. Und das hat Konsequenzen für die ganze Welt.

All jenen, die noch nie über die Arktis geflogen sind, erklärt Don das so: »Nehmen wir an, es ist April, und wir überfliegen den Nordpol. Wenn wir nach unten sehen, ist das Meer von Eis und Schnee bedeckt. Es ist also strahlend weiß. Wenn nun der Sommer kommt, schmilzt der Schnee. Die Wasseroberfläche vergrößert sich. Das Wasser wiederum nimmt mehr Wärme auf. Statt also 85 Prozent zu reflektieren, nimmt es 90 Prozent auf. Und so wird einer der besten natürlichen Reflektoren – Schnee – durch einen der schlechtesten ersetzt, nämlich den offenen Ozean.« Der Ozean ist dunkel. Don meint ja, er sei von Natur aus Optimist, und er werde »noch optimistischer, wenn ich so viele Menschen sehe, die merken, dass es da ein Problem gibt«. Aber dieser Feedback-Loop und die Richtung, in die er sich entwickelt, sind düster, wortwörtlich und im übertragenen Sinne.

»Während sich das dunkle Wasser erwärmt, gibt es Kohlendioxid und Wasserdampf ab. Beides bewirkt eine weitere Erwärmung«, führt George Woodwell aus und betont die letzten Wörter noch: *weitere Erwärmung.* »Der Feedback-Loop in der Arktis hat also einige Aspekte, die einem wirklich Angst machen können.« Offenkundig hat sich das Meereis in den letzten vierzig Jahren um 75 Prozent verringert. Und Studien zeigen, dass rund ein Viertel der globalen Erwärmung auf den Verlust von Meereis zurückgeht. Wenn man dazu noch den schmelzenden Schnee auf dem umgebenden Land nimmt, dann reden wir hier von etwa 40 Prozent Verlust an Rückstrahlvermögen.

»Unsere Klimamodelle zeigen, dass wir die sommerliche arktische Meereisdecke bis zum Ende dieses Jahrhunderts komplett verlieren werden«, erläutert Marika Holland, die für das National Center of Atmospheric Research in Boulder, Colorado, Klima-Modellrechnungen erstellt. »Wenn wir weiterhin Treibhausgase in die Atmosphäre blasen, weil wir fossile Brennstoffe verheizen«, fährt sie fort, »dann werden wir auch die winterliche Meereisdecke einbüßen.«

Dabei ist der Arktische Ozean schon seit mehr als zweieinhalb Millionen Jahren von Eis bedeckt. Marika macht auch deutlich, dass diese Entwicklung nicht nur für Eisbären ein Problem ist: »Die Arktis spielt für das Erdklima eine ganz entscheidende Rolle. Wenn wir die Meereisdecke am Nordpol verlieren, erwärmen sich die Tropen.« Anders ausgedrückt: Was in der Arktis passiert, bleibt nicht auf die Arktis beschränkt. Die Luft über der Arktis steigt auf und vermischt sich mit der Atmosphäre, was weiter zur globalen Erwärmung beiträgt und die Probleme verschärft, die der Klimawandel ohnehin schon anrichtet: Das Getreide verdirbt, die Nahrungsmittelpreise gehen durch die Decke, Feuchtgebiete vernässen, trockene Gegenden werden noch trockener. Marika erklärt weiter: »Unsere Modelle sagen vorher, dass wir, wenn wir so weitermachen wie bisher, dramatische Veränderungen in der Arktis auslösen, die alle Systeme betreffen: die menschlichen, die biologischen, die sozioökonomischen Belange.« Wissenschaftler sprechen bereits von der »neuen Arktis«, weil sie sich dramatisch von der Landschaft aus Schnee und Eis unterscheiden wird, die sich über Millionen Jahre gleich blieb.

Während sich das Klima also erwärmt, wird eine weitere Rückkopplungsschleife in Gang gesetzt, die mit dem Abschmelzen der massiven Eisdecke zusammenhängt. »Der Verlust von Eis über dem antarktischen Kontinent [kilometerdicke Eisschichten, die sich dort über mehr als vierzig Millionen Jahre aufgebaut haben] wirkt sich weniger auf die Albedo aus, weil die Eisschicht dort so unglaublich dick ist«, erläutert Marika weiter. »Doch wenn sich so viel Eis als Schmelzwasser in den Ozean ergießt, steigt der Meeresspiegel.« Auch die Eisdecke über Grönland schmilzt ins Meer ab. Und wenn der Meeresspiegel höher steigt, erreicht das warme Wasser noch mehr Landeis, was den Meeresspiegel weiter ansteigen und wieder mehr Eis abschmelzen lässt. Ein Teufelskreis.

Die Wissenschaft warnt uns: Wenn die Eisdecken in Grönland und in der Antarktis schmelzen, dann würde sich der Meeresspiegel um 30 Meter erhöhen. Eine Freundin aus New York erzählte mir kürzlich, der East River Park in dem Viertel, in dem sie lebt, würde gerade massiv umgestaltet, weil man versucht, ihn um 2 Meter anzuheben. Der Park bildet ein langes, schmales Band, das sich den East River entlangzieht. 2012 ließ Hurrikan Sandy das Wasser so weit ansteigen, dass der Park und die umliegenden Häuser überflutet waren. Der höhergelegte Park und ein besserer Wasserablauf sollen die Anwohner schützen, wenn der nächste Hurrikan den Meeresspiegel ansteigen lässt. (Rein technisch betrachtet ist der East River kein Fluss, sondern ein Meeresarm.) Die Umbauarbeiten sollen drei bis vier Jahre dauern, in denen der Park mit seinen beliebten Fahrradwegen, Aussichtspunkten, Grillplätzen und Hundeparcours weitgehend geschlossen sein wird. Wie lange aber wird diese Erhöhung Schutz bieten können, wenn sie nicht mehr als 2 Meter ausmacht?

Die Wissenschaft sagt uns: Wenn wir weitermachen mit »Business as usual«, wie eine von Gretas Lieblingsformulierungen[3] lautet, wird die Erwärmung der Arktis die Feedback-Loops so verstärken, dass beide Polkappen außer Kontrolle geraten.

Der Feedback-Loop der verdorbenen Lebensmittel

»Das ist so, als hätten Sie ein Hühnchen im Gefrierschrank, das Sie herausnehmen, damit es auftauen kann«, schildert Sue Natali, wobei sie den Kopf ein klein wenig zur Seite neigt. Dann fährt sie fort mit dem Vergleich: »Und dann fahren Sie übers Wochenende weg, vergessen das Hühnchen; und wenn Sie zurückkommen, stinkt das ganze Haus, weil das Hühnchen mittlerweile verdorben ist. Das jedenfalls passiert mit dem Kohlenstoff im Permafrostboden.« Sue leitet das Arktisprogramm am Woodwell Center. Sie hat ihr ganzes Leben der Untersuchung des dauerhaft gefrorenen Bodens in den arktischen Gebieten gewidmet. In ihrem Gefrierschrank hat sie Bodenproben gelagert, dichtgepresste Erdzylinder, die aussehen wie lange Salamis. Sie und ihre Kollegen in der Feldforschung sammeln diese Jahr für Jahr in Alaska und Sibirien. Ihr Vergleich mit dem Tiefkühlhuhn macht anschaulich, was diese Erdproben mit dem Klimawandel zu tun haben.

»Permafrost« nennt man Böden, die das ganze Jahr über gefroren sind. In der nördlichen Hemisphäre, so Sue, trifft dies auf fast ein Viertel der Landmasse zu. Das Eis erstreckt sich Tausende Meter in die Tiefe. Der Boden mit seinen kohlenstoffreichen Pflanzen- und Tierüberresten bleibt dauerhaft gefroren. So weit die Sache mit dem TK-Huhn. Durch menschliche Einwirkung aber erwärmt sich die Arktis. (Wie war das doch? Ja, genau: zwei- bis dreimal schneller als der übrige Planet.) Der Permafrostboden beginnt aufzutauen, und der darin gebundene Kohlenstoff fängt an zu verrotten (wie das Huhn auf der Küchenanrichte). Die pflanzlichen und tierischen Überreste sind Futter für die Bodenmikroben. Das sind winzige Tierchen, die ebenfalls Zehntausende Jahre gefroren waren. Jetzt wachen sie auf und bedienen sich am getauten Kohlenstoff. »Während sie den Kohlenstoff verwerten, geben sie Kohlendioxid und Methan an die Atmosphäre ab.« Nachdem das Huhn mal aus der Gefriertruhe ist, können die Mikroben gar nicht anders. Sobald die Erde nicht mehr gefroren ist, verstoffwechseln sie den Kohlenstoff. Aber wie viel Schaden können solche Mikroben schon anrichten?

Wie es scheint, eine ganze Menge. Denn würde man alle Mikroben auf der Erde einmal wiegen, so die Wissenschaftler, käme man auf ein Gewicht von mehr als dem Fünfzigfachen aller Tiere auf der Erde. Dies zusammen mit der Tatsache, dass der Permafrostboden *eine Menge* Kohlenstoff enthält, erzeugt einen neuen Feedback-Loop: Erwärmung, Tauen, Treibhausgase aus der Erde, mehr Erwärmung, mehr Tauen und so weiter, und das in einem Ausmaß, das schon jetzt global Probleme macht.

Sue hat ein paar Zahlen für uns parat, die uns helfen, die Größenordnung dieser Rückkopplungsschleife zu begreifen: »Der Kohlenstoff, der bis Ende des Jahrhunderts vom tauenden Permafrostboden freigegeben wird, wird auf bis zu 150 Milliarden Tonnen geschätzt«, erklärt sie. »Nur mal zum Vergleich: Die USA sind momentan der zweitgrößte Emittent von Treibhausgasen. Behielten wir unsere momentanen Emissionen bis zum Jahr 2100 bei, dann hätten wir etwa so viel Kohlenstoff in die Atmosphäre geblasen, wie der tauende Permafrostboden freigeben wird.«

Letzten Sommer, als Sue wieder einmal ihr Einsatzgebiet in Alaska aufsuchte, musste sie feststellen, dass sich das Auftauen der Böden beschleunigt hatte. »Es war unglaublich warm dort, mehr als 30 Grad Celsius in der Tundra«, erinnert sie sich. »An bestimmten Stellen bin ich mit den Stiefeln eingesunken, weil es keinen festen Untergrund mehr gab. Ich habe noch nie solch einen massiven Wandel von einem Jahr aufs andere erlebt.«

Und der tauende Permafrostboden beeinflusst das Klima nicht nur durch die Freisetzung von Treibhausgasen. Er verändert ganze Landschaften, wie Sue in Duvanny Yar sehen konnte, weit im Norden Russlands. »Ich hatte noch nie etwas von dieser Größenordnung gesehen. Der Boden brach förmlich ein. Ich weiß noch, wie wir uns mit dem Boot näherten, und da war diese extrem hohe Klippe, viele Stockwerke hoch.« Feine Wurzeln, die den gefrorenen Boden über 44 000 Jahre hinweg zusammengehalten hatten, tauen auf und zersetzen sich innerhalb nur eines Jahres. Wenn Menschen in solchen kollabierenden Landschaften leben wie beispielsweise auf der Hochebene Tibets, dann ist das zunächst ein lokales Problem. Aber wenn sich der Permafrost-Feedback-Loop in dieser Form fortsetzt, dann beeinflusst er den ganzen Planeten. Doch wie bei jeder Rückkopplungsschleife gilt auch hier deren Umkehrung: Da die Treibhausgase sich in der gesamten Atmosphäre verteilen, kann das, was wir anderenorts tun, um sie zu vermeiden, das Tauwetter in der Tundra aufhalten – und wenn der Permafrostboden aufhörte zu tauen, würde das weltweit die Erwärmung bremsen.

Was Sue dann sagt, schockiert mich zutiefst: Der Permafrost-Feedback-Loop wurde nicht einbezogen in die Berechnungen des globalen Kohlenstoffbudgets, das uns zeigen soll, wie schnell und um wie viel wir unsere Treibhausgasemissionen reduzieren müssen, um die Erwärmung zu bremsen. »Es ist von enormer Bedeutung, dass die Entscheidungsträger in aller Welt wissen, was mit dem Permafrostboden geschieht, und dies in ihre Berechnungen mit aufnehmen«, sagt Sue. »Nur so können wir das Klima unter Kontrolle halten und den Planeten retten.«

Greta stellt ihr eine Frage: »Können Sie erklären, warum diese Effekte, diese Feedback-Loops, nicht zum Beispiel ins globale Kohlenstoffbudget einbezogen werden und warum das so ist?« Was die Permafrost-Rückkopplungsschleife angeht, erklärt Sue, sei dies der Tatsache geschuldet, dass diese Modelle für den ganzen Planeten berechnet werden, nicht nur für die Arktis. Die Wissenschaftler seien sich des Problems sehr wohl bewusst und würden auch versuchen, diese Prozesse in die Modelle zu integrieren. »Aber manchmal ist die Wissenschaft langsamer, als es nötig wäre, wenn wir an politische Maßnahmen oder eine Notlage wie den Klimawandel denken. Doch selbst wenn die Modelle nicht vollkommen sind, müssen wir handeln, sobald es um den Umgang mit den Risiken geht. Möglicherweise kennen wir die genauen Zahlen nicht, oder wir haben eine ganze Reihe davon, aber all diese Zahlen sind gut genug, um uns zu sagen, wo die Gefahren liegen.« Und die Wissenschaftler, die mit diesen Modellen arbeiten, sind die Ersten, die – wenn sie ihre Zahlen vorstellen – darauf hinweisen, dass aufgrund der Feedback-Loops alles noch schlimmer werden könnte.

Was können wir tun?
Wenn Pessimismus keine Alternative ist

Von Seiner Heiligkeit dem Dalai Lama

Heutzutage gibt es für uns Menschen keine Entschuldigung, was das Wissen um den Klimawandel angeht. Eine wissenschaftliche Studie nach der anderen, zu denen auch die richtungsweisenden Berichte des Intergovernmental Panel on Climate Change (IPCC) gehören, haben uns das klargemacht. Sie sagen, dass wir einer Zukunft entgegengehen könnten, in der das Überleben der Menschheit bedroht ist, wenn wir nicht sofort handeln. Angesichts einer so existenziellen Bedrohung und der gewaltigen Aufgabe, die damit verbunden ist, fühlen sich viele Menschen natürlich verängstigt und beinah erdrückt. Diese Angst kann zu Pessimismus und Hoffnungslosigkeit führen oder zu Entschlossenheit und dem bereitwilligen Engagement zu tun, was immer wir leisten können. Ich persönlich war nie für Pessimismus. Das Problem damit ist, dass diese Einstellung letztlich Defätismus ist – wir geben auf, bevor wir es auch nur versucht haben. Doch angesichts der Klimakrise können wir uns den Luxus des Aufgebens schlicht nicht leisten. Wir sind es künftigen Generationen schuldig, und auch uns selbst, dass wir es zumindest nach bestem Wissen und Gewissen versuchen.

Vielleicht fragen wir uns ja, wie wir optimistisch bleiben können, wenn wir all diese Tatsachen hören? Hier ein paar Ratschläge, wie ich mir eine positive Einstellung bewahre:

Erweitern Sie Ihren Blickwinkel! Manchmal kommt das Gefühl der Ohnmacht auf, weil wir zu nah dran am Problem sind. Wenn wir es aber in einen größeren Kontext einordnen, was beim Klima die Erkenntnis wäre, dass die Kräfte, welche die Spirale der

Erwärmung antreiben, – wechselseitige Abhängigkeit, Ursache und Wirkung, der Effekt des Sichaufschaukelns – uns auch helfen können, sobald wir sie in der Gegenrichtung nutzen.

Lassen Sie sich von früheren Erfolgen inspirieren! Wenn wir unsere Aufmerksamkeit darauf richten, finden wir viele Geschichten aus dem lokalen beziehungsweise globalen Umfeld, die zeigen, wie Menschen tatsächlich einen Umschwung herbeiführen konnten, sei es nun die Begrünung der Städte, die Renaturierung der Flüsse, die Verringerung von Plastikabfall, die Schaffung sauberer Energien und so weiter. Wenn wir uns diese Erfolge vor Augen führen, wachsen unsere Hoffnung, unsere Willenskraft und Entschlossenheit.

Halten Sie mutig Ihre Hoffnung aufrecht! Hoffnung zu haben und sie nicht aufzugeben, ist ein ganz entscheidender Punkt, wenn wir bei der Bewältigung dieser kollektiven Aufgabe Erfolg haben wollen. Die Hoffnung macht es möglich, dass wir an eine bessere Zukunft glauben. Sie schenkt uns positive Energie, die wir als Motivation brauchen. Hoffnung schenkt uns den Mut, uns zu kümmern und zu handeln. Ohnehin ist Aufgeben in der Klimakrise keine Alternative.

Verlieren Sie nie den Glauben an die Menschheit! Wir Menschen haben die Klimakrise verursacht. Trotzdem glaube ich ganz persönlich, dass wir einen Weg herausfinden werden, dass wir den Planeten retten werden, den wir mit so vielen anderen Arten teilen. Der Trend geht hin zu strengeren Umweltauflagen. Die Menschen sind bereit, auf Klimagipfeln kollektiv zusammenzuarbeiten. Es gibt immer mehr technische Innovationen, die uns die Nutzung einer grünen Energie ermöglichen. Und mittlerweile ist deutlich geworden, wie wichtig die Geburtenkontrolle und die Einschränkung unseres Konsums sind. All diese Entwicklungen machen mir Hoffnung. Und es ist eine Tatsache, dass die Lösung für das Problem des Klimawandels nur vom Menschen gefunden werden kann. Andere Arten bringen das nicht zuwege.

Wenn ich mir diese Aspekte immer wieder ins Gedächtnis rufe, kann ich meine Hoffnung aufrechterhalten, und ich verspüre den Mut und den Willen, Teil der Lösung zu sein, die wir alle suchen.

Der mäandernde Jetstream

Der Jetstream gehört zu den Themen, von denen man immer wieder mal hört. Wir wissen, dass er irgendwie das Wetter beeinflusst. Müsste ich aber jemandem das Warum erklären, dann wäre ich hilflos. Jennifer Francis jedoch kennt den Jetstream in- und auswendig. Sie hat in den letzten dreißig Jahren Untersuchungen angestellt, wie der vermehrte Eintritt von Treibhausgasen die Atmosphäre verändert. Sie gehört zu den dienstältesten Forschern und Forscherinnen am Woodwell Center und interessiert sich besonders für den Jetstream. Jennifer ist auch äußerlich beeindruckend mit ihrem Türkisschmuck, der perfekt zu ihrer türkisfarbenen Fleecejacke passt. Sie beschreibt den Jetstream recht poetisch als »Windfluss hoch über unseren Köpfen, dort, wo die Düsenjets unterwegs sind«. Der polare Jetstream zum Beispiel umkreist die nördliche Erdhalbkugel, erklärt Jennifer. Er »ist für fast alle Wetterphänomene verantwortlich, die wir in diesem Teil der Welt erleben«. Dann erläutert sie uns das Modell.

Stellen Sie sich eine Luftschicht vor, die sich vom warmen Süden bis in den kalten Norden zieht. Warme Luft dehnt sich aus, sodass die Schicht über dem Süden höher hinaufreicht als die über dem Norden. Und jetzt stellen Sie sich vor, Sie säßen auf dem höchsten Punkt im Süden und blickten nach Norden – dann würde es Ihnen so vorkommen, als ginge es bergab. Die Gravitation ist dafür verantwortlich, dass die warme Luft nach unten abfließt wie Wasser, das den Berg hinunterrinnt. (Hier fällt mir unwillkürlich Jennifers Begriff vom »Windfluss« ein.) Diese Abwärtsbewegung bewirkt, dass ein Wind von Süden nach Norden entsteht. Da die Erde sich aber dreht, wird der Wind nach Osten abgelenkt und daher zum Westwind. Das ist der Jetstream der Nordhalbkugel.

Je größer der Temperaturunterschied zwischen den nördlichen und südlichen Luftmassen ist, desto schneller, stärker und gerader verläuft der Luftstrom. Historisch war die Arktis immer deutlich kälter als die Luftmasse im Süden, daher verlief der Jetstream stets vergleichsweise gerade, ohne groß nach Norden oder Süden abzuweichen. Nun aber, wo sich die Arktis schneller erwärmt (sprechen Sie mir nach: *zwei- bis dreimal schneller*) als der Rest des Planeten, nimmt der Temperaturunterschied ab. Das schwächt die Jetstream-Winde, sie fangen an, nach Süden oder Norden zu mäandern, was wiederum das Wetter beeinflusst.

Einmal mehr die Arktis! Dass die Arktis in den Debatten über den Klimawandel immer wieder auftaucht, war mir ja nichts Neues, dass es dafür gleich so viele Gründe gibt, hatte ich nicht gewusst. Auch Jennifer meint, dass der Jetstream ein weiterer Feedback-Loop ist, der mit der Arktis zusammenhängt, denn je weiter der Strom nach Süden abweicht, umso mehr warme Luft transportiert er in den Norden. »Wir heizen die Arktis auf. Wir schwächen die Jetstream-Winde ab. Es kommt zu starken Abweichungen nach Norden und Süden, was noch mehr Wärme nach Norden leitet und die Arktis noch weiter erwärmt. Das wiederum schwächt die Winde weiter ab, und so entsteht ein wahrer Teufelskreis.« Wir merken es daran, dass unser Wetter immer öfter in einem bestimmten Muster »feststeckt«. Weil es häufig sehr lange heiß oder kalt, regnerisch oder trocken bleibt. »Feuchtgebiete vernässen, und trockene Regionen müssen mit ansehen, wie noch mehr Bodenfeuchtigkeit verloren geht, weil die Luft sich immer mehr erwärmt.« Für diese unkalkulierbaren Wetterextreme in beide Richtungen hat die

Klimaforscherin Katharine Hayhoe das Schlagwort vom »Global Weirding« geprägt (etwa »Globales Seltsamsein«), das Argumenten, verstärkter Schneefall spreche doch eigentlich gegen eine globale Erwärmung, die Grundlage entzieht.

Ein Beispiel: Sowohl die jahrelange Dürre im Westen der Vereinigten Staaten als auch die Zunahme der Waldbrände gehen auf die Nord-Süd-Abweichungen des Jetstreams zurück. Und beides hat mit der Arktis zu tun, was ja nicht auf den ersten Blick einleuchtet. Ich jedenfalls bin bass erstaunt, wie wichtig die Arktis für uns ist – für uns alle auf diesem Planeten. Die Wissenschaft sagt uns, dass wir diesen Feedback-Loop umkehren müssen: Treibhausgasemissionen verringern, die Arktis wieder abkühlen, den Jetstream begradigen, die Arktis weiter abkühlen. Sie sagt uns auch, dass Extremwetterlagen heute schon die Norm sind und nicht die Ausnahme. Selbst wenn wir den Ausstoß von Treibhausgasen auf der Stelle einstellten, würden uns diese Wetterphänomene noch lange erhalten bleiben.

Vor vielen Jahren entdeckte ich in einer Zeitschrift einen Artikel über die Auswirkungen des Klimawandels und – was damals für mich eine Seltenheit war – las ihn.[4] Es ging dabei um die ganz reale Möglichkeit, dass eine große Küstenstadt überflutet werden könnte. Aber der Autor beschäftigte sich auch mit der philosophischen Dimension des Klimawandels beziehungsweise der Frage, was besser wäre: Anpassung oder Schadensbegrenzung. Er schrieb, dass es uns schwerfalle, beides im Auge zu behalten. Anpassung und Schadensbegrenzung scheinen sich auf den ersten Blick zu widersprechen, denn wenn man für Anpassung plädiert, geht man davon aus, dass wir es nicht schaffen werden, den Klimawandel aufzuhalten. Dann aber wäre jede Schadensbegrenzung überflüssig. Jennifers Lektion über den Jetstream jedoch katapultiert mich aus dieser Art von Schwarz-Weiß-Denken heraus. Natürlich müssen wir uns an Wetterphänomene anpassen, die uns lange Zeit begleiten werden. Doch wir müssen auch alles in unserer Macht Stehende tun, um die Klima-Feedback-Loops umzukehren, damit nicht alles noch schlimmer wird beziehungsweise damit sich eines Tages die Lage wieder bessert. Kein »Entweder-oder«, sondern ein »Sowohl-als-auch«.

Der Feedback-Loop der Wolkendecke

Um Joni Mitchell zu zitieren: Wir kennen die Wolken nicht. Warren Washington, der mit der National Medal of Science ausgezeichnet wurde, fing schon in den 1960ern an, Computermodelle zu programmieren, die den künftigen Verlauf der atmosphärischen Erwärmung und die Rolle der Feedback-Loops aufzeigen sollten. Der heute Achtzigjährige mit seiner himbeerroten Seidenfliege zieht nach seiner langen und illustren Karriere am National Center for Atmospheric Research folgendes Fazit: »Wolken sind hochkompliziert.«

»Wir haben immer noch keine hinreichend guten Methoden«, meint Warren, »um die Wolken-Feedbacks so gut zu verstehen, wie wir das gern würden.« Aber immerhin wissen wir schon ein wenig: Wolken bestehen aus Wasserdampf, einem natürlich vorkommenden Gas, das sich bildet, wenn Wasser aus Seen und Ozeanen verdampft. Wir wissen ferner, dass Wasserdampf ein Treibhausgas ist. Er ist für 60 Prozent der durch Treibhausgase in der Atmosphäre ausgelösten globalen Erwärmung verantwortlich. 60 Prozent? Wirklich? Der Wasserdampf, so die Wissenschaft, verstärkt die menschenverursachte globale Erwärmung um das Zwei- bis Dreifache.

Ich denke daran, wie ich zuletzt auf dem Rücken liegend den Blick über den Himmel voller weißer flauschiger, schleieriger Wolken schweifen ließ. Wolken in all ihren vielfältigen Erscheinungsformen. Ich denke daran, wie angenehm es ist, wenn die Sonne an einem heißen Tag hinter einer Wolke verschwindet. Und an die Bilder von der Erde, dem blauen Planeten, um den sich Wolkenbänder flechten. Sie erscheinen so natürlich, ja wohltuend – wieso sollen sie jetzt plötzlich an der Klimakrise mitschuldig sein?

»Wasserdampf ist einfach nur gasförmiges Wasser«, erklärt Jennifer Francis und bringt ein Beispiel, das wir alle aus der Küche kennen. »Wenn du einen Topf Wasser auf einen Herd setzt und dieses zum Kochen bringst, dann siehst du Dampf aufsteigen, der anfangs noch recht flüssig wirkt. Wenn er in die Atmosphäre aufsteigt, wird er unsichtbar. Das Gleiche passiert in unserem Klimasystem. Wir erwärmen die Luft und die Ozeane. Dann steigt aus den Meeren mehr Wasserdampf in die Atmosphäre.«

Ein Teil dieses Wassers verbleibt ebendort und speichert die Hitze. Ein anderer Teil kühlt ab und bildet Wolken, die Planeten sowohl erwärmen als auch abkühlen können. Wolken können die Temperatur senken, weil ihre weiße Farbe das Sonnenlicht zurück in den Weltraum wirft und somit die Erde kühlt. Daher empfinden wir wolkenreiche Tage als kühler denn sonnige, auch wenn alle anderen Bedingungen gleich sind. Andererseits können Wolken die Wärme auf der Erde festhalten. Die Erde erwärmt sich wie unter einer Decke. Daher ist es in einer wolkenreichen Nacht gewöhnlich wärmer als in einer klaren. Und wie sieht nun der Nettoeffekt aus? Wie Warren schon sagte, ist das Thema komplex, aber im Großen und Ganzen erwärmen die Wolken die Erde eher. Und weil sich das Klima erwärmt, erwärmen sich auch die Ozeane, was zu mehr Verdampfung führt, folglich zu mehr Wasserdampf, der mehr Wärme festhält, die wiederum zur Erwärmung der Ozeane beiträgt – und fertig ist die Rückkopplungsschleife.

Die Wissenschaft sagt, dass diese spezielle Kombination aus mehr Wasserdampf und warmen Meeren für das häufigere Auftreten von Hurrikanen zuständig ist. Hurrikane sind nicht Teil des Wasserdampf-Feedback-Loops, aber sie werden von ihm beeinflusst. Klimamodelle sagen vorher, dass wir künftig noch öfter mit starken Stürmen zu rechnen haben. »Vor mehr als dreißig Jahren haben wir vorhergesagt, dass die globale Erwärmung zu mehr und heftigeren Stürmen führen wird«, sagt Kerry Emanuel. »Und wir sehen das mittlerweile schon an Orten wie Florida und den Bahamas, die ohnehin häufiger von Hurrikanen betroffen sind. Natürlich ist man dort eher darauf eingestellt, aber mit der zunehmenden Stärke der Stürme wie beim Hurrikan Dorian 2019 hilft diese Anpassung auch nicht mehr viel.«

Was er meint, ist: Wenn Sie Ihre Kaimauer um 3 Meter erhöhen, die Sturmwellen aber 4 bis 30 Meter höher sind, dann hilft Ihnen das auch nicht viel.

Der Feedback-Loop der verschwindenden Bäume

Meine Freundin Elissa Epel und ich haben eine besondere Vorliebe für Bäume. Elissa ist Professorin für Psychiatrie an der University of California in San Francisco und ein durch und durch strahlendes Geschöpf. Wir leben zwar an der jeweils entgegengesetzten Küste der USA, aber da sie auch viel für das Mind & Life Institute macht – im Kollegium ebenso wie in verschiedenen Komitees –, sehen wir uns relativ häufig. Wann immer wir zusammen sind, gehen wir draußen spazieren und suchen uns einen besonderen Baum. Das ging uns spontan so, als wir uns auf einer großen Konferenz in San Diego kennenlernten, aber mit den Jahren hat sich dies zu einem Ritual entwickelt, einer Art Gehmeditation, bei der wir unsere Aufmerksamkeit auf Wurzeln, Stämme, Licht und Blätter richten, bis wir einen Baum gefunden haben, der zu uns zu sprechen scheint. Wir wissen beide, wenn »unser« Baum vor uns steht. Wir bleiben 3 bis 4 Meter vor ihm stehen, um seine Größe, seine Krone und seine Symmetrie zu bewundern. Dann nähern wir uns langsam, bis wir unter seinem Laubdach angekommen sind. Wir schließen die Augen und spüren, wie sein Schatten uns umfängt. Wir sehen auf zum Himmel, der durch die Blätter hindurchschimmert. Wir umarmen den Baum, umarmen uns und begegnen diesem lebenspendenden Gewächs mit Dankbarkeit. Am Ende machen wir ein Foto von ihm, bevor wir gehen. Manchmal sind auch wir darauf zu sehen: ein Baum-Selfie. Ich habe ein Foto von Elissa, wie sie gerade einen 15 Meter hohen Ginkgo inspiziert. Ich erinnere mich noch an seine tieferen Äste, die herabhingen wie ermüdete Arme. Wir konnten sie berühren und bewunderten die asiatische Fächerform seiner Blätter.

»Tree Hugger« (»Umweltapostel«, wörtlich »Baum-Umarmer«) ist ein herablassender Begriff für Umweltaktivisten. Als wäre es merkwürdig und ein bisschen gaga, Bäume toll zu finden. Aber je mehr ich Wissenschaftler über Bäume reden höre, desto mehr Grund scheint mir gegeben, sie zu lieben. Wahrscheinlich würden noch mehr Menschen Bäume zu schätzen lernen, wüssten sie, was diese auf unserem Planeten für uns tun. Wir müssen begreifen, dass wir Bäume brauchen. Und weil wir sie brauchen, müssen wir aufhören, sie gierig und unterschiedslos niederzumetzeln. Gibt es tatsächlich noch Leute, die gegen den Umweltschutz sind? Echt jetzt? Wir sollten alle Umweltschützer werden, scheint mir. Wo sonst sollen wir denn leben? Wie der Dalai Lama sagt: *Dieser Planet ist unser einziges Zuhause.*

Unwissenschaftlich betrachtet sind Bäume wahre *Wunder*. Wissenschaftlich gesehen ist da die *Fotosynthese*. Und unser Wissen über diesen faszinierenden Vorgang sollten wir ganz kurz auffrischen. Bäume ernähren sich von Sonnenlicht, Wasser und Kohlendioxid. Ich habe die Technikoptimisten von den Wundern der »Carbon Capture« schwärmen hören: Wenn wir das großflächig hinbekämen, wenn wir tatsächlich genug Kohlendioxid aus der Luft holen könnten, dann würden wir den Planeten retten. Wäre das nicht wunderbar! Aber Bäume (und andere Grünpflanzen) sind uns da um Längen voraus. Sie machen das Tag für Tag, einfach nur weil sie da sind. Mit ihren Ästen, Zweigen und Blättern filtern sie das Kohlendioxid aus der Luft, speichern den Kohlenstoff sicher in sich ab – in Stamm und Ästen, Zweigen, Blättern und Wurzeln sowie in der Erde – und geben uns den Sauerstoff zurück. Und die Wälder der Erde erledigen dies bereits großflächig. Bäume kühlen den Planeten, wenn wir sie nur lassen. Das sind die tollen Neuigkeiten, die uns der Feedback-Loop der Wälder bringt. Die Wissenschaft sagt uns, dass die terrestrischen Ökosysteme jedes Jahr 30 Prozent der Emissionen fossiler Brennstoffe unschädlich machen. Und meist sind dafür Wälder verantwortlich.

Aber es gibt auch weniger gute Neuigkeiten: Der genannte Prozentsatz sinkt, solange unsere Treibhausgasemissionen steigen, was wiederum zu steigenden Temperaturen führt und verhindert, dass die Wälder die Erwärmung ausgleichen. Denn wenn Bäume brennen oder verfaulen, dann wird der während ihrer Lebenszeit gespeicherte Kohlenstoff – was Wissenschaftler als »Kohlenstoffsenke« bezeichnen – frei. »Wir haben die Erde schon um mehr als 1 Grad Celsius erwärmt«, meint George Woodwell. »Es besteht eine erhöhte Waldbrandgefahr, weil die Bäume austrocknen. Dadurch werden sie auch anfälliger für Insekten – und sterben bald darauf ab.«

Und je mehr die Wälder der Erde für Industrie und Landwirtschaft abgeholzt werden, desto weniger Bäume bleiben übrig, die Kohlendioxid aus der Luft binden und so die Erderwärmung aufhalten können. Die Temperaturen steigen weiter, das Klima wird wärmer und trockener, und noch mehr Bäume fallen der Dürre, Waldbränden oder Insekten anheim.

»Es ist absolut möglich, dass wir an einen Punkt kommen, an dem wir die Wälder schneller töten, als sie Kohlendioxid fixieren können«, meint George. »Das Nettoresultat ist ein absolut tödlicher Feedback-Loop.«

Wenn es um die globale Erwärmung geht, sagt die Wissenschaft, sind vor allem drei Arten von Wald wichtig: der tropische Regenwald, der boreale Nadelwald und der Wald in den gemäßigten Breiten. Mike Coe ist der Direktor des Tropenprogramms am Woodwell Climate Research Center. Er sammelt Daten in Gummistiefeln und mit Sonnencreme. Er untersucht, wie die Abholzung des Amazonas-Regenwalds das lokale Klima und die Umwelt beeinflusst. Seiner Schätzung nach macht der tropische Regenwald 15 bis 20 Prozent der terrestrischen Kohlenstoffsenke aus. Und der Amazonas-Regenwald ist für die Hälfte davon verantwortlich. »Das ist ein wichtiger Anteil all unserer Emissionen, die dieser Wald aufnimmt.« Er erstreckt sich über mehr als 5 Millionen Quadratkilometer und über neun Länder. Er bindet seit Jahrtausenden Kohlenstoff. Und doch steht er kurz davor, mehr Kohlenstoff freizusetzen, als zu binden.

Warum? Weil in den letzten fünfzig Jahren fast ein Fünftel des Amazonas-Regenwaldes verloren ging, meist durch Brandrodung, aber auch durch Insekten und Absterben der Bäume. Dadurch wird nicht nur der Kohlenstoff frei, den sie binden, wie die Wissenschaftler sagen. Auch die wichtige Kühlfunktion des Waldes wurde arg gefährdet. Mike erklärt, dass der Prozess der Transpiration, bei dem die Wurzeln der Bäume Wasser aus dem Boden aufnehmen und dieses durch winzige Öffnungen in den Blättern abgeben, die unmittelbare Umgebung des Baums kühlt. Im Amazonas-Regenwald sorgt die Transpiration für eine Abkühlung um bis zu gut 12 Grad Celsius.

Mike weist gesondert darauf hin: »Wenn wir im Amazonas-Regenwald Bäume durch Rodung verlieren, heißt dies, dass wir die Transpiration behindern. Unser Klima reagiert mit mehr Trockenheit. Und je mehr du abholzt, desto trockener wird's.« Ein neuer Teufelskreis. »Während extremer Dürren geht ein großer Teil des Waldes in Flammen auf. Und was einst eine Kohlenstoffsenke war, wird nun zur CO_2-Quelle. Das lässt sich berechnen. Wenn das pro Jahrzehnt fünfmal passiert, dann ist der Wald keine Senke mehr, sondern eine Quelle.«

Die Wissenschaft sagt uns, dass die tropischen Regenwälder heute ein Drittel weniger Kohlenstoff absorbieren als in den 1990ern. Sie prophezeit, dass der Amazonas-Regenwald durch den

Verlust so vieler Bäume in den nächsten zehn Jahren mehr Kohlenstoff abgeben als binden wird. »Man kann sich ja vorstellen, dass sich das Klima nur so ein bisschen ändert und alles perfekt ist«, sagt Mike, und ich kenne ihn nun schon so gut, dass ich das »Aber« kommen höre. »Aber eines Tages kehrt sich das ganze System um.« Und genau das meint Greta, wenn sie vom »Kipppunkt« spricht.

Der zweite größe Wald, der von einer Kohlenstoffsenke zu einer Kohlenstoffquelle werden kann, ist der boreale Nadelwald, der sich um den Nordpol herumzieht, von Sibirien bis nach Nordamerika. Die größte bewaldete Region der Erde speichert geschätzt etwa zwei Drittel alles in Wäldern gebundenen Kohlenstoffs. Der Großteil davon findet sich in gefrorenen pflanzlichen und tierischen Überresten im Boden. Aber auch das ändert sich. Das wärmere, trockenere Klima macht diese Bäume ebenso wie den tropischen Regenwald anfälliger für Krankheiten, Insekten und Feuer.

»Waldbrände werden auch in der borealen Zone immer häufiger«, sagt Brendan Rogers, Klimawissenschaftler am Woodwell Climate Research Center, der die Wälder von Alaska, Nordkanada und Sibirien erforscht. »Wir sehen mehr und größere Feuer. Jedes Jahr gibt es neue Rekorde für die Waldbrandsaison.«

Anders als im tropischen Regenwald ist im borealen Nadelwald auch die Bodenvegetation betroffen, die sich zwischen den häufigen Bränden nicht mehr neu aufbauen kann. Ohne diese Schutzschicht reichen die Feuer immer tiefer hinein in den Boden und verbrennen dort auch die organische Masse. »75 bis 90 Prozent des darin gespeicherten Kohlenstoffs findet sich im Boden«, erklärt Brendan. »Das macht den Großteil des durch diese Feuer freigesetzten Kohlenstoffs aus.«

Die Brände heizen also eine Rückkopplungsschleife an, die mit der Erwärmung der borealen Zone beginnt: Mehr Feuer verbrennen mehr im Boden gespeicherten Kohlenstoff und entlassen so CO_2 und Methan in die Atmosphäre. Diese Treibhausgase wiederum lassen das Klima heißer und trockener werden – was zu mehr Waldbränden führt, mehr Kohlenstofffreisetzung und so weiter.

Wie der Amazonasregenwald entwickelt sich auch der boreale Nadelwald von der Kohlenstoffsenke zur Kohlenstoffquelle. Wissenschaftler meinen, man wüsste zwar nicht, wann dies der Fall wäre, aber wenn die Brände weiter so zunähmen, dann würde dies schon Ende dieses Jahrhunderts passieren. Dann wäre ein Kipppunkt überschritten, von dem der Wald sich nicht mehr erholen kann. Mike bezeichnet die Vorgänge, deren Zeuge er geworden ist, als »rapide«: »So rapide, dass dies vom System nicht mehr aufgefangen werden kann. Und das Erschreckendste ist, dass wir nicht wissen, wann der Kipppunkt erreicht ist.«

Die Wälder gemäßigter Zonen machen nur etwa ein Viertel aller Wälder weltweit aus, doch weil der tropische Regen- und der boreale Nadelwald langsam zu Kohlenstoffquellen werden, liegt unsere ganze Hoffnung auf den Wäldern der gemäßigten Zonen. Diese wurden einst für die Landwirtschaft und den Holzverbrauch gnadenlos abrasiert. Wie gesagt: »Kahl geschoren wie der Schädel eines Mönchs«, wobei der Dalai Lama schmunzelte. Doch viele dieser Wälder erleben in den letzten Jahrzehnten ein Comeback. Nur im Südosten der USA werden nach wie vor alte Wälder abgeholzt, und zwar für Holzpellets. Wobei wieder jahrzehntelang gespeicherter Kohlenstoff verbrannt und damit freigesetzt wird.

Die Holzpellet-Industrie? Schon mal davon gehört? Wenn nicht, empfehle ich Ihnen zu diesem Thema den ausgezeichneten Artikel »The Millions of Tons of Carbon Emissions That Don't Officially Exist« von Sarah Miller im *The New Yorker*.[5] Ein anderes Wort für »Holzpellets« ist die beschönigend sogenannte »Biomasse«, die angeblich eine Quelle von »Bioenergie« ist. Begriffe wie diese liebt die Energieindustrie, vermutlich weil sie die Tatsache verschleiern, dass dafür Wälder kahl geschlagen und verheizt werden. Diese Begriffe hören sich doch so »grün« an. Aber Holzpellets sind eben genau das, was das Wort besagt: Bäume, die zu winzigen Zylindern aus komprimiertem Sägemehl gemacht wurden. Diese lassen sich leicht verschiffen, gern auch über Ozeane, in Schiffen, die von fossilen Brennstoffen angetrieben werden. Sie landen in Kohlekraftwerken, wo sie statt Kohle verfeuert werden. Formal gilt diese Energiequelle als »erneuerbar«, weil man Bäume ja nachpflanzen kann. Die Wissenschaft sagt uns aber, dass zwischen alten und jungen Bäumen klimatechnisch ein Riesenunterschied besteht.

Beverly Law misst den Austausch von Kohlendioxid und Wasser zwischen unseren Wäldern und der Atmosphäre. Sie arbeitet in zwei Langzeit-Testgebieten, die zu einem Netz von über fünfhundert solcher Regionen weltweit gehören. Und sie stellt diese Messungen schon seit mehr als 25 Jahren an. Sie bestätigt, was jeder sich denken kann, wenn er die riesigen Silhouetten alten Baumbestands samt seinem dichten Unterholz mit einer Lichtung vergleicht, auf der junge Bäume wachsen: Wenn es um Kohlenstoffspeicherung geht, läuft der alte Wald dem jungen den Rang ab. Oder wie die kanadische Schriftstellerin Charlotte Gill in ihrem Buch übers Bäumepflanzen schreibt: »Sie brauchen keinen Doktortitel, um den Unterschied zwischen einem jungfräulichen und einem recycelten Wald zu erkennen. Hier besteht der Boden aus Steinen und Sand, darüber eine Schicht vertrocknetes Moos. Wenn ich mit meiner Schaufel hineinsteche, fühlt sich das an, als wühlte ich in einem Krug voller Zähne, wie ihn die Zahnärzte früher stehen hatten. Ein tief wurzelnder Regenwald wurde ersetzt durch fettarme Erde, eine Illusion. Ein Wald, der nur aussieht wie ein Wald, nicht mehr.«[6]

Überlegen Sie nur mal, wie lange es dauert, einen Baum wachsen zu lassen. Und wie wenig Zeit wir haben, bevor die globale Erwärmung 1,5 oder 2 Grad Celsius überschreitet. Die größten und ältesten Bäume sind Hunderte, ja Tausende von Jahren alt. Die Wissenschaft aber meint, das 1,5-Grad-Ziel sollte bis 2030 erreicht werden. Wir können uns also nicht aufs Wiederaufforsten verlassen. Wir müssen auch die alten Bäume retten. Aus Respekt davor, wie lange es dauert, bis ein Wald *alt* ist.

»Wenn wir den Klimawandel wirklich aufhalten wollen«, sagt Beverly, »dann ist unsere beste Option, all die Wälder, die unter dem Klimawandel nur wenig leiden und die bereits viel Kohlenstoff speichern, unberührt zu lassen, sie zu bewahren.« Alte Wälder wie die im pazifischen Nordwesten der USA: Diese sind allein wegen des kühleren Klimas in den nächsten dreißig Jahren weniger anfällig für den Klimawandel, verglichen mit den Wäldern im Westen der Vereinigten Staaten.

Unglücklicherweise stehen gerade diese zähen, kohlenstoffreichen Bäume seit Jahrhunderten im Fadenkreuz der Holzfäller. Wenn ein solcher Baum gefällt wird, dann werden 50 bis 66 Prozent des gespeicherten Kohlenstoffs freigesetzt, weil die nicht genutzten Zweige, Blätter und Wurzeln verbrannt oder dem Verfall preisgegeben werden. Das Gleiche gilt für die Erde, aus welcher der Baum herausgerissen wird. Wenn man ihn dann zu Holzpellets verarbeitet, geben diese bei der Verbrennung den restlichen Kohlenstoff an die Atmosphäre ab. Heute gehen 17 Prozent der globalen Kohlenstoffemissionen auf den Holzeinschlag und das Verbrennen der Holzpellets zu »Bioenergie« zurück.

Bill Moomaw sagt, dass die Wälder unser wichtigster Verbündeter sind, wenn wir Kohlendioxid aus der Atmosphäre holen wollen. Natürlich kommt es auch darauf an, unsere Treibhausgasemissionen zu reduzieren, aber Bill meint, das werde nicht reichen. Er hat schon vor gut dreißig Jahren angefangen, den Klimawandel zu studieren, als er zum ersten Direktor des Klimaprogramms am World Resources Institute in Washington wurde. Damals ging es noch darum, dass Chemiker wie er das Ozon aus der Stratosphäre holen wollten (eine Umweltschutz-Erfolgsstory). Heute ist er Professor im Ruhestand und Co-Direktor des Global Development and Environment Institute an der Tufts University. Außerdem gehört er zu den Autoren von insgesamt fünf Berichten des Intergovernmental Panel on Climate Change, der Gruppe, die 2007 mit dem Friedensnobelpreis ausgezeichnet wurde. Bill meint, wir müssen die Bäume einfach ihre Wunder wirken lassen, indem sie Kohlenstoff aus der Atmosphäre holen und einlagern. Vor allem die großen, alten Bäume. Wir brauchen saubere energetische Alternativen zu den Holzpellets wie Sonne und Wind. Wir müssen, so Bill, »unser Kohlenstofferbe bewahren, denn genau das ist es: eine Erbschaft aus der Vergangenheit, die in Wäldern und Boden gespeichert ist«. Bill beschreibt die Bedeutung der Wälder wie folgt: »Wälder stehen im Mittelpunkt einer Rückkopplungsschleife, die unseren Planeten entweder kühlen oder erwärmen kann. Wir bestimmen, in welche Richtung es geht. Wir müssen die Arktis wieder zufrieren lassen, um sie zu retten. Damit die Arktis wieder zufriert, müssen wir die Erde kühlen. Um die Erde zu kühlen und die Feedback-Loops anzuhalten, müssen wir die Treibhausgase reduzieren, die bereits in der Atmosphäre sind. Jüngere Studien zeigen: Wenn wir unsere Wälder wachsen lassen, dann lagern sie mehr als doppelt so viel Kohlenstoff ein, wie sie das heute tun. Wenn wir den Wald auf diese Weise schützen, uns für die *Pro-Forestation* einsetzen, dann können wir mehr Kohlenstoff aus der Atmosphäre holen, weil wir die Emissionen des Einschlags vermeiden. Wir müssen uns die Tatsache zunutze machen, dass größere Bäume mehr Kohlenstoff einlagern. Wir müssen die Bäume weiter wachsen lassen, damit sie nach wie vor Kohlenstoff speichern. Neue Bäume zu pflanzen ist nützlich, aber es wird viel zu lange dauern, bevor dies eine sinnvolle Wirkung zeigt.«

Was möglich ist

Im Jahr 1990 war ich 27. Und ich führte mein erstes Gespräch über nachhaltige Umweltbewirtschaftung. Ich arbeitete damals als Krankenschwester in Hanover in New Hampshire und hatte mich auf die Pflege von Krebspatienten spezialisiert. Ich war eine begeisterte Zuhörerin, als ich drei Stunden lang mit Donella Meadows in einem Auto saß und sie zur Behandlung fuhr. Menschen, die das Glück hatten, Donella persönlich zu kennen, nannten sie »Dana«. Sie war Krebspatientin, Professorin in Dartmouth und eine brillante Denkerin, die sich schon damals für den Umweltschutz starkmachte. (Sie bekam dafür 1994 den MacArthur Genius Grant, ein Stipendium für herausragende Leistungen.) Ich war ihr zugeteilt worden, weil wir uns beide für ganzheitliche Medizin interessierten, obwohl es den Begriff zu jener Zeit noch nicht gab. Sie saß auf dem Beifahrersitz meines fetten Sechszylinders und stellte die ketzerische Frage, ob ich tatsächlich so ein großes, schnelles Auto bräuchte.

Darüber hatte ich noch nie nachgedacht, außer wenn es um den Benzinpreis ging. Bis dahin dachte ich immer: Natürlich will ich das größte, schnellste und bequemste Auto haben, das ich mir leisten kann. Aber Dana dachte stets darüber nach, wie unser Lebensstil die Erde und ihre Ökosysteme beeinflusste. Als großartige Kommunikatorin und Systemtheoretikerin baute sie ihre ganze Karriere auf diesem Interesse auf. Ich dachte damals schon, dass ich wohl nie mehr einen Menschen wie Dana kennenlernen würde, aber es sollte noch Jahre dauern, bis ich wirklich begriff, wie außergewöhnlich sie war.

In der dritten Ausgabe eines Buchs, das sie mit zwei Kollegen zusammen verfasst hatte – *Die Grenzen des Wachstums* – schreibt Dana: »Die Abgründe menschlicher Unwissenheit sind sehr viel tiefer, als die meisten von uns zuzugeben bereit sind. Das gilt insbesondere in einer Zeit, in der die Weltwirtschaft stärker als je zuvor als ein verflochtenes Ganzes zusammenrückt; wenn ebendiese Wirtschaft immer mehr an die Grenzen unseres so wunderbar komplexen Planeten stößt; und wenn gänzlich neue Denkansätze gefragt sind. In einer solchen Zeit weiß niemand genug.«[7] Das galt 2002 ebenso wie heute. Dana war ihrer Zeit um Längen voraus.

Dana verstand, was ein Feedback-Loop ist, und sagte die Klimakrise vorher, mit der wir konfrontiert würden, wenn wir keine einschneidenden Maßnahmen ergriffen – mithilfe komplexer Modelle, die auf Theorie, Daten und einer starken Intuition beruhten.

Ebenjene Klimakrise, vor der wir jetzt stehen, weil wir halt keine einschneidenden Maßnahmen ergriffen haben. »Unser Handeln hat Konsequenzen«, sagte Greta im Austausch mit dem Dalai Lama, als die beiden sich über Systemdenken und den buddhistischen Begriff von »Karma« unterhielten.

In *Die Grenzen des Wachstums* fährt Donella fort: »Die Entscheidungsträger dieser Welt wissen im Grunde auch nicht besser als andere Menschen, wie sich eine nachhaltige Gesellschaft schaffen lässt; den meisten ist noch nicht einmal bewusst, dass dies geschehen muss. Bei einer Nachhaltigkeitsrevolution muss jeder Einzelne ein lernbereiter Entscheidungsträger auf irgendeiner Ebene sein, von der Familie über die Gemeinde und die Nation bis zur ganzen Welt. Und jeder von uns muss Entscheidungsträger auch darin unterstützen, Unsicherheiten einzugestehen, ehrliche Experimente durchzuführen und Fehler zuzugeben.«[8]

Dana war eine dieser lernwilligen Führungsgestalten, und meine Gespräche mit ihr in den frühen 1990ern haben mich für immer verändert. Ich habe nie wieder einen Sechszylinder gekauft. Sie spielte eine große Rolle bei meiner Entscheidung, Psychoneuroimmunologie zu studieren und mich auf den Zusammenhang zwischen dem Lebenssinn der Menschen und ihrem Immunsystem zu konzentrieren. Und sie prägte mein Denken über die Welt in Begriffen der Nachhaltigkeit. Dana überwand den Krebs. Sie starb 2001 mit nur 59 Jahren an einer Gehirnhautentzündung. Aber ich möchte ihre Stimme hier hörbar werden lassen.

Unser Handeln hat Konsequenzen. Wenn ich den Wissenschaftlern lausche, die in diesem Kapitel zitiert werden, kommt bei mir vor allem eines an: Menschliches Handeln hat die Klima-Feedback-Loops ausgelöst, doch menschliche Einsicht und Genialität können sie auch umkehren zu kühlenden Rückkopplungsschleifen. Oder wie der Dalai Lama zu Greta sagte: »Das menschliche Gehirn ist etwas ausgesprochen Besonderes und Beeindruckendes. Doch wenn wir unsere heutige Welt ansehen, ist der Mensch in gewisser Weise auch der schlimmste Unruhestifter.« Reden wir also darüber, wie wir unser besonderes Gehirn einsetzen können, um die Krise zu überwinden, zu sauberen Energiequellen überzugehen, Abfall und Flugreisen zu vermeiden, mit dem Fahrrad unterwegs zu sein sowie den öffentlichen Nah- und Fernverkehr zu nutzen, Wälder zu schützen und zu vergrößern, Moore zu bewahren und zu renaturieren, ebenso wie Graslandschaften und alle anderen natürlichen Habitate. Wie wir unsere Landwirtschaft einsetzen können, um Kohlenstoff zu speichern, statt ihn freizusetzen, damit unsere Bäume und Pflanzen ihren Job tun und das Kohlendioxid aus der Luft holen können.

»Menschliche Aktivitäten« und »menschliche Genialität« – das hört sich erst mal unpersönlich an. Aber damit sind auch wir gemeint, Sie und ich. Wir alle sind Teil dieser Feedback-Loops. Was also wollen wir dagegen tun?

Die meisten Menschen haben noch nie von Klima-Rückkopplungsschleifen gehört, sagt Greta, »dabei sind sie von entscheidender Bedeutung, wenn wir verstehen wollen, wie die Welt funktioniert.« Nun, Sie wissen jetzt jedenfalls Bescheid. Sie haben von Feedback-Loops gehört. Die Erde erwärmt die Erde. Aber die Erde kann die Erde auch abkühlen lassen, wenn wir sie nur dabei unterstützen.

Kapitel 2

Der Spirit: Das Problem mit dem »Business as usual«

Als ich den Dalai Lama das erste Mal sah, sah ich ihn eigentlich nicht. Und das ist jetzt kein der Vernunft unzugängliches Koan. Ich war gerade erst geschieden worden und drückte in Chicago wieder die Schulbank. Ich hatte einfach kein Geld für eine Eintrittskarte. Andererseits wollte ich unbedingt hin. Ich fragte bei der Organisation nach, die den Dalai Lama eingeladen hatte, ob ich irgendwie mitarbeiten und mir so den Eintritt verdienen könnte. »Bitte, ich mache alles.« Aber es hieß nur, das ginge nicht. Trotzdem konnte ich das Gefühl nicht abschütteln, dass ich dort sein sollte. Und so bezahlte ich, als der Dalai Lama seinen aufsehenerregenden Auftritt im Chicago Theater hatte, auf dem Schwarzmarkt einen deutlich höheren Eintrittspreis für einen Platz ganz hinten. Nur um dann festzustellen, dass mein Sitz sich hinter einer dicken, fetten Säule befand. Ich sah Seine Heiligkeit also nicht, ja, ich hörte ihn noch nicht mal.

Schneller Vorlauf um zwanzig Jahre: Der Dalai Lama und ich sitzen beisammen in einem kleinen Zimmer in Indien, und er hält meine Hand. Mein ungefähr dreißigjähriges Chicago-Ich hätte damit nie gerechnet. Und auch Greta wäre wohl nie darauf gekommen, dass sie mit ihm einmal eine Zoom-Konferenz abhalten würde, als sie zum ersten Mal mit ihrem Protestplakat vor dem schwedischen Parlament saß. Wie der Buddha selbst sagt: Niemand kennt die Zukunft. Niemand hat sie je im Voraus gekannt. Aber können wir über die spezielle Ungewissheit reden, die unsere Zeit prägt, über den Verlust der Gewissheiten, was unser weiteres Leben auf der Erde angeht?

Vor Kurzem haben sich Thupten Jinpa, der langjährige Englisch-Übersetzer des Dalai Lama und mein Kollege bei Mind & Life, und ein paar von uns über eine alte Metapher für die wechselseitige Abhängigkeit unterhalten, eine der zentralen Einsichten des Buddhismus. Das Bild stammt laut Jinpa aus einem Text namens Avatamsaka-Sutra, das »Blumengirlanden-Sutra«. Das hörte sich toll an. Ich stellte mir eine Art kaleidoskopisch buntes Mandala vor. Ein weiterer Kollege hatte noch nie davon gehört.

»Google es«, meinte Jinpa. So viel zur romantisch-archäologischen Fantasie.

Jinpa bezog sich auf »Indras Netz«. Ich fand dazu eine Übersetzung des buddhistischen Gelehrten Francis H. Cook: »Weit weg im himmlischen Geviert des großen Gottes Indra hängt ein wunderbares Netz, welches von seinem Erfinder so gestaltet wurde, dass es sich grenzenlos in alle Richtungen erstreckt. Da die Götter einen erlesenen Geschmack haben, hat der Erfinder in jede Masche dieses Netzes einen Edelstein eingelegt. Weil das Netz grenzenlos ist, ist auch die Anzahl der Juwelen unendlich. Da hängen sie nun und glitzern wie Sterne, wunderbar anzusehen. Wenn wir nun einen solchen Edelstein auswählen und ihn genauer in Augenschein nehmen, sehen wir, dass sich auf seiner polierten Oberfläche alle anderen Juwelen im Netz spiegeln, ohne Zahl. Und nicht nur das: Jeder der Edelsteine, die sich in diesem einen Juwel spiegeln, reflektiert alle anderen Steine, sodass sich alles endlos ineinanderspiegelt.«[9]

Die wechselseitige Abhängigkeit, wie sie sich in Indras Netz ausdrückt, scheint eine besonders funkelnde Darstellung der Systemtheorie zu sein. Jinpa meint, dass es dabei weniger ums Funkeln gehe (tatsächlich gibt es eine andere Geschichte, die das gleiche Phänomen mit dem Bild vom Staub beschreibt) als um die Tatsache, dass alles miteinander verbunden sei. Es gibt kein Zentrum. Wir alle wirken daran mit, sind voneinander abhängig. »Wir« heißt hier: alles im Universum. Und »daran« steht für das grenzenlose Netz von Ursache und Wirkung. »Natürlich«, fährt er fort, »kann der menschliche Geist die wechselseitige Abhängigkeit in ihrer Gesamtheit nicht begreifen. Dazu müssten wir allwissend sein.« Die Einsicht, dass wir – als Individuen und als Art – nicht wirklich getrennt voneinander sind und schon gar nicht im Mittelpunkt stehen, hilft uns, eine weitläufigere, langfristige Perspektive einzunehmen, die uns bescheidener werden lässt und weniger egozentrisch. Jinpa sagt, die Erkenntnis unserer wechselseitigen Abhängigkeit lässt uns über das Unmittelbare und Offensichtliche hinaussehen und die darunterliegenden Muster erkennen – zum Beispiel den Unterschied zwischen dem Wetter heute und dem Verständnis unserer Rolle bei den Klima-Feedback-Loops.

Greta ist damit einverstanden. Feedback-Loops, so sagt sie im Gespräch mit dem Dalai Lama, »zeigen, wie komplex alles ist und dass unser Handeln Konsequenzen hat. Wir begegnen der Natur und der Umwelt mit so wenig Achtung, dass wir uns einbilden: ›Ach, am Ende wird das schon.‹ Wir scheinen nicht darüber nachzudenken, welche Konsequenzen unser Tun hat.« Karma und wechselseitige Abhängigkeit gehören zusammen.

Auch der Dalai Lama weist im Gespräch mit Greta darauf hin, dass wir unseren Sinn für Ursache und Wirkung ausweiten sollten, damit wir über die »sehr kleinen Kreise« unseres Ichs und unserer Familie hinaussehen können. Selbst an unsere Nationen zu denken, so meint er, sei nicht genug. »In Wirklichkeit hängt das Wohlbefinden jedes einzelnen Menschen von der Gemeinschaft ab. Und heute bilden all die über sieben Milliarden Menschen auf der Erde die menschliche Gemeinschaft. Die Zeit ist gekommen, an die gesamte Menschheit zu denken. Die Interessen jedes Einzelnen von uns hängen von der gesamten Menschheit ab. Glückliche Menschheit, gesunde Welt.«

Wechselseitige Abhängigkeit heißt *selbstverständlich* auch, dass unser Handeln Konsequenzen hat. Und da wir immer mehr werden – die Zahl der Menschen hat in den letzten Jahrzehnten exponentiell zugenommen, sodass wir uns mit schnellen Schritten den acht Milliarden nähern –, sind die Konsequenzen auch entsprechend schwerwiegender. Wechselseitige Abhängigkeit heißt, dass wir nicht von der Natur getrennt sind und auch nicht voneinander. Jede Zivilisation, die sich gegen die Realität dieser Abhängigkeit auflehnt, lebt im Wahn, der sich auf Dauer nicht aufrechterhalten lässt. Mit dieser mangelnden Achtung unserer wechselseitigen Verbundenheit haben wir einesteils Menschen geschaffen, die nicht genug bekommen können, andererseits solche, die tatsächlich nicht genug haben. Kein Wunder, dass die Arktis schmilzt, unsere Länder überflutet werden, Arten zu Hunderten aussterben und die Erde brennt. Denn Interdependenz heißt auch, dass wir nicht weitermachen können *wie gehabt*. Wir können nicht erwarten, dass die Konsequenzen unseres Handelns uns nicht treffen. Oder die der anderen Juwelen im Universum.

Vandana Shiva gehört zu meinen Heldinnen, seit ich sie im Rahmen dieses Gespräches kennengelernt habe. Sie ist Physikerin, hat sich später aber auf interdisziplinäre Forschungen im Bereich Naturwissenschaft, Technik und Umweltschutz spezialisiert. 1991 gründete sie Navdanya, eine nationale Bewegung in Indien, um die Vielfalt und Unversehrtheit unserer lebenden Ressourcen zu bewahren. Die lebhafte Frau mit dem großen roten Bindi-Mal auf der Stirn (am »Dritten Auge«, dem sechsten Chakra, also dem feinenergetischen Zentrum, in dem die verborgene Weisheit sitzt) erzählt mir eine Geschichte über die Spaltung im Westen, die mich wahrhaft umtreibt.

Vandana meint, sie hätte »alle gelesen«, alle Väter des modernen Denkens wie Francis Bacon und René Descartes. In deren Schriften habe sie erkannt, wie sich die »intellektuelle Architektur der Spaltung zu jener Zeit ausbildete«. Sie redet über die Zeit um die

Wende zum 17. Jahrhundert, als »Menschen, die sich als Teil der Erde sahen, als Hexen bezeichnet wurden. Die meisten von ihnen waren Frauen.« Vandana nennt dies einen »Genozid« und weist darauf hin, dass dieser um die gleiche Zeit geschah, als die Indigenen in Nordamerika dezimiert wurden. Sie meint, beides hänge zusammen, denn in beiden Fällen sei es um eine »erzwungene Trennung« gegangen.

»Bacon meinte, wir müssten die Natur foltern und sie uns zur Sklavin machen«, erinnert uns Vandana an die gewaltsame Sprache, die der Philosoph benutzte, um die Trennung voranzutreiben. Bacon war Lordkanzler von England und Begründer der empirischen Methodik. Aber er überwachte auch die Jagd auf Hexen. Vandana meint, Descartes habe von sich gesagt, er sei »ein denkendes Ding«. Ich höre den Unglauben in ihrer Stimme. »Er kann nicht sagen ›Wesen‹, denn das hieße ›etwas Lebendiges‹.« Und das ist der große Unterschied zwischen Wesen und Ding. Descartes beschwor ein denkendes Ding ohne Körper herauf, ganz offensichtlich ein Wesen, das nicht von dieser Welt war, so Vandana. »Denn der Körper verbindet uns mit der Erde. Stell dir das nur mal vor!«, sagt sie und schüttelt den Kopf. Vandana zufolge war die Folgerung aus Descartes' Denken, dass andere – Menschen, die zu körperlich waren, andere Wesen und die Natur selbst, nachdem sie erfolgreich zum »Anderen« erklärt worden war – nicht richtig denken oder vielleicht auch gar nicht. Diese Art zu denken, erläutert Vandana, »trennte uns nicht nur von der Erde. Sie trennte auch Geist und Körper und schuf eine sehr künstliche Idee davon, was der Geist ist, eine sehr kartesianische (nach dem latinisierten Namen »Cartesius« für »Descartes«), mechanische, militaristische und natürlich auch privilegierte. Sie sprach der lebenden Erde die Intelligenz ab und damit auch jedem ihrer nichtmenschlichen Organismen, jeder Pflanze, jeder Mikrobe, jedem Samenkorn.« Und natürlich auch einigen Menschen. Ich will Descartes ja nicht für die Hexenjagden verantwortlich machen, aber seine Art, die Welt und seine

Mitmenschen zu sehen, hatte eine tiefgreifende Auswirkung darauf, wie wir uns zu diesen verhalten.

Vandana hat hier ganz andere Ansichten – sehr wechselseitig verwobene. »Angefangen beim kleinsten Molekül bis hin zur Zelle, zum Organismus, zu den Ökosystemen und der Erde als Ganzes finden wir auf jeder Ebene Kreativität, Intelligenz und Bewusstsein. In all unseren spirituellen Traditionen sehen wir uns nicht nur als materiell mit der Erde verbunden. Wir erhalten unsere Nahrung, unser Wasser von der Erde, aber dies ist das *Bewusstsein* eines geheiligten Universums. Und wir sind durch dieses Bewusstsein verbunden. Die Entheiligung der Erde geht Hand in Hand mit der Entheiligung des Menschen.«

Aus buddhistischer Sicht ist die Unwissenheit in Bezug auf unsere wechselseitige Verbundenheit die Illusion, welche die Wurzel allen Leidens bildet, und zwar aller Formen von Leid von der alltäglichen Unzufriedenheit bis hin zu Kolonialismus, Sklaverei, Verfolgung, umwelttechnischer Selbstzerstörung und Krieg. Wenn mein Interesse an der Welt »da draußen« nur so weit reicht, wie es meinen Interessen »hier drinnen« dient, dann begebe ich mich in den Kampf, um das »da draußen« zu zähmen und zu beherrschen – ob es nun um den Verkehr geht, der *mich* zu spät kommen lässt, oder um Menschen auf einem Stück Land, das ich als *mein* Land reklamiere. Ich will das gar nicht vergleichen, aber Unwissenheit und wechselseitige Abhängigkeit sind die Wurzel des Leids auf allen Ebenen. Diese Illusion bringt uns dazu, unsere Tage dem Kampf für unser als getrennt erlebtes Ich zu widmen (oder für unseren Stamm, unsere Rasse, unsere Nation). Auf eine katastrophale Weise, die einen grausigen Teufelskreis hervorbringt – einen Feedback-Loop –, der uns gegeneinander ausspielt im Kampf um die Natur, der wir doch letztlich alle angehören. Der Buddhismus nennt noch weitere Rückkopplungsschleifen menschlichen Leids – die Gier und die Abneigung (wobei Erstere häufig als »Anhaftung« bezeichnet wird). Beide entstehen aus der Unwissenheit darüber, wie die Dinge wirklich sind, und tragen gerade zur Klimakrise einen wichtigen Teil bei.

»Die Unwissenheit in Bezug auf unsere gegenseitige Verbundenheit hat nicht nur der Natur geschadet«, sagt der Dalai Lama, »sondern auch der Gesellschaft. Statt uns umeinander zu kümmern, vergeuden wir unsere Energie auf der Jagd nach materiellen Gütern. Wir sind davon so fasziniert, dass wir, ohne es zu merken, die grundlegendsten menschlichen Bedürfnisse wie Liebe, Güte und Zusammenarbeit vernachlässigen. Das ist wirklich sehr traurig.«[10]

Ja, das ist es. Das ist Leiden. Greta spürt es auch. Wenn sie über die tiefe Depression nachdenkt, die sie zu Beginn der Pubertät durchmachte, als sie aufhörte, zu essen und zu reden, sagt sie: »Einer der Gründe war, dass es mir einfach nicht in den Kopf gehen wollte, dass den Menschen alles egal ist. Dass jeder sich nur um sich selbst kümmert, statt um das, was mit der Welt passiert ... Das hat mich echt traurig gemacht.«[11]

Die Erlaubnis, traurig zu sein – dafür bin ich dankbar. Es ist eine ehrliche Antwort, voller Zärtlichkeit, die zu diesem Augenblick passt. Ich frage mich: Wenn so viel von dem Leid, das wir anderen oder der Erde zufügen und das wir möglicherweise auch selbst erfahren, von diesem irrigen Gefühl der Trennung kommt, vielleicht hilft es uns ja, wenn wir zusammenkommen und darüber reden. Insbesondere würde ich gern über die drei menschlichen Feedback-Loops sprechen, die die Buddhisten die »drei Geistesgifte« nennen: Unwissenheit (Illusion), Gier und Abneigung. Wir sollten uns ansehen, wie sie die Feedback-Loops des Klimawandels antreiben und für die gegenwärtige Krise mitverantwortlich sind. Da unsere menschlichen Feedback-Loops so drastische Konsequenzen für den Planeten haben – was angesichts der wechselseitigen Verbundenheit kein Wunder ist –, könnten sie sich dann nicht auch als Gelegenheiten für bessere Konsequenzen entpuppen, wenn wir diese Loops umkehren?

Der Loop der Unwissenheit

Dem Global Carbon Atlas zufolge sind die globalen CO$_2$-Emissionen von 1992 bis 2018 um 65 Prozent gestiegen. Etwa 50 Prozent aller CO$_2$-Emissionen seit 1751 wurden in der Zeit seit 1992 ausgestoßen.[12]

Die beliebte Idee, unsere Emissionen in zehn Jahren zu halbieren, gibt uns nur eine 50-prozentige Chance, die Erwärmung auf unter 1,5 Grad zu begrenzen, und birgt das Risiko, unumkehrbare Kettenreaktionen auszulösen, die der Mensch nicht mehr unter Kontrolle hat.[13]

Greta bringt Fakten wie diese in ihren Reden immer wieder zur Sprache, weil sie weiß, dass der Weg zum Handeln mit der Bewusstwerdung beginnt. Und weil viele Menschen nun mal nicht Bescheid wissen. So weit, so gut. Jetzt zumindest sind wir über die Klima-Feedback-Loops informiert, und selbst wenn Sie das vorhergehende Kapitel nicht gelesen haben, werden Sie sicher schon mal gehört haben, dass das Klima sich wandelt. Vielleicht lesen Sie ja die Artikel nicht, aber den Schlagzeilen entkommt kaum einer. Meine Freundin Elissa, die Verhaltensforscherin und Bäume-Liebhaberin, hat mir von einer jüngeren Studie erzählt, an der Jugendliche aus zehn Ländern teilnahmen. Man fragte sie nach ihrer Meinung zur Zukunft der Erde und zur Klimakrise. 75 Prozent der jungen Leute, Teens und junge Erwachsene, gaben an, dass die Zukunft ihnen Angst macht. 75 Prozent! »Die Forscher waren entsetzt von diesem Ergebnis«, erzählt Elissa. Und nicht nur das. 56 Prozent dieser 10 000 Jugendlichen gingen davon aus, dass »die Menschheit dem Untergang geweiht« ist.

Ich bin zwar schockiert, aber nicht wirklich überrascht. Mit Greta wurden diese jungen Leute im Rahmen der Klimaschutzbewegung wirklich sichtbar. Die jungen Menschen versuchen, die

Erwachsenen wachzurütteln, damit wir etwas tun, bevor es zu spät ist. Und wie sieht es mit den Erwachsenen aus? Wie sehen sie ihre Zukunft? Hier ein paar Zahlen aus einer Studie des Yale Program on Climate Change Communication, die Ende 2019 veröffentlicht (und 2021 wiederholt wurde, wobei die Zahlen gleich geblieben sind):

- 72 Prozent der Amerikaner glauben an die globale Erwärmung.
- 59 Prozent begreifen, dass diese vom Menschen verursacht wurde.
- 66 Prozent sagen, dass die globale Erwärmung ihnen zumindest »irgendwie Sorgen bereitet«. 30 Prozent geben an, sie seien »sehr besorgt«.
- Mehr als die Hälfte der Amerikaner sagt, sie fühle sich dabei »hilflos« (53 Prozent) und sei »empört« (50 Prozent).[14]

Seit 2019, als das *Time Magazine* Greta zur »Person des Jahres« kürte, ist viel passiert. Ihr Name ist heute weithin bekannt, die Mainstream-Medien widmen ihr mehr Aufmerksamkeit. Das Yale Center gibt bekannt, dass in dem Bericht von 2019 einige Zahlen alle bis dato erhobenen Zahlen toppten (zum Beispiel »der seit Beginn unserer Umfragen höchste Prozentsatz an Amerikanern, die sich ›extrem‹ oder ›sehr‹ sicher sind, dass es die globale Erwärmung gibt«). Ich nehme an, dass diese Zahlen weiter steigen werden. In diesem sehr wichtigen Sinne können wir sagen, dass die Unwissenheit in Hinblick auf den Klimawandel abnimmt.

Und doch meint Greta, dass wir in gewisser Weise alle »Klimaleugner« seien, »weil wir nicht so handeln, als wäre diese Krise real«.[15] Einige Klimawissenschaftler, die zum letzten Bericht des IPCC beitrugen, argumentieren, man brauche keine Berichte mehr – sie rufen vielmehr zum Klimastreik auf, weil sie finden, dass wir übers Klima mittlerweile genug wüssten und endlich anfangen müssten zu handeln.[16] Es ist eine schwierige Zeit, dieser Zwiespalt zwischen dem, was wir wissen, und dem, was die meisten Menschen tun.

Was uns zur Unwissenheit im buddhistischen Sinne bringt: Man sieht die Dinge nicht, wie sie wirklich sind. Wir erkennen unsere wechselseitige Abhängigkeit nicht, die wahren Ursachen unseres Leids. Eines möchte ich hier aber klarstellen: Dieses Gespräch ist nicht nur für Buddhisten bestimmt, wie der Dalai Lama selbst sagt. Es geht alle Menschen an. Jene, welche die Erde weiter ausbeuten und »Business as usual« machen wollen, weil sie glauben, dass die dadurch erlangten Gewinne, Besitztümer und »Unabhängigkeiten« das Leben erst lebenswert machen. Jene Menschen, die sich nur um sich selbst sorgen und vielleicht noch um Freunde und Familie, um alles, was *uns* widerfährt. Wir in den reichen Ländern machen weiter, als hätten wir eine zweite Erde in Reserve. Wir nehmen anderen Ländern Ressourcen weg und kümmern uns kaum je darum, wie sich das auf sie auswirkt. Wir verzehren Nahrungsmittel aus Massenproduktion, weil sie gut schmecken und billig sind, solange die Regierung sie subventioniert.

Und dann gibt es da noch all die, welche ihren Wohnsitz weit weg von ihrer ursprünglichen Heimat nehmen und denken, sie können ja jederzeit nach Hause fliegen. Und jene, die extravagante Ferien in fernen Ländern machen. Unsere Institutionen, Gesetze und Strategien setzen durchweg darauf, dass alles so weiterläuft wie bisher, auf die Illusion also. Doch wie Studien zu Klimafragen, zur Gesundheit und viele andere Indikatoren zeigen, wird das »Weiter so« die Probleme der Menschheit nicht lösen. Dieser Loop hat folgende Dynamik: Die Unwissenheit in Bezug auf die Wirklichkeit ermöglicht uns, weiterzumachen wie bisher. Je öfter wir das tun, desto weniger können wir die Situation auf andere Weise sehen, desto weniger lassen wir Alternativen zum gegenwärtigen Handeln zu.

Doch gerade als sich in mir Hoffnungslosigkeit breitmachen will, holt die Systemtheoretikerin Donella Meadows mich da heraus: Wenn Unwissenheit oder Illusion ein System in eine Richtung lenkt, kann Information ein wichtiges Moment für den Wandel werden. »Da waren diese vollkommen identischen Häuser«, erzählt sie in einem ihrer Aufsätze über Hebelpunkte. »Nur dass aus einem unerfindlichen Grund bei einigen Häusern der Stromzähler im Keller war, bei anderen im Eingangsbereich. In Letzteren hatten die Bewohner ihn täglich vor Augen, sahen, wie er schneller oder langsamer lief, je nachdem, wie viel Elektrizität verbraucht wurde. Es gab keinen anderen Unterschied: Die Preise waren die gleichen. Und doch verbrauchte man in den Häusern mit dem stets sichtbaren Stromzähler um 30 Prozent weniger Strom.«[17] Sie sagt, »wir Systemdenker« würden diese Geschichte »lieben«, weil sie so anschaulich zeige, was Feedback da bewirken kann, wo es vorher fehlte.

Und sie bringt noch ein anderes Beispiel aus dem Jahr 1986. Damals verpflichtete die US-Regierung alle Unternehmen, bei denen Luftverschmutzung zum Geschäftsmodell gehörte, jährlich Zahlen darüber zu veröffentlichen. Allein diese Verpflichtung sorgte dafür, dass die Emissionen in den ersten vier Jahren um 40 Prozent zurückgingen und weiter sinken. (Es gab kein Gesetz gegen die Emissionen und keine Geldstrafen.) Donella meint, »die Wirkung habe weniger mit dem Zorn der Bürger zu tun als mit der Beschämung der Unternehmen«. Ein Chemiekonzern fand sich auf der Liste der »Top-10-Verschmutzer« und reduzierte seine Emissionen um 90 Prozent, nur um von dieser Liste gestrichen zu werden. Des Weiteren weist sie darauf hin, dass es meist einfacher und billiger ist, einem System Informationen zu liefern (beziehungsweise sie wiederherzustellen), als eine materielle Infrastruktur aufzubauen.

Die Top 10 der Treibhausgasemittenten

Sie haben vermutlich schon gehört, dass ganze hundert Unternehmen für 70 Prozent der weltweit ausgestoßenen Treibhausgase verantwortlich sind und dass wiederum 35 Prozent davon auf das Konto der oberen zwanzig dieser Liste gehen. Welche Zahl auch immer sich beeindruckender ausnimmt: Wenn man an Donellas »Top-10«-Geschichte denkt, dann sollte Transparenz also wirken. Die wechselseitige Abhängigkeit aber lehrt uns, dass es nicht allein an den großen Konzernen liegt beziehungsweise dass auch unser Handeln zu Buche schlägt.

Ein Bericht von 2021 identifiziert die zehn größten Verschmutzer in den USA[18] (diese haben ihren Hauptsitz zwar in den Staaten, verunreinigen jedoch die Luft in aller Welt):

- Vistra Energy,
- Duke Energy,
- Southern Company,
- Berkshire Hathaway,
- American Electric Power,
- US-Regierung,
- Xcel Energy,
- Energy Capital,
- NextEra Energy,
- ExxonMobil.

Wir sind Teil des gleichen Systems wie diese Firmen, und das gilt auch für unsere Banken, unsere Nahrungsmittellieferketten, unsere Regierung et cetera. Meine Schlussfolgerung ist daher: Wir sollten unsere Verantwortung als Menschen und Bürger nicht unterschätzen – oder unsere Macht.

»Die Menschen«, sagt der Dalai Lama, »sind in gewisser Weise Kinder der Erde. Und während sie bis jetzt recht geduldig mit uns war, zeigt sie uns, dass ihre Geduld an ein Ende kommt.«[19] Unsere Mutter versucht, uns aus unserer Illusion zu erwecken. Sie will uns etwas sagen. Ich glaube, der Dalai Lama lädt uns ein, diese Klimakrise als Information zu nehmen, die uns und unsere Systeme ändert. Statt uns weiter unseren Illusionen hinzugeben, können wir uns entscheiden, die Dinge so zu sehen, wie sie sind – die Klimakrise, was uns wirklich Glück bringt und die Tatsache, dass alles auf der Erde miteinander verwoben ist. Und Donellas Botschaft ist: Wir sind nicht hilflos, nicht einmal angesichts dieser ständig anwachsenden, komplexen und vernetzten Systeme. Wissen kann zum Wandel führen.

Der Loop der Gier

»Richte ich den Blick nach innen und sehe, dass ich nichts bin, das ist Weisheit. Schaue ich nach außen und merke, dass ich alles bin, das ist Liebe.«[20] David Loy, buddhistischer Gelehrter und Klimaaktivist, zitiert hier den indischen Weisen Nisargadatta Maharaj. David spricht über die Gier und darüber, was sie mit der wechselseitigen Verbundenheit zu tun hat, vor allem mit der Illusion, dass diese gar nicht besteht, mit der falschen Vorstellung, unser individuelles Selbst sei für sich. »Da das getrennte Ich nicht wahr ist, wird es immer unsicher sein«, erklärt er. »Wir erleben dies als Gefühl des Mangels, das wir auszufüllen trachten« – mit Geld, Ruhm, Sex, Macht oder Kartoffelchips. Dahinter steht die ebenso falsche Vorstellung, das, was uns fehle, sei irgendwo »da draußen« zu finden. David stellt eine Verbindung her zwischen dem individuellen inneren Gefühl des Mangels und dem kollektiven, das sich herausbildet, weil wir von der Natur getrennt sind. Dies ist die Illusion unserer Gesellschaft. Wir versuchen, das Gefühl des kollektiven Mangels mit Wirtschaftswachstum und technologischem Fortschritt zu füllen. Und schon sind wir – als Individuum und als Gesellschaft – gefangen in den Feedback-Loops der Gier. »Warum«, fragt David, »ist mehr immer besser, wenn es doch sowieso nie genug ist?«

Hört sich einmal mehr an wie mütterlicher Rat. An dieser Stelle fragt Mama dann meist, was wäre, wenn alle so handelten, wie das Kind das möchte. Sie verweist also auf die wechselseitige Verbundenheit. Daher sollten wir uns diesen menschlichen Feedback-Loop einmal näher ansehen: die Gier.

»Und wenn das nun jeder täte …?« Der Dalai Lama gibt uns dafür ein spannendes Gedankenexperiment: Man nehme die Bevölkerung der zwei bevölkerungsreichsten Länder der Erde (zusammengenommen sind das derzeit fast drei Milliarden Menschen). Und dann ein Verhalten, das die Menschen im Westen ganz selbstverständlich für sich reklamieren, wie zum Beispiel ein Auto zu haben. Das multipliziert man dann mit drei Milliarden. »Stellen Sie sich vor«, so der Dalai Lama, »wie es wäre, wenn wir drei Milliarden Autos mehr auf der Straße hätten!« Und es könnten noch mehr werden, denn wenn der Wohlstand wachse, könnten die Familien sich auch zwei oder drei Autos leisten.

Drei Milliarden mehr Wasserflaschen und Mitnahmebehälter fürs Take-away-Essen, die auf dem Müll landen. Drei Milliarden Menschen mehr, die Golfplätze fordern, Weltraumreisen, Fast Fashion oder die letzten technischen Spielereien. Drei Milliarden mehr, die Fleisch aus der Massentierhaltung wollen. Das macht deutlich: Der konsumorientierte Lebensstil des Westens kann nicht die Norm sein. Wir brauchen überall neue, nachhaltige Wirtschaftsweisen, damit sich die Klimagerechtigkeit verwirklichen lässt. Es ist nur fair, dass wir uns – individuell und als Gesellschaft – fragen, ob das, was wir tun, nachhaltig ist, wenn es jeder auf diesem Planeten täte. Denn das, was Vandana die »Globalisierung der Gier« nennt, zerstört den Planeten. Also muss sich etwas ändern.

Und was? Joanna Macy meint, es sei die »industrielle Wachstumsgesellschaft«. Joanna ist ebenfalls Systemtheoretikerin – und Tiefenökologin sowie buddhistische Gelehrte. Während ich dies schreibe, feiert die Umweltaktivistin ihren 93. Geburtstag. »Der entscheidende Begriff hier«, sagt sie, »ist ›Wachstum‹. Damit ist eine politische Ökonomie gemeint, die ihre Ziele im Wachstum sieht und ihren Erfolg daran misst. Wachstum an was? Weisheit? Gesundheit? Langlebigkeit? Kreativität? Nein, es geht nur um einen Punkt. Leider immer nur um das Eine.« Was für die industrielle Wachstumsgesellschaft einzig zählt, ist der Profit, sagt Joanna und reibt dabei Daumen und Zeigefinger aneinander.

Das Modell der industriellen Wachstumsgesellschaft ist ein galoppierender Feedback-Loop. »Die Lebenssysteme der Erde gehen kaputt«, fährt sie fort, »während die industrielle Wachstumsgesellschaft die letzten Dollars aus ihr herauspresst.« Wir wissen seit einigen Jahrzehnten, dass wir der Erde mehr und schneller Rohstoffe entnehmen, als sie erneuern kann. »Die Menschen spüren das«, erklärt Joanna. »Dazu muss man kein Wirtschaftswissenschaftler sein. Selbst ein Drittklässler begreift, dass man in einer begrenzten Welt nicht endlos wachsen kann.«[21]

Das meint Greta, wenn sie vom »Märchen des Wachstums« spricht, wie sie das in ihrer Rede vor den Vereinten Nationen getan hat: »Andere Menschen leiden. Andere Menschen sterben. Ganze Ökosysteme kollabieren. Wir stehen am Anfang eines Massensterbens, und alles, worüber ihr reden könnt, sind Geld und Märchen über ewiges Wirtschaftswachstum.« Ja, wie können wir es wagen! Aber wer nichts anderes als die industrielle Wachstumsgesellschaft kennt, kann kaum glauben, dass es auch anders geht.

Doch Donella und ihre Kollegen haben eine Alternative zu bieten, die sie Punkt für Punkt erläutern, eine Alternative, die mich wieder frei atmen lässt:

Falsch: Wenn das Wachstum gestoppt wird, bleiben die Armen in ihrer Armut gefangen.
Richtig: Die Habgier und die Gleichgültigkeit der Reichen halten die Armen in ihrer Armut gefangen. Was die Armen brauchen, ist ein Sinneswandel bei den Reichen. Erst dann wird es zu einem Wachstum kommen, das speziell auf ihre Bedürfnisse ausgerichtet ist.

Falsch: Alle Menschen sollten den materiellen Lebensstandard der reichsten Nationen erlangen.
Richtig: Es ist gänzlich unmöglich, den materiellen Lebensstandard aller Menschen auf ein Niveau anzuheben, wie es heute die Reichen genießen. Die grundlegenden materiellen Bedürfnisse jedes Einzelnen sollten befriedigt werden. Darüber hinaus sollten materielle Bedürfnisse erst dann befriedigt werden, wenn dies für alle möglich ist, ohne dass dadurch der tragbare ökologische Fußabdruck überschritten wird.

Falsch: Alles Wachstum ist gut. Es muss nicht weiter hinterfragt, unterschieden oder nachgeforscht werden.
Ebenso falsch: Alles Wachstum ist schlecht.
Richtig: Wir brauchen nicht Wachstum, sondern Entwicklung. Sofern für die Entwicklung ein materieller Zuwachs erforderlich ist, sollte dieser gerecht erfolgen und unter Berücksichtigung sämtlicher realen Kosten finanzierbar und nachhaltig sein.

Falsch: Die Technik wird alle Probleme lösen.
Ebenso falsch: Die Technik verursacht nichts als Probleme.
Richtig: Wir müssen Techniken fördern, die den ökologischen Fußabdruck der Menschheit verkleinern, die Effizienz erhöhen, Ressourcen stützen, Signale

deutlicher machen und materielle Benachteiligung
beenden.
Und: Wir müssen unsere Probleme menschlich angehen
und außer der Technik noch weitere Möglichkeiten zu
ihrer Lösung einsetzen.

Falsch: Das Marktsystem wird uns automatisch die
Zukunft bringen, die wir haben wollen.
Richtig: Wir müssen schon selbst entscheiden, welche
Zukunft wir möchten. Dann können wir das Marktsys-
tem ebenso wie viele andere organisatorische Hilfsmittel
dazu nutzen, dieses Ziel zu erreichen.

Und die Wissenschaftler haben noch mehr solcher Ratschläge auf
Lager. Aber für unsere Zwecke möchte ich nur noch einen nennen,
der viel mit wechselseitiger Abhängigkeit gemein hat:

Falsch: Die Industrie ist die Ursache aller Probleme –
oder das Allheilmittel.
Falsch: Die Regierungen sind die Ursache aller Probleme – oder das Allheilmittel.
Ebenso falsch: Umweltschützer sind die Ursache aller
Probleme – oder das Allheilmittel.
Und: Irgendeine andere Gruppe (wir denken beispielsweise an die Wirtschaftswissenschaftler) ist die Ursache
aller Probleme – oder das Allheilmittel.
Richtig: Alle Menschen und Institutionen spielen in der
Gesamtstruktur des Systems eine Rolle. In einem System,
dessen Struktur auf Grenzüberschreitung ausgerichtet
ist, tragen alle Akteure bewusst oder unbewusst zu dieser Grenzüberschreitung bei. In einem auf Nachhaltigkeit
ausgerichteten System sind die Industrie, Regierungen,
Umweltschützer und insbesondere Wirtschaftswissen-

schaftler ganz entscheidend daran beteiligt, dieses Ziel zu erreichen.[22]

Hört sich vernünftig an, nicht wahr? Vielleicht sogar machbar? Donella und ihre Kollegschaft sprechen hier von »Wahrheiten«, wie sie sagen. Ich könnte dazu nicken und gleichzeitig den Kopf schütteln. Begeistert angesichts der Möglichkeiten. Entsetzt, weil ich weiß, dass diese Geistesgifte weit verbreitet sind. Und es gibt noch etwas, worüber wir hier reden müssen.

Der Feedback-Loop der Angst und der Abneigung

»Das ist ein Hilfeschrei«, sagt Greta, »an alle, die es vorziehen, Tag für Tag in die andere Richtung zu sehen, weil ihr mehr Angst habt vor der Veränderung, die einen katastrophalen Klimawandel verhindern könnte, als vor der Katastrophe selbst.«[23] Das dritte Gift im Buddhismus wird normalerweise als »Abneigung« übersetzt, aber meiner Ansicht nach wirkt es zu steif. Es ist nicht so bekannt und auch nicht dynamisch genug, um den wilden Strom widriger Gedanken und Gefühle zu beschreiben, der uns nahezu ständig begleitet. »Nichtmögen« wäre vielleicht ein gutes Wort. Überlegen Sie nur mal, wie viel von unserer täglichen Erfahrung so aussieht: Ein Pendel schwingt hin und her zwischen Mögen und Nichtmögen, zwischen Wünschen und Ablehnen, zwischen Gier und Hass, Liebe und Angst … Abneigung hat viele Gesichter.

Und es ist leicht, sich in den Feedback-Loops der Abneigung zu verfangen und – wie der buddhistische Gelehrte Stephen Batchelor es ausdrückt – zu »fürchten, dass wir von dem, was wir nicht mögen, verletzt werden«.[24] Greta hat ganz recht, wenn sie die Angst anspricht. Auch ich habe Angst davor, mir vorzustellen, wie die Zukunft aussehen wird, wenn wir auf dem Pfad der industriellen Wachstumsgesellschaft weitergehen. Ich habe sogar Angst, nur daran zu denken, wenn schlechte Nachrichten und der Zweifel, dass sich das Steuer noch herumreißen lässt, scheinbar die einzige Realität sind. Also tue ich nichts und rede auch mit niemandem darüber. Resultat: Ich ändere mein Verhalten nicht. Ich informiere mich nicht darüber, was wir anders machen könnten. Ich höre mir keine Erfolgsgeschichten an, beschäftige mich nicht mit vielversprechenden Möglichkeiten oder lasse mich inspirieren von Menschen, die bessere Strategien gefunden haben. Ich rede nie über den Klimawandel. Ich schließe mich keiner Bewegung an, die auf sinnvolle Weise den Wandel anstrebt, was heißt, dass ich mit meiner Angst allein bleibe. Und sie wächst. Ich blende die Wirklichkeit aus und flüchte mich vor der Angst in den »Business as usual«, obwohl ich tief drin weiß, dass dieser Weg uns eben dorthin führt, wovor ich am meisten Angst habe.

Gleichzeitig habe ich, wenn ich ehrlich bin (wozu Greta uns ja auffordert), auch Angst vor dem Unterschied, der einen Unterschied machen könnte. Sollen wir nun alle Veganer werden? Und wenn man Käse jetzt wirklich mag? Ist dann Schluss mit Ferien im Auto und extravaganten Urlaubsreisen? Mit Flugreisen, um die Familie zu besuchen? Mit schönen Sachen, die man haben oder sich wünschen kann? Müssen wir dann – um die Sache weiterzuspinnen – allem entsagen, was sorglos und frivol oder lustig ist? Ich weiß, es gibt schlimmere Ängste auf der Welt. Ich weiß auch, dass die Leute, die sich solche Luxusbefürchtungen leisten können, eben diejenigen sind, die am meisten Schaden anrichten. Gerade diese Leute sollten sich fragen: Was sind die Unterschiede, die den Unterschied machen? Vor dieser Frage habe ich Angst. Und so setzt dieser Feedback-Loop sich fort, wenn es keinen neuen Input gibt.

Der wieder mal von Donella höchstpersönlich kommt: »Umweltschützer haben vielleicht mehr als andere Aktivisten dabei versagt, eine Vision zu schaffen.« Sie weist darauf hin, dass »es selten direkt angesprochen wird, aber das am häufigsten vermittelte Bild einer nachhaltigen Welt ist das einer strengen zentralisierten

Kontrolle, eines niedrigen materiellen Standards und absoluter Freudlosigkeit«. Dies mag daran liegen, dass die Umweltschützer historisch eine puritanische Seite hatten oder wir in den Ländern, welche die Umwelt am meisten schädigen, durch die Werbung so konditioniert sind, dass wir »uns ein gutes Leben, das nicht auf wild verschwenderischem Konsum beruhen muss, gar nicht vorstellen können«. In jedem Fall, so schreibt sie, »ist dies das Unvermögen zu einer Vision«.[25]

Wie viel Energie erfordert ein gutes Leben? Wissenschaftler an der Stanford University haben sich diese Frage gestellt und Lebensqualität sowie Energieverbrauch in über 140 Ländern untersucht. Sie haben gute Nachrichten für uns, denn ein gutes Leben erfordert sehr viel weniger Energie, als beispielsweise der Durchschnittsamerikaner für sich beansprucht. Die US-Amerikaner verbrauchen fast viermal so viel Energie, als nötig wäre, um für die in dieser Studie als wichtige Lebensqualitätsfaktoren erachteten Dinge zu sorgen: Zugang zu Elektrizität, Nahrung und sanitären Anlagen, niedrige Kindersterblichkeit, hohe Lebenserwartung, Wohlstand und Glück. Die »magische Zahl« dieser Studie ist 75 Gigajoule. 1 Gigajoule entspricht ungefähr 30 Litern Benzin. Über diesem Grenzwert ist »mehr« nicht immer wirklich mehr. Glück und Lebenszufriedenheit nehmen nicht weiter zu (beziehungsweise andere Marker fallen nicht mehr), wenn mehr Energie verbraucht wird.[26]

Eine Vision wäre also: Stellen Sie sich vor, jeder würde diese magische Zahl kennen, und wir hätten alle Echtzeit-Gigajoule-Zähler im Eingangsbereich unserer Wohnung (heutzutage wohl eher am Handy), wo wir ablesen könnten, wie viel Energie wir verbrauchen. Das wäre ein Beispiel für eine Zukunft, in der niemand uns etwas nimmt. Wir sehen vielmehr, wie die Dinge wirklich liegen, und wollen, dass sie sich ändern.

In den folgenden Kapiteln werden wir mehr über Abneigung und Angst sowie andere dunkle Gefühle sprechen, die mit der Klimakrise einhergehen. Für den Moment, so der Buddha, reicht es, wenn wir unsere Ängste klarer sehen, merken, was sie schürt und was umgekehrt dazu beiträgt, diesen Loops eine andere Richtung zu geben – hin zu mehr Mut und einer wünschenswerten Zukunft. Denn es gibt für diese Gifte ein Gegenmittel, das er uns lehren wollte.

Was können wir tun?
Eine Meditation gegen Öko-Angst und Klimaverzweiflung

Von Dekila Chungyalpa, Direktorin der Loka Initiative am Center for Healthy Minds der University of Wisconsin-Madison, wo sie mit füh- renden spirituellen Lehrern aus aller Welt zusammenarbeitet, um ge- meinschaftliche Lösungen für Umwelt- und Klimaschutz zu finden

Zum ersten Mal leitete ich eine solche Meditation, als eine Teilneh- merin einer großen Umweltschutzkonferenz in Kalifornien vor fast zehn Jahren nach meinem Vortrag fragte: »Wie können wir hier sit- zen und atmen und das Wissen ertragen, dass weltweit die Koral- len absterben, in diesem Augenblick?« Wem heute an der Erde et- was liegt, der trägt in sich auch das Leid, das aus unserem Wunsch kommt, das zu beschützen, was wir am meisten lieben.

Wie viele meiner Altersgenossen in diesem Konferenzraum war ich mit den Symptomen von ökologischer Angst und Klimastress vertraut. Im Gegensatz zu vielen anderen aber hatte ich das Glück gehabt, über meine Ängste mit dem Karmapa sprechen zu kön- nen, dem Oberhaupt der Karma-Kagyü-Linie des tibetischen Bud- dhismus. Daraufhin gab er mir eine Meditation, die mir sehr half. Damals wäre ich nie auf die Idee gekommen, dass ich einmal eine Meditation anleiten könnte. Ich war in einer engagierten buddhistischen Familie aufgewachsen, als Tochter einer buddhistischen Nonne aus Sikkim, die auch als Lehrerin auftrat. Ich wusste, welche großartigen Eigenschaften und welche Ausbildung diese Rolle voraussetzte. Ich war und bin dafür nicht ausreichend qualifiziert. Doch diese grundehrliche Frage (»Wie können wir hier sitzen und atmen?«) und das Wissen, dass diese Praxis mir geholfen hatte, ließen mich all meine Zweifel überwinden. Mir blieb gar keine Wahl: Ich musste den Zuhörern diese Meditationspraxis vermitteln. Seitdem nehme ich die Meditation immer wieder in meine Arbeit als Umweltaktivistin auf, weil sie unsere Resilienz stärkt.

Möge diese Praxis uns helfen. Möge sie uns heilen, während wir danach streben, die heilige Erde und die Gesamtheit des Lebens, das sie ermöglicht, zu schützen.

Bei dieser Meditation werden wir unsere gegenseitige Verbundenheit stärken, indem wir eine Variante der Tonglen-Praxis üben, der tibetisch-buddhistischen Methode von Geben und Nehmen.

Bitte verbinde dich zuerst mit der Erde unter deinen Füßen. Achte darauf, wie deine Füße oder andere Körperpartien mit dem Boden in Verbindung stehen. Registriere, wie du durch einen Stuhl und den Boden hindurch mit der Erde verbunden bist, wie sie dich trägt. Bedingungslos, mühelos, voller Mitgefühl.

In dieser Praxis wirst du dich mit den Gefühlen auseinandersetzen, die von Öko-Angst und Klimastress hervorgerufen werden: Trauer, Wut, Verletzlichkeit, Angst. Du wirst dich für diese Gefühle öffnen. Ich bitte dich, darauf zu achten, wie diese Gefühle entstehen, auf welche Weise und in welcher Intensität. Welche Form, Farbe, Größe, welche anderen Aspekte verleihen diesen Gefühlen eine Gestalt? Wo entstehen diese Gefühle im Körper? Wie sehen sie aus? Wenn eine Emotion dich mitreißt, dann wehre dich nicht. Bring deine Aufmerksamkeit nur zurück zum Beobachten, sooft es eben nötig ist.

Wenn du die Eigenheiten deiner Emotionen ausreichend kennst, begegne ihnen mit Respekt. Deine Emotionen sind eine wertvolle Reaktion auf eine existenzielle Bedrohung, vor der du und deine Lieben stehen. Deine Gefühle sagen dir, dass dein inneres Alarmsystem funktioniert, und das ist gut. Welche Verluste du beobachtet oder dir vorgestellt hast, welche Emotionen du unterdrückt beziehungsweise auf welche du reagiert hast: Jetzt ist die Zeit, um sie alle loszulassen, sodass sie aus dir ab- und in die Erde hineinfließen. Registriere sie – und lass los.

Achte auf deine Einatmung: die Luft, die durch die Nase einströmt und den Mund, die Luft, die deinen Bauch füllt. Der Sauerstoff, der dich am Leben hält, kommt von Wäldern und Ozeanen, von Pflanzen und Phytoplankton aus aller Welt herein durch dein Fenster. Verweile im Gewahrsein der physischen Manifestation des Mitgefühls, das die Erde dir schenkt.

Jeder Aspekt deiner selbst – die Luft, die deine Lunge füllt, die Kleidung, die du trägst, die Nahrung, die du heute verzehrt hast – kommt von irgendetwas außerhalb deiner selbst. Diese ewig präsente, lebenspendende, mitfühlende Erde erhält dich. Du bist ein Teil des anstrengungslosen Zyklus von Geben und Nehmen. Du stehst im Austausch mit den Elementen, mit anderen lebenden Wesen, mit der Erde selbst. Mit jedem Einatmen nimmst du das Mitgefühl der Erde in dir auf. Mit jedem Ausatmen gibst du Dankbarkeit zurück.

Entspanne dich hier in der unteilbaren Verbundenheit mit allem, was dich umgibt. Atme Mitgefühl ein und Dankbarkeit.

Nun kommt der schwierige Teil. Stell dir einen dir lieben Ort oder eine Gruppe von Menschen vor, die unter dem Klimawandel leiden. Das kann ein Fluss sein, eine bestimmte Tier- oder Pflanzenart, deine Gemeinde oder die Erde selbst, die im Weltall ihre Bahn zieht. Verankere dich gut im Mitgefühl und in der Dankbarkeit. Dann rufst du dir deine Motivation ins Gedächtnis, aus der heraus du das Leiden der Wesen lindern willst. Wenn du nun einatmest, atmest du ihr Leid ein. Wenn du ausatmest, atmest du dein Mitgefühl aus.

Das kann mitunter Ängste auslösen. Vielleicht überfällt dich auch eine tiefe Trauer. Wenn das geschieht, geh zurück zur Unterstützung durch die Erde. Wenn du dich beruhigt hast, kehrst du wieder zu dieser Übung zurück: Du atmest Schmerz und Leid ein, du atmest Mitgefühl und Heilung aus.

Übe so lange, wie du dich damit wohlfühlst. Zwinge dich bitte zu nichts. Du kannst diese Übung jederzeit wiederholen.

Wenn du so weit bist, möchte ich, dass du wieder zur Übung von Mitgefühl und Dankbarkeit zurückkehrst. Nur dass du dieses Mal die Richtung änderst. Atme die Dankbarkeit der Erde für dein Dasein ein. Beim Ausatmen schenkst du ihr das Mitgefühl und die Liebe, die du für sie empfindest. Du bist mit ihr in jedem Augenblick untrennbar verbunden. Es gibt keine Trennung zwischen dir und ihr.

Wunderbar. Wenn du diese Übung beendest, formuliere deine Absicht: Du wirst diese Übung wieder machen, wenn du erneut von Öko-Angst und Klimastress gebeutelt wirst. Du kannst die Praxis auch abkürzen und nur den Teil machen, in dem es um Mitgefühl und Dankbarkeit geht. So kannst du kurze Momente der Übung in den Tag einstreuen. Deine Bemühungen sind für den Schutz der Erde und allen Lebens auf ihr wichtig. Ich hoffe, dass diese Praxis deine innere Resilienz stärkt, während du dich weiter engagierst.

Das »Zeitalter des Genug« dämmert herauf

Ich höre immer wieder, dass die Menschen sich nie ändern werden. Der Freund einer Freundin sagte das gerade in dem Moment, als er in einem schicken Restaurant, das sich auf Fisch spezialisiert hat, zum ersten Mal ein veganes Menü bestellte. Meine Freundin, die auch dabei war, erzählte, dass er ihres Wissens kein Vegetarier sei. Der Mann, der meinte, dass der Mensch sich nie ändern würde, hatte sich also geändert! Natürlich können Sie jetzt sagen: »Kein Wunder, wenn einer reich genug ist, um ein Gemüsegericht in einem tollen Restaurant zu essen beziehungsweise es von seinem Koch zubereiten zu lassen.« Nun ja, Tatsache ist: Wenn Sie sich umsehen, werden Sie merken, dass die Leute sich immer wieder ändern. Menschen können sich ändern. Es ist wissenschaftlich belegt, dass unser Verhalten sich modifizieren kann. Selbst unser Gehirn und unsere Gene tun das. Individuen *und* Gesellschaften können sich wandeln.

Roshi Joan Halifax ist Zen-Priesterin, Anthropologin und eine alte Freundin von mir. Sie hat einen historischen Vergleich parat. Sie zitiert Mariel Nanasi, Vorstandsmitglied von New Energy Economy, einer gemeinnützigen Organisation aus Santa Fe.

Roshi Joan liest feierlich vor: »Wir stehen am Scheideweg. Entweder entscheiden wir uns für die ganz reale Möglichkeit, dass unser Planet sterbenskrank wird, in den Grundfesten erschüttert von einem Energiesystem, das der Gipfel des Kapitalismus auf Anabolika ist, aufgebaut auf extremer Ausbeutung und Rassismus. Oder wir nehmen die Gelegenheit wahr, etwas Grundlegendes an unserem Wirtschaftssystem zu verändern, eine so grundlegende Veränderung, wie es sie seit der Abschaffung der Sklaverei nicht mehr gegeben hat.«

Das Bild vom sterbenskranken Planeten liegt Roshi Joan und mir am Herzen, denn wir haben uns beide mit Hospizarbeit beschäftigt. Roshi Joan weist darauf hin, dass die ersten zweihundert Jahre des

Wirtschaftslebens in den Vereinigten Staaten von Sklaverei geprägt waren und die darauffolgenden zweihundert von fossilen Brennstoffen. Sie glaubt, »dass die nächsten zweihundert Jahre von erneuerbaren Energien erhellt werden, wenn wir überleben wollen«. Es sei jetzt einfach das Richtige. Genauso wie es damals richtig gewesen sei, die Sklaverei abzuschaffen. Denn die Klimakrise ist ihrer Ansicht nach »die moralische Krise und der moralische Imperativ unserer Zeit«.

Andere Menschen zeichnen eine Zeitachse von der landwirtschaftlichen Revolution vor zehntausend Jahren über die industrielle Revolution vor dreihundert Jahren bis zu jener Revolution, die jetzt geschehen muss. Joanna Macy sagt, dass diese auch tatsächlich schon geschieht, die dritte Revolution in der Menschheitsentwicklung, am Übergang von der industriellen Wachstumsgesellschaft zu einer lebenserhaltenden Gesellschaftsform, die sie den »Großen Wandel« nennt.[27] Ich bewundere Joanna und ihr Werk, aber ich frage mich, ob wir nicht einen exakteren – und weniger melodramatischen – Namen dafür finden können. Die Wirklichkeit ist schlimm genug, sie muss nicht zusätzlich dramatisiert werden. Andere sprechen von der ökologischen Revolution, aber das hört sich vermutlich für viele Menschen reichlich alternativ an, vor allem für jene, die nicht wissen, dass Ökologie auch sie angeht. Gut, die Revolution hängt natürlich von ebendieser Erkenntnis ab, aber wenn wir die Leute schon zum Umdenken bewegen wollen, sollten wir dann die nächste Epoche nicht einfach das »Zeitalter des Genug« nennen? Also: genug für alle – genug, aber nicht zu viel. Wenn wir genug haben und das Gefühl, dass es für alle reicht, dann braucht es doch wohl nicht mehr. Das »Zeitalter des Genug«: Hört sich das nicht nach etwas an, was wir schätzen können? Spricht es nicht jeden Menschen an, der sich Sorgen macht, dass unsere Ressourcen zu Ende gehen und damit auch unsere Welt an ihr Ende kommt?

Doch vor dem Hintergrund der Feedback-Loops lohnt es sich, über den »Wandel« zu sprechen. Was braucht es, um die destruktiven menschlichen klimatechnischen und ökologischen Feedback-Loops umzukehren in eine das Leben schützende Richtung? Joanna sagt, dass wir hierzu auf drei Ebenen ansetzen müssen:

- *Wir müssen das Leben verteidigen:* Dazu gehören alle Aktivitäten, welche die von der industriellen Wachstumsgesellschaft bewirkte Zerstörung verlangsamen. Wir müssen politische, gesetzliche und rechtliche Maßnahmen einleiten, aber auch direkt aktiv werden, damit wir genug Zeit haben, um den nötigen Systemwandel umzusetzen.
- *Wir müssen nachhaltige Strukturen schaffen:* neue Wege, die Dinge anzupacken, neue Muster kollektiven Handelns, eine neue Form, Beziehungen zu knüpfen. (Hier weist sie darauf hin, dass diese »neuen« Wege durchaus sehr »alte« sein können.)
- *Wir müssen unser Bewusstsein verändern:* Wir brauchen eine grundlegende kognitive Revolution, die Erkenntnis, dass unser Planet ein lebendes System ist, nicht nur ein Lagerhaus voller Ressourcen, die man ausbeuten kann, oder ein Abwasserkanal, in den wir unseren Müll einleiten können.[28]

»Wir gehören schließlich dazu«, meint Joanna und bezieht sich damit auf das lebende System dieses Planeten, »wie die Zellen eines lebenden Körpers.« Und sie fährt fort: »Ich habe das immer wieder erlebt, wenn Menschen, die das Leben verteidigen, erwachen zu der Erkenntnis ihrer eigenen Größe, aus der sie Kraft ziehen, Synergien und Gnade, weit über ihre Erwartungen hinaus.« Die Revolution sei schon da, sagt sie. Die Frage sei nicht, *ob* sie geschehe, sondern nur, ob sie sich *schnell genug* vollziehe.

Wie gesagt heißt es ja immer, der Mensch ändere sich nicht oder wenigstens nicht schnell genug. Mir scheint es zu riskant, von vornherein anzunehmen, dass wir verloren sind und sich dagegen nichts tun lässt. Ist das nicht einfach eine Illusion, die uns das maximal mögliche Risiko eingehen lässt? Denn wir wissen nicht, ob wir dem Untergang geweiht sind, ganz egal, was wir tun. Wir wissen es einfach nicht. »Verzweiflung«, sagt David Loy, sei nur ein weiterer »›Hirntrip‹ in puncto Zukunft«. Die Wahrheit ist: Wir wissen es nicht. Nicht in dem Sinne natürlich, dass die Wissenschaft nichts weiß. Was vielmehr gemeint ist: Alles, was wir wissen, ist, dass wir versuchen können, etwas zum Besseren zu verändern, weil sonst wirklich alles schiefgehen wird. Und wir wissen ebenso, dass wir bis jetzt nicht genug getan haben. Wir haben die Wahl, wie der Dalai Lama sagt. Entweder werden wir Komplizen einer sich selbst erfüllenden Prophezeiung, eines existenziellen Feedback-Loops dergestalt, dass wir nichts oder zu wenig tun, weil wir an den Untergang glauben und weitermachen wie gehabt, was tatsächlich in einer Katastrophe enden wird, weil wir eben nicht genug unternehmen. Oder wir sehen uns an, was wir tun können und welche Möglichkeiten wir haben. Wir haben die Wahl: Entweder entscheiden wir uns für die Gifte von Unwissenheit, Gier und Abneigung oder für ihre Gegenmittel, mit denen wir uns in Kapitel 4 befassen werden.

Wir haben noch kaum damit begonnen, auf einen Wandel hinzuarbeiten. Stellen Sie sich nur mal vor, was wir angesichts des wenigen, was bisher passiert ist, tatsächlich zustande bringen können.

Teil II

Leistungsfähigkeit

Wir müssen auf die Situation reagieren. Es reicht nicht, zu Gott, Jesus Christus, Buddha oder Allah zu beten. Wir können uns nicht einfach auf die höheren Mächte verlassen. Wer hat denn diese Probleme geschaffen? Das waren wir Menschen höchstselbst. Daher ist es unsere Aufgabe, die von uns verursachten Probleme zu lösen. Der Buddha hat sich hier völlig klar ausgedrückt. Er sagte, wir Menschen seien unsere eigenen Meister. Alles hängt von unserem Denken, von unserem Handeln ab.

Der Dalai Lama

Die Wiederherstellung der Natur wird vielleicht nicht nur die Klimakrise lösen, sondern auch viele andere wie das Problem der schwindenden Biodiversität. Wir haben nicht mehr die Möglichkeit, zwischen verschiedenen Handlungswegen zu wählen. Wir müssen alles tun, was wir nur irgendwie können, und die Wiederherstellung der Natur gehört vermutlich zu den allerwichtigsten Schritten.

Greta Thunberg

Kapitel 3

Die Leistungsfähigkeit der Erde: Lasst sie tun, was ihre Aufgabe ist

Bill Moomaw erklärte, was nötig ist, um den menschengemachten Klimawandel umzukehren. Um ein sicheres globales Klima zu schaffen, müssten wir dafür sorgen, dass die Arktis wieder zufriere. Um die Arktis zufrieren zu lassen, müssten wir die Erde kühlen. Um die Erde zu kühlen, müssten wir die Treibhausgase in der Atmosphäre reduzieren. Für mich lag die Offenbarung darin, dass die Natur die Kraft hat, sich selbst zu heilen, wenn wir sie nur lassen. Und die Klima-Feedback-Loops sind dazu der Schlüssel.

»Die aktuellen Rückkopplungsschleifen werden so weiterlaufen und die globalen Temperaturen steigen lassen, selbst wenn wir heute sofort alle Emissionen einstellten«, erläuterte Bill weiter, und in seine Stimme schlich sich ein Ton der Dringlichkeit ein. »Aktuell ist die Menge der Treibhausgase in der Atmosphäre sehr hoch. Was wir tun müssen: Wir müssen gleichzeitig unsere Emissionen reduzieren und die natürlichen Systeme dabei unterstützen, mehr Kohlendioxid zu binden, als wir freisetzen.« Da spielen vor allem die Wälder eine entscheidende Rolle, wie alle Wissenschaftler sagen, die an dieser Debatte beteiligt sind. Sie können das Ruder herumreißen, wenn mehr Wälder wachsen dürfen. Also Bäume pflanzen! Ja, aber wie wir in Kapitel 1 gesehen haben, müssen wir auch den Bestand alter Wälder sichern. Jüngere Studien zeigen, dass Wälder das Potenzial haben, die zweifache Menge Kohlenstoff dessen zu speichern, was sie zurzeit binden. Gleichzeitig müssen wir Moore und Feuchtgebiete schützen, denn das in ihnen gespeicherte Kohlendioxid sollte – wie bei den Wäldern – nicht in die Atmosphäre gelangen. Und wir sollten sie weiterhin ihre Aufgabe tun lassen, nämlich Kohlendioxid aus der Atmosphäre zu filtern, indem sie es speichern. Tun wir beides, werden die Emissionen ausreichend reduziert, und es laufen die natürlichen Prozesse ab, welche die Treibhausgase aus der Atmosphäre holen. Der gleiche Feedback-Loop, der uns in die Klimakrise geführt hat, wird uns auch wieder aus ihr herausführen.

Ich notiere mir das, um mich daran zu erinnern, wenn die negativen Nachrichten wieder mal überwiegen und ich mich klein und machtlos fühle. Die industrielle Wachstumsgesellschaft war so sehr darauf konzentriert, die Natur zu beherrschen, dass wir vergessen haben, wie bereitwillig die Natur mit uns kooperiert, wenn wir unseren Platz in einer natürlicheren Ordnung der Dinge suchen. Falls Sie nun zu den Menschen gehören, die ihr Leben lang in Städten gelebt haben und allen modernen Komfort schätzen, die sich nie als »Umweltschützer« sahen und diese Idee vielleicht sogar absurd finden, dann kann ich Ihnen nur eines sagen: Sie müssen nicht »zurück zur Natur«, denn Sie haben diese nie verlassen. Das heißt nun nicht, alles wäre »natürlich« im Sinne von »harmlos«, was der Einzelne so tut. Ganz im Gegenteil, wir müssen uns durchaus Gedanken darüber machen, welche Folgen unser Handeln für die Natur hat, denn wir sind unausweichlich ein Teil von ihr.

Meine Freundin Stephanie Higgs erzählte mir, was eine ihrer Mentorinnen einmal einer Klasse angehender Psychotherapeuten sagte: »Die meisten von uns hatten damals viele Kurse belegt, um die unterschiedlichen Ansätze der Psychotherapie kennenzulernen – psychodynamische nach Sigmund Freud, andere Theorien, die von der existenzialistischen Philosophie geprägt waren, oder Maslows Bedürfnispyramide. Wir wollten all diese verschiedenen Erklärungsansätze der menschlichen Psyche verstehen, aber meist schwirrte uns schlicht der Kopf. Als wir einmal Stühle für eine Sitzung von Selbsthilfegruppenleitern im Raum verteilten, sagte die Supervisorin etwas, was mir 25 Jahre später immer noch im Gedächtnis haftet. Sie sagte: ›Entweder ist der Raum therapeutisch, oder er ist es nicht.‹«

Als Stephanie und ich 25 Jahre später Paul Hawken[1] zuhören, wird uns klar, dass er etwas ganz Ähnliches über die Natur und unseren Platz in ihr sagte. Paul meint, dass der Raum in unserem Kopf und der Raum, in dem wir leben, die Systeme, die wir errichtet haben, und die Art, wie wir unseren Alltag anpacken, entweder therapeutisch sind oder eben nicht, um es einmal zu paraphrasieren. Er selbst gebraucht die Begriffe »regenerativ« oder »degenerativ«. Entsprechend trägt sein jüngstes Buch auch den Titel *Regeneration*. Dahinter steht jedoch die gleiche Idee: die Einladung, uns anzusehen, welche Wirkung wir auf die Räume ausüben, die wir miteinander teilen, ob zu Hause, am Arbeitsplatz, in unseren Städten oder in den sozialen Medien, in der Atmosphäre und auf unserem Planeten. Wir haben in unserer Beziehung zur Natur die Fähigkeit, zu schaden oder zu heilen.

In Teil I dieses Buchs ging es um die Schäden, die wir angerichtet haben. Nun möchte ich über die Heilung sprechen. Mir ist klar, dass die Unterscheidung zwischen »Leistungsfähigkeit der Erde« und »Leistungsfähigkeit des Menschen« eine künstliche ist. Ich möchte nicht, dass durch sie die Sicht auf die Natur als das grundsätzlich Andere bestärkt wird. Ich erwarte vielmehr, dass der Mensch die Leistungsfähigkeit der Erde durch sein Handeln unterstützt. Und dass die Leistungsfähigkeit des Menschen unter anderem darin besteht, dass er seine Beziehung zur Natur verbessert. Dennoch beleuchtet dieses Kapitel erst einmal die erheblichen Regenerationskräfte der Natur – für alle, für die dieses Thema Neuland ist. Das nächste Kapitel hingegen beschäftigt sich mit dem Menschen, wie ihn der Dalai Lama sieht – der schlimmste Chaot, der diesen Planeten bewohnt, jedoch ausgestattet ist mit der Fähigkeit zum bewussten Handeln, die ihm die Hauptrolle bei dieser Regeneration zuweist.

Phil Duffy, ein weiterer Klimawissenschaftler am Woodwell Climate Research Center, beschäftigt sich mit der Frage, wie sich wissenschaftliche Erkenntnisse in politisches Handeln umsetzen lassen. Er meint: »Was die Wissenschaft in dieser Debatte idealerweise für uns leisten kann, ist, verschiedene mögliche Zukunftsszenarien aufzuzeigen.« Reden wir also darüber, wie unsere Zukunft vor dem Hintergrund der Selbstheilungskräfte der Erde aussehen könnte. Und unserer Fähigkeit, wie Bill Moomaw es ausdrückt, »die Erde tun zu lassen, was die Erde nun mal tut«. Wir werden uns also konkrete Beispiele ansehen, wie die Erde das bewerkstelligt. Dabei sollten wir im Hinterkopf behalten, was wir von Wissenschaftlern und anderen weisen Menschen über die wechselseitige Verbundenheit von allem und jedem auf der Erde wissen: Da sich sämtliche Treibhausgase in der globalen Atmosphäre mischen, reduziert therapeutisches Handeln an irgendeinem Ort auf dieser Welt die Erwärmung auf der gesamten Erde. Wo auch immer wir Emissionen reduzieren, die Entwaldung aufhalten und die Erde wieder begrünen, verlangsamen, stoppen und drehen wir die Klima-Feedback-Loops. Wir senken die Temperaturen, schließen die Schnee- und Eisdecke wieder und verstärken damit die Reflexion in der Arktis. Wir lassen den Permafrostboden wieder gefrieren, stärken den Jetstream und heilen unseren Planeten.[2]

Die Wiederbegrünung der Erde

»Es ist extrem wichtig«, so der Dalai Lama, »dass wir neue Bäume pflanzen und jene schützen, die um uns herum bereits wachsen.«[3] Das Besondere am Dalai Lama ist, dass er einen einfachen Satz wie diesen sagen und ihm trotzdem großen Nachdruck geben kann. Im

Dezember 1990 hielt er in Sarnath eine Rede. Sarnath ist jener Ort in Nordindien, an dem der Buddha seine ersten Belehrungen gab und an dem die erste buddhistische Gemeinschaft entstand. Der Dalai Lama verteilte aber nicht nur die Saat seiner Gedanken, sondern auch die Samen von Obstbäumen.

»Da auch ich diesbezüglich eine gewisse Verantwortung trage«, sagte er in Hinblick auf den Umweltschutz, »habe ich von dem Preisgeld, das ich mit dem Nobelpreis bekommen habe, diese Obstbaumsamen gekauft, damit heutige und künftige Generationen den erfrischenden Schatten und die Früchte dieser Bäume genießen können. Sie sollen an die Menschen verteilt werden, die aus den unterschiedlichen Weltregionen kommen.« (Alle Kontinente waren bei dieser Gelegenheit vertreten.) Der Dalai Lama sagte, es handle sich um Walnuss-, Papaya-, Guaven- und andere Bäume, die für die verschiedenen geografischen Bedingungen geeignet seien. Außerdem seien die Samen gesegnet worden. »Man sollte, was die Pflanzung und Pflege betrifft, Experten vor Ort befragen. So könnt ihr alle dazu beitragen, dass dieser mein Herzenswunsch erfüllt wird.«[4]

Als ich diese Rede las, fragte ich mich natürlich, ob aus jenen Samen tatsächlich Bäume geworden sind. Wenn die Menschen die Samen tatsächlich kurz darauf eingesetzt haben und die Samen herangewachsen sind, dann wären diese Bäume mittlerweile über dreißig Jahre alt. Falls der Dalai Lama Ihnen einen gesegneten Obstbaumsamen gäbe, würden Sie dann nicht verfolgen, was daraus wird? Würden Sie das Wachstum dieses Baums nicht zeichnerisch, fotografisch oder in anderer Form dokumentieren? Würden Sie nicht seine Geschichte erzählen wollen? In den sozialen Medien beispielsweise (nachdem diese aufkamen)?

Ich schickte also einen Aufruf an alle, die solche Samen bekommen haben, sich doch zu melden, erhielt aber keine Antwort. Sollten Sie solch einen Samen bekommen haben, würden Sie mir bitte davon berichten? Wie auch immer: 32 Jahre später sitze ich am Schreibtisch, es ist gerade Frühling. Bisher wurde jedes Kapitel von neuen Beobachtungen an den Bäumen draußen begleitet: erst nur kahle Zweige, dann Knospen, Blüten und immer mehr Grün. Und ich möchte ihrer Natur gerecht werden.

Der Klimawissenschaftler George Woodwell fasst die Lösungen für die Klimakrise kurz und treffend zusammen, wenn er sagt: »Wir brauchen einen Übergang von fossilen Brennstoffen zu einer neuen grünen Erde. Und das heißt«, unterstreicht er ähnlich wie der Dalai Lama, »eine wirklich grüne Erde.« Also reden wir übers Begrünen.

»Ich bin auf dem Land aufgewachsen«, erzählt Wangari Maathai. Sie spricht vom zentralen Hochland in Kenia. »Als ich noch ein junges Mädchen war, stand ein riesiger Baum in der Nähe unseres Hauses, und neben dem Baum plätscherte ein Bach.« Wangaris Stimme ist warm und tief – wie gute Erde an einem Sommermorgen. Und sie betont wichtige Begriffe auf eine Art, die ihre Sprache mit einem unwiderstehlichen Rhythmus auflädt. »Meine Mutter sagte mir, ich solle das Feuerholz nicht von dem großen Feigenbaum am Bach sammeln. Ich fragte: ›Warum?‹ Und sie antwortete: ›Weil der Baum ein Baum Gottes ist.‹«

Wangari erzählt weiter: »Ich wusste nicht, was sie damit meinte, aber ich ging immer hin und holte Wasser für meine Mutter.« Wangari starb 2011. Ich sehe mir die Filmaufnahmen mit ihren alten Interviews an, weil sie zu den Umweltaktivisten Kenias gehörte.[5] Ich bin hingerissen. Allein diese Stimme. »Der Bach entsprang dort, er kam direkt aus dem Bauch der Erde. Manchmal waren da Abertausende Froscheier zu sehen«, erinnert sich Wangari. »Sie sind schwarz, braun, weiß und einfach nur wunderschön. Ich wusste nicht, dass das Froscheier waren. Ich sah nur diese Perlen überall und schob die Hand darunter, um sie aus dem Wasser zu holen. Ich dachte, ich könnte sie auffädeln und mir um den Hals legen. Ich brachte Stunden damit zu. Da war ich nun, noch so klein, und spielte mit Froscheiern und Kaulquappen! Zwischen dem Feigenbaum und dem Bach, es war einfach wundervoll.« Wangari hält inne. »Das war wohl wirklich ein Baum Gottes.«

Wangari sagt, sie habe erst an der Uni begriffen, welche Verbindung zwischen Baum und Bach bestand – der Regen, der sich in den Tausenden Blättern fing, zu Boden tropfte und die Erde nässte, die nicht weggewaschen wurde, wie sehr es auch regnen mochte, weil sich eine Decke gefallener Blätter über sie breitete. Das Wasser sickerte in die Erde und füllte das Reservoir unter den Wurzeln. Und wo die Erde nicht stark genug war, kam es wieder an die Oberfläche und sammelte sich zum Bach.

Als Wangari in den 1960ern in ihre Heimat zurückkam, entdeckte sie etwas Neues: »Nun war Gottes Ort eine Kirche. Ein Steingebäude, das errichtet worden war. Dort lebte jetzt Gott. Der Baum erweckte also keine Achtung mehr, er inspirierte nicht mehr zur Ehrfurcht, er wurde nicht länger geschützt. Man hatte ihn gefällt. Und natürlich war damit auch der Bach verschwunden. Und wenn der Bach austrocknet, sterben die Froscheier, die Kaulquappen, die Frösche und alles andere, was in diesem Wasser seine Heimat hatte. Und wir können nicht mehr einfach hingehen und Wasser holen.«

Wangari ist die erste Frau in Ostafrika, die einen Doktortitel erwarb. In den 1970ern lehrte sie an der Universität von Nairobi. Ihre Forschungsarbeiten führten sie hinaus auf die Felder. Sie wurde Zeugin der Entwaldung, des Verlustes fruchtbarer Erde und des Verschwindens der Bäche. Die Frauen in den Dörfern erzählten ihr, sie hätten kein Feuerholz, um die Mahlzeiten für die Familie zuzubereiten, und auch nicht genug Wasser. Wangari erkannte, dass dies Teil eines größeren Problems war. »Und da kam ich auf die Idee: Warum konnten wir nicht einfach Bäume pflanzen?« Die Frauen, mit denen sie sprach, meinten, das würden sie schon machen, nur wüssten sie nicht, wie. »Und damit ging das Ganze los: Wir lernen jetzt, wie man Bäume pflanzt.«

Das alles hat eine Vorgeschichte. Sie beginnt im 19. Jahrhundert mit dem Anfang des Kolonialismus in Ostafrika, als die Briten die Wälder abholzten, um Platz für ihre Siedlungen und ihre Landwirtschaft zu schaffen. Auf den gerodeten Flächen bauten sie profitable Pflanzen wie Kaffee und Tee an. Später in den 1950ern fällten sie noch mehr Wälder, um die Kämpfer für die Unabhängigkeit – die kenianische Land- und Freiheitsarmee oder, wie die Briten sagten, »die Maumau« – aufzuspüren. Und natürlich um Lager zu errichten, in denen jeder landete, der im Verdacht stand, die Rebellen zu unterstützen. Unglücklicherweise ging die Entwaldung auch nach der Unabhängigkeit Kenias im Jahr 1963 weiter. Daher gründete Wangari 1977 das Green Belt Movement. Sie fing mit einigen wenigen lokalen Helferinnen an, die Samen von überlebenden einheimischen Bäumen sammelten und diese in Baumschulen großzogen. Sie zeigten ihren Geschlechtsgenossinnen, wie das funktioniert, und am Ende pflanzten Tausende Frauen in Kenia Bäume, um ihr Land wieder zu begrünen. Für jeden Baum, der überlebte, zahlte Green Belt eine kleine Summe aus. Aber die Frauen lernten schnell und erkannten, was die Bäume für ihre Dörfer tun konnten.

»Die Bewegung begann mit dem Pflanzen von Bäumen«, erklärt Wangari. »So kommen wir in die Gemeinden hinein. Aber es geht um ein wenig mehr als nur um die Bäume.« Wangari ist ziemlich bescheiden, denn das »wenig mehr« heißt eigentlich: »Wir pflanzen Ideen. Wir geben den Menschen einen Grund, sich für ihre Rechte einzusetzen. Einen Grund, um ihre Umwelt zu schützen. Und einen Grund, warum sie sich für Frauenrechte starkmachen sollen.« Green Belt hielt im ganzen Land »Seminare über Bürgerrechte und Umweltschutz« ab. Man gab den Menschen ihre Selbstbestimmung zurück, indem man sie informierte: über nachhaltige Nahrungsproduktion, Ernährung, Demokratie, friedlichen Protest und das Eintreten für die eigenen Rechte, über Konfliktlösungen und, ja, auch über das Pflanzen von Bäumen.

Wangari und ihre Mitkämpferinnen wurden geschlagen, überwacht, viele von ihnen auch gefoltert. Sie galten als politische Gefangene, weil sie gegen Kenias zweiten Präsidenten, Daniel arap Moi, Widerstand leisteten. Dessen diktatorisches Regime hielt sich

24 Jahre an der Macht. »Eine der Taktiken dieser Regierung ist es, den Menschen Angst vor Autoritäten einzujagen«, berichtet Wangari. »Als die Frauen mit ihren Aktionen anfingen, kümmerte sich niemand um sie, weil keiner sie ernst nahm. Sie wissen schon, wer nimmt schon Frauen ernst? Irgendwann im Laufe der Jahre merkte die Regierung, dass wir die Frauen organisierten. Also mischten sie sich ein. Sie behaupteten, man könne keine Treffen organisieren, wenn man keine Lizenz dafür habe. Sie haben die Frauen wirklich schikaniert.«

Wangari sagte, das Beispiel »einer kleinen Frau« (Wangari), die ein von Präsident Moi geplantes Projekt erfolgreich verhinderte (noch dazu sein Herzensprojekt, denn es war auch die Errichtung einer vier Stockwerke hohen Statue des Diktators vorgesehen), habe die Menschen inspiriert. Plötzlich glaubten sie wieder an den Wandel. 2002 – nach einem Jahr der Proteste, die als Demonstrationen gegen die Abholzung des Karura-Waldes in Nairobi begannen und sich zu einer landesweiten Bewegung auswuchsen, die demokratische Reformen forderte – wurde dem Karura-Projekt Einhalt geboten. Die Menschen Kenias hatten Moi endlich in einer Wahl besiegt – und sie schickten Wangari ins Parlament, mit 89 Prozent der Stimmen. 2004 erhielt Wangari den Friedensnobelpreis für ihre Arbeit: den Sturz eines Diktators und den Unterricht im Bäumepflanzen. Das Green Belt Movement hat bislang über 51 Millionen Bäume in Kenia gepflanzt.

Eine weitere Begrünungsgeschichte, die mir sehr am Herzen liegt, spielt in mehr als einem Land. Es geht um den Regenwald. Die Menschen vor Ort, die dort einst illegal Holz schlugen, werden nun zu Rangern ausgebildet, die den Wald und seine Tiere schützen. Eben alles, was zu diesem Ökosystem gehört. Und sie werden dafür bezahlt. Der italienische Schriftsteller Francesco Lastrucci erzählt sehr schön die Kambodscha-Version dieser Geschichte. Infolge der Präsenz der Roten Khmer, der herrschenden Gewalt und der Verminung blieben die Kardamomberge und ihr Regenwald jahrzehntelang ungestört. Doch sobald der Konflikt gelöst und die Landminen geräumt waren, plünderten die Menschen die Ressourcen des Waldes, während andere verzweifelt versuchten, ihn am Leben zu erhalten. Wildlife Alliance sorgt, so Francesco, »für die Durchsetzung der Schutzvorgaben rund um die Uhr. Man arbeitet mit den lokalen Behörden zusammen, um die drei Millionen Morgen Regenwald zu bewahren.« Gleichzeitig strebt Wildlife Alliance danach, Beschäftigungsalternativen für die örtliche Bevölkerung zu schaffen, durch Bildung, Wiederaufforstung und den Schutz des Lebens in den Wäldern.

Francesco hat seine Zelte im Dorf Chi Phat aufgeschlagen, drei Stunden Busreise von Phnom Penh entfernt. Dort beobachtet er die Auswirkungen des Wildlife-Engagements. Konnte man noch zu Beginn der Nullerjahre beobachten, dass die Dorfbewohner illegal Holz einschlugen, wilderten und für ihre Farmen Brandrodung betrieben, haben sie sich nun für bessere Alternativen entschieden, einfach weil es diese gibt. Die Bauern lernen nachhaltiges Wirtschaften. Die Menschen bauen den Wald wieder auf, indem sie den Boden verbessern und einheimische Bäume pflanzen. Francesco spricht von mittlerweile 840 000 Bäumen, und die Aufforstung geht unverändert weiter. Die Gegend ist Ziel von Touristen, die sich für wild lebende Tiere und den Regenwald interessieren. Das bringt den Einheimischen Geld, weil diese ja irgendwo unterkommen müssen. Außerdem brauchen die Touristen Führer. Die Wilderer mit ihrer besonders guten Kenntnis des Waldes wurden zu Rangern ausgebildet. Sie tragen Waffen und kontrollieren die Gegend – »zu Fuß, auf dem Motorrad, im Boot und aus der Luft«. »Der Lockruf des Geldes von entwicklungstechnischen Großprojekten ist immer noch bedrohlich«, meint Francesco. »Aber da immer mehr Menschen vor Ort mit den Umweltschützern zusammenarbeiten, gibt es eine echte Chance, den Regenwald zu retten.«

Besonders berührt hat mich Francescos Bericht über seine Begegnung mit Soeun, der sich nun um die Auswilderungsstation für

Wildtiere kümmert. Soeun handelte früher selbst mit illegal gefangenen Tieren. »Ich begleitete ihn mehrfach auf Kontrollgängen«, erzählte Francesco. »Ein freundlicher, gelassener Mann. Und er stellte mich den Tieren vor, als wären sie seine Familie – eines nach dem anderen, mit einer tief empfundenen Zuneigung, ja, Liebe.«[6]

Ich danke Francesco für seinen Bericht und der *New York Times* für die Veröffentlichung. Es ist so leicht, vor dem Hintergrund der immer bedenklicher klingenden Schlagzeilen das doch riesige Gebäude ermutigender Nachrichten zu übersehen. Am liebsten würde ich es von den Dächern schreien: Das Klimabewusstsein hat auch eine gute Seite. Millionen Menschen in aller Welt tun Gutes. Sie finden sie im Internet, aber auch wenn Sie die Tipps und Hinweise im Anhang dieses Buchs weiterverfolgen.

Nachdem ihm bewusst wurde, dass es zu den schönsten Erfahrungen im Umweltschutz gehört, am Ende seiner Vorträge seine Zuhörer kennenzulernen, spürten Paul Hawken und sein Rechercheteam buchstäblich Millionen dieser Geschichten auf und wählten einige für ein Buch aus: *Blessed Unrest*.[7] Er schrieb, nach jedem Vortrag hätten sich ein paar Leute versammelt und seien geblieben, um zu reden, Fragen zu stellen und Visitenkarten auszutauschen. Als die Visitenkarten buchstäblich in keine Schublade mehr passten, schrieb er ein mutmachendes Buch über Klimawandel, Armut, Waldzerstörung, Frieden, Wasser, Hunger, Umweltschutz und Menschenrechte. Das Porträt einer Bewegung und eine Datenbank der Millionen Menschen und Organisationen, die sie ausmachen. Diese kohärenten, organischen, selbstorganisierten Zusammenschlüsse, so Paul, würden Millionen von Menschen umfassen, die sich alle für den Wandel einsetzten.

»Wenn mir an den Universitäten immer wieder die Frage gestellt wird, ob ich im Hinblick auf die Zukunft optimistisch oder pessimistisch bin, gebe ich stets die gleiche Antwort: Wenn Sie sich die wissenschaftlichen Daten ansehen, was heute auf der Erde passiert, dann haben Sie die falschen Daten, wenn Sie nicht pessimistisch werden.« Andererseits: »Wenn Sie die Menschen in dieser namenlosen Bewegung kennenlernen und nicht mit Optimismus reagieren, dann haben Sie kein Herz.« Und Paul meint, dass man sich keineswegs für das eine oder das andere entscheiden müsste. »Was ich vor mir sehe, sind ganz gewöhnliche und ein paar außergewöhnliche Menschen, die bereit sind, sich mit Verzweiflung, Macht und schlechten Chancen auseinanderzusetzen, um dieser Welt zumindest einen Anschein von Anstand, Gerechtigkeit und Schönheit zurückzugeben.« Sich mit dem Klimawandel zu befassen, so Paul, sei ein tief verwurzelter Überlebensimpuls.[8] Der gleiche Impuls, der uns für unsere Familie sorgen lässt, für unsere Freunde, Haustiere, Gärten und Nachbarn. Ebendieser Impuls motiviert viele von uns, sich für die Umkehr der Erderwärmung einzusetzen. Ich bin geschockt und froh zugleich, wenn ich höre, dass er dies für einen Grund zum Feiern hält. Nachdem er so viele Geschichten zusammengetragen hat, die zeigen, dass die Menschen sich füreinander und für ihre Erde starkmachen, ist Paul der Ansicht, dass es zum Feiern tatsächlich einigen Grund gibt. Und dass wir uns nicht für die Verdammten dieser Erde halten müssen.[9]

Und es gibt noch eine inspirierende, zukunftsweisende Geschichte zur Begrünung. Tucson, eine Stadt, die unter den sich am schnellsten erwärmenden Städten der USA Platz 3 einnimmt, hat beschlossen, eine Million Bäume zu pflanzen. Die Bürgermeisterin von Tucson ist Regina Romero, die das Andenken ihres Vaters bewahrt, der sie und die fünf Geschwister in die Berge der Sierra Madre mitgenommen hatte, wo sie reiten lernten und den respektvollen Umgang mit der Natur. Romero gehört zu einem globalen Netzwerk öffentlicher, privater und gemeinnütziger Träger, die geschworen haben, weltweit eine *Billion* Bäume zu pflanzen. In Tucson, so Romero, würde man dies vorzugsweise in den weniger wohlhabenden Vierteln tun, wo es an Grünflächen fehlt und an guter Luft, mit einem Wort: an Bäumen. Adriana Zuniga, Forschungsassistentin an der University of Arizona, meint: »Vegetation bringt bessere Luft, niedrigere Temperaturen, weniger Stress, und Studien zeigen auch, dass die Menschen in solchen Gebieten weniger Antidepressiva brauchen.«

Und wie Adriana weiter sagt, ist eine ausreichende Vegetation auch als Ruheplatz für ziehende Arten von Bedeutung. Der Monarchschmetterling beispielsweise gehört zu den zehntausend Bestäuberarten, die zumindest im Südwesten der USA hochgradig gefährdet sind, weil die Entwaldung und die durch den Klimawandel bedingte Dürre die Vegetation bedrohen. »Die Urbanisierung hat seine Habitate so stark fragmentiert, dass jedes bisschen Grün wichtig ist.« Eine Million mehr Bäume in Tucson werden dafür sorgen, dass die Schmetterlinge auf ihrer langen Reise von Mexiko nach Kanada einen Platz zum Ausruhen finden.

Natürlich ist die Dürre auch für die Bäume ein Problem, aber die Verantwortlichen in der Stadtverwaltung weisen darauf hin, dass trockenheitsresistente einheimische Arten wie Wüsteneisenholz und Mesquite dort nicht nur überleben können, sondern auch dazu beitragen, das Wassereinzugsgebiet zu reparieren, weil der Regen dann wieder versickern kann, statt von Beton und Pflastersteinen aufgehalten zu werden. Damit wird Tucsons Grundwasser wieder aufgefüllt, und die Bäche, die Mitte des 20. Jahrhunderts ausgetrocknet waren, könnten wieder zu fließen beginnen.[10]

Bäume heilen.

Was können wir tun?
Wenn jeder auf dem Planeten sechs Bäume pflanzte

Von Diana Beresford-Kroeger, Botanikerin, klinische Biochemikerin und Autorin, die in Irland aufwuchs und aktuell in Kanada unabhängige Forschung betreibt

Ich habe eine Strategie entwickelt, wie wir den Klimawandel aufhalten können. Ich nenne sie den »globalen Bioplan«. Die Grundidee ist, ein Patchworkmuster menschlicher Bemühungen zum Wiederaufbau der Natur weltweit zu bilden. Diese Strategie kann zwar nicht die endgültige Lösung für den Klimawandel sein. Aber mit ihr können wir den angerichteten Schaden zumindest teils wiedergutmachen und so Zeit gewinnen, um eine Lösung zu finden. Wir stabilisieren damit das Klima lange genug, um unsere destruktiven Verhaltensweisen wirklich zu ändern.

Der Kernpunkt des globalen Bioplans ist simpel: Wenn jeder Mensch auf Erden in den nächsten sechs Jahren einen Baum pro Jahr pflanzte, könnten wir den Klimawandel anhalten. Diese zusätzlichen molekularen Maschinen, die Kohlenstoff aus der Atmosphäre holen, ihn ins Holz einlagern und uns dafür Sauerstoff zurückgeben, würden den Anstieg der Temperaturen aufhalten und auf einem Niveau halten, mit dem man umgehen kann. Vor dreihundert Millionen Jahren haben die Bäume es mit einer absolut toxischen Menge an Kohlenstoff aufgenommen und diesen in etwas verwandelt, was das menschliche Leben ermöglichte. Das kann auch heute wieder so geschehen.

Und wenn Sie nun weder Zeit noch Raum haben, um sechs Bäume zu pflanzen? Dann tun Sie einfach den ersten Schritt, den Sie machen können, und sehen allem Weiteren mit Zuversicht entgegen.

Ein persönlicher Bioplan kann mit einer so simplen Maßnahme wie einer Kübelpflanze auf dem Balkon eines Hochhauses mitten in der Stadt beginnen. Eine einzige wohltuende Pflanze, sagen wir mal eine Minze, setzt Aerosole frei, die Ihre Atemwege öffnen. Das tut sie auch für Vögel oder andere kleine Geschöpfe. Und für die Menschen, die Sie lieben und mit denen Sie zusammen sind. Das eigentliche Ziel des globalen Bioplans ist es, dass jeder für sich die gesündeste Umgebung schafft, die er schaffen kann – und für die Familie, die Vögel, Insekten und alle anderen wilden Tiere. Dieser persönliche Bioplan erfasst dann auch die Nachbarn und kann so exponentiell anwachsen.

Und natürlich müssen wir zunächst alle Wälder schützen, die wir bereits haben. Jedes Jahr einen Baum zu pflanzen, ist ja schön und gut, aber wenn wir das Amazonasgebiet roden und gleichzeitig die borealen Nadelwälder abholzen, dann sind die positiven Auswirkungen unserer Pflanzaktionen bald wieder zunichtegemacht.

Es gibt jedoch Mittel und Wege, wie wir uns hier zum Schutz des Klimas engagieren können. Wir können uns weltweit zusammentun, um es mit Regierungen und Konzernen aufzunehmen. Wir können uns gegenseitig darüber informieren, wo geplant ist, Wälder abzuholzen, und dies durch gemeinsame Aktionen verhindern. Ich habe mich an vielen derartigen Kampagnen beteiligt. Und wir haben gewonnen, selbst im Kampf gegen Regierungen und internationale Konzerne.

Im Kleinen können wir in unseren Städten und Gemeinden zu Hütern und Bewahrern der Natur werden. Wenn in Ihrer Straße ein großer Baum wächst, lassen Sie die Stadtverwaltung wissen, wie sehr Sie ihn schätzen. Jede Gelegenheit, zur Wahl zu gehen, ist eine Chance, jemandem zu Einfluss zu verhelfen, dem die Wälder am Herzen liegen.

Während ich dies schreibe, sind wir nahezu acht Milliarden Menschen auf der Erde. Bleibt unser aktueller Waldbestand unangetastet, bräuchten wir ungefähr 48 Milliarden Bäume zusätzlich – also etwa sechs pro Person –, um so viel Kohlendioxid aus der Atmosphäre zu holen, dass der Klimawandel zumindest angehalten würde. 48 Milliarden hört sich vielleicht unerreichbar viel an, aber der Weg dorthin ist recht simpel: Machen Sie den ersten Schritt, und gehen Sie dann diesen Weg einfach weiter.[11]

Wir müssen das Rad nicht neu erfinden, wenn wir uns der Räder erinnern, die andere schon erfunden haben

»Vor einigen Jahren«, erinnert sich Lyla June, »hat mir einer meiner Ältesten gesagt: ›Die Dinge werden sich ändern, schnell und drastisch.‹« Lyla June ist indigene Musikerin, Gelehrte und gehört zu den Gemeinde-Organisatoren der Diné (Navajo). Sie ist von Tsétsêhéstâhese- (Cheyenne-) sowie europäischer Abstammung und eine großartige Geschichtenerzählerin. Offensichtlich war dies eine ebenso prophetische wie realistische Einschätzung. »Eines unserer Wasserrohre war geborsten«, erklärt Lyla. Aber es ging nicht nur um das konkrete Problem – innerhalb von 24 Stunden liefen die Toiletten über, und die Pferde hatten kein Wasser mehr. Lyla wusste, dass ihr Ältester auf etwas Größeres hinwies. »Sieh nur, wie anfällig das System ist«, hörte sie ihn sagen.

Kurz und gut: Dieses Erlebnis inspirierte Lyla, sich für ein Doktorandenprogramm einzuschreiben, das die indigenen Nahrungssysteme und den Umgang mit dem Land erforschte. Ihre Studien zu den traditionellen Gepflogenheiten der indigenen Bevölkerung in Nord- und Südamerika vor der Ankunft des Kolumbus haben viele Geschichten zutage gefördert, die zeigen, dass die Menschen vor der Ankunft der europäischen Siedler ein ganz anderes Verhältnis zur Erde hatten.

»Eines der Beispiele, von denen ich gern erzähle, betrifft die Kelpwälder der Heiltsuk in Britisch-Kolumbien, ein Volk, das ich wirklich bewundere«, erklärt Lyla. »Die Heiltsuk kultivieren ihre Nahrung immer noch auf diesem Weg, doch bevor sie um 1800 herum von Epidemien dezimiert wurden, waren diese Tangwälder noch viel größer. Sie pflanzen in Handarbeit Tang an der Küste, um die Menge der Pflanzen zu vergrößern, auf denen der Hering, ›ein kleiner silberner Fisch‹, seine Eier ablegen kann. Die Kelpwälder binden Kohlenstoff, die Heiltsuk aber ernähren sich von den Fischeiern. Eine besondere Delikatesse gibt es, wenn die Indigenen Zweige der Hemlocktannen mit Steinen im Wasser verankern wie Bäume, die verkehrt herum wachsen. Legen die Heringe dann ihre Eier darauf ab, verleihen diese Zweige den Fischeiern einen besonderen Geschmack.«

Lyla sagt, sie habe den Hemlock-Heringsrogen erst vor einigen Jahren gekostet. »Ich bin in der Wüste aufgewachsen, Fischrogen ist also nicht unbedingt mein Ding.« Aber Orcas, Seelöwen, Lachse, Adler, Wölfe und Bären lieben den Heringsrogen ebenso wie die Heiltsuk. »Und so geht es immer weiter die Nahrungskette hinauf.«

Die Heiltsuk betrachten die Heringe als Verwandte und die Kelpwälder als Geschenk, denn die Fische schenken ihnen Jahr für Jahr ihre Eier. Lyla vergleicht dies mit dem »Killerstil« der Eientnahme, wie er von den Europäern und ihren Nachfahren praktiziert wird. Berufsfischer »fangen Abertausende Heringe, schneiden sie auf, entnehmen die Eier und werfen den Körper zurück ins Meer.« Sie behandeln die Fische wie »Objekte, nicht wie Verwandte. Es geht ihnen nur um die Eier, die Fische werden einfach fortgeschmissen.«

Lyla hat noch viele andere Beispiele für nachhaltige Bewirtschaftung parat: Die Algonquin betrieben jahrtausendelang Austernfischerei in der Chesapeake Bay. Um Quadra Island im pazifischen Nordwesten herum gibt es Muschelgärten. In Bolivien bauen die

Indigenen Fischwehre, im Amazonasgebiet wurde eine dicke Humusschicht aufgebaut. Nicht zufällig, wie Lyla sagt. Und die Shawnee bewirtschafteten vor gut dreitausend Jahren einen »Nahrungswald« im heutigen Kentucky.

Was aber ist ein Nahrungswald? Lyla erzählt, dass man aus Bohrkernen, die man aus den Teichen in Kentucky entnommen hatte, fossilierten Pollen bergen konnte. Und die Zusammensetzung des Pollens hat sich über die Zeit immer wieder verändert. Diese Veränderungen lassen sich datieren, denn je tiefer die Bohrung, desto älter der Pollen. Die Bohrkerne reichen tief und liefern uns Informationen über die Flora bis vor gut zehntausend Jahren. Und in einer Schicht, die vor etwa dreitausend Jahren entstanden sein muss, finden sich plötzlich »Kastanien-, Walnuss-, Hickory-, Eichen- und Pollen der Sumpf-Seidenpflanze beziehungsweise des Gänsefußes. All das sind essbare, einige gelten sogar als Heilpflanzen.«

Lylas Forschungsarbeiten beschränken sich nicht auf das Studium wissenschaftlicher Aufsätze. Sie betreibt auch Feldforschung. »Ich hatte das Vergnügen, diesen speziellen Teich in Augenschein nehmen zu können.« So konnte sie sich ein Bild von dem Nahrungswald der Shawnee machen, der sich über die Hügel und möglicherweise bis ins Tiefland erstreckte. Die fossilen Belege für den Nahrungswald sind bis ins 19. Jahrhundert herauf erhalten. Auch bestimmte Formen der Bodenbewirtschaftung lassen sich auf diese Art nachweisen. So zeigen sich immer wieder Ascheschichten, die belegen, dass man das Land regelmäßig und kontrolliert abfackelte. Solche Bodenproben und die Fotos riesiger alter Kastanienbäume, die im 20. Jahrhundert durch den Kastanienrindenkrebs eingingen, belegen, dass die Shawnee diesen Nahrungswald effektiv bewirtschafteten.

Ohnehin seien alte Wälder ein Charakteristikum für den indigenen Umgang mit dem Land. Dazu gehört zum Beispiel das Menominee-Waldprojekt in Wisconsin, die Eichenwälder der Amah Mutsun in Kalifornien, die Nahrungswälder der Shawnee in Kentucky und die von Lylas Vorfahren in Arizona, wo die Gelbkiefer gehütet wurde. Lyla meint, dass die indigenen Völker »echte Waldwissenschaftler waren und an manchen Orten immer noch sind«.

»Wir alle haben das Land gepflegt, beschnitten, kontrolliert abgebrannt und maniküriert. Wir haben uns die Hände schmutzig gemacht, daher waren wir in diese Prozesse konkret eingebunden. Auf Englisch heißt das *food system* oder Ernährungssystem. In Wirklichkeit aber ist es ein lebendiger Austausch«, erzählt Lyla weiter. »Man gibt Leben, man nimmt Leben. Man ist Teil dieses Austauschs von Kalorien und Energie.« Diese Form des Austauschs hat den Vorteil, dass er die Biodiversität *erhöht* und Kohlenstoff *bindet*.

Ein kürzlich erschienener Bericht der Vereinten Nationen besagt, dass die indigenen Völker nur 5 Prozent aller Menschen auf Erden ausmachen, jedoch auf ihrem Land 80 Prozent ihrer Biodiversität hüten. Die Nachhaltigkeitsrevolution hängt in Lylas Augen also nicht nur davon ab, dass wir auf erneuerbare Energien umsteigen, um den Treibhausgasausstoß zu verringern. Es geht auch darum, dass wir wieder lernen, was die indigenen Völker seit Langem wissen. Wir müssen »das Gewebe der Erde heilen, die Beziehungen in der Erde und unser Verständnis dessen, wie wir allem um uns herum ein guter Freund sein können«.

»Das ist nicht so schwer, wie Sie vielleicht glauben«, fügt Lyla hinzu.[12] »Wenn wir zumindest für einige Jahre das Richtige tun, denn die Erde will ja leben. Das ist ihre Natur. Wir müssen uns schon ziemlich anstrengen, damit sie das nicht macht. Wenn wir uns aber hinter sie stellen und dem, was sie tut, neues Leben einhauchen, dann ändert sich das Ganze ziemlich schnell.« Doch dazu brauchen wir die nötigen Instrumente, Fähigkeiten und das Wissen. »Und vor allem die Weisheit, die all diese Dinge trägt.«

Auch Kyle Whyte weiß das Wissen, die Fähigkeiten und die Weisheit der indigenen Völker zu schätzen. Er ist Professor für Umwelt und Nachhaltigkeit an der University of Michigan und gehört zum

Potawatomi-Stamm. »Mein Stamm«, der zu den Anishinaabe-Völkern gehört, »wurde vor langer Zeit nach Oklahoma umgesiedelt. Ich lebe jedoch im Moment in der Region um die Great Lakes, denn das ist unsere eigentliche Heimat. Meine Arbeit hat sich unter anderem zum Ziel gesetzt, indigene Menschen als Führungspersönlichkeiten, als Wissenschaftler, als Wissenshüter, als Organisatoren zu unterstützen, denn sie können den Klimawandel aufhalten.« Ein Beispiel für eine die wechselseitige Abhängigkeit akzeptierende Einstellung zum Land ist der Umgang mit wildem Reis, wie Kyle sagt.

»Viele Anishinaabe-Gemeinden leben im Becken der Great Lakes, weil ihre Vorfahren die spirituelle Botschaft erhielten, die Wanderung nach Osten zu beenden, wenn sie an einen Ort kämen, an dem Nahrung auf dem Wasser wächst.« Wildreis heißt dies bei uns, die Anishinaabe nennen ihn »Manoomin«. Kyle beschreibt ein Netz von Verantwortlichkeiten um den Manoomin herum, der den Wildreis auch heute noch zum Grundnahrungsmittel der Anishinaabe macht. Da ist die Verantwortung der Alten, den Jungen beizubringen, »den Manoomin zu achten, zu pflegen, ihn zu ernten, zu verstehen und zuzubereiten«. In der Verantwortung der Jungen liegt es, all das zu lernen und sich um die Familie zu kümmern. Dann gibt es noch die Verantwortung, an den Zeremonien teilzunehmen, »welche die enge Verbindung zwischen dem Manoomin und der Gesellschaft der Anishinaabe würdigen«. Und die Verantwortung der verschiedenen Komitees, denn diese »Reiskomitees sind«, wie Kyle sagt, »der Gemeinschaft gegenüber verantwortlich, die Wirtschaft so nachhaltig zu gestalten, dass sie weiterhin gute Erträge bringt«.

»Zusammengenommen bilden all diese Verantwortlichkeiten ein Netz [wobei ich sofort an Indras Netz denken muss], denn sie stellen wichtige Aspekte der Bedeutung von Familie, Freundschaft, Vertrauen, Charakter, Beziehungen zwischen den Generationen, Identität und Rechenschaft in den Anishinaabe-Gemeinden dar.« Doch auch der Manoomin hat seine Verantwortung. »Manoomin

ist dafür verantwortlich, die Menschen zu ernähren. Er gilt als lebendes Wesen mit einem eigenen spirituellen Charakter. Noch
wichtiger aber ist, dass der Manoomin die Menschen zusammenbringt, damit sie diese Bande von Familie, Freundschaft, Vertrauen
et cetera knüpfen. Der Manoomin ist der Grund für all dies, daher
respektieren die Anishinaabe ihn als lebendiges Wesen mit spiri-
tuellem Charakter.«

Die Anishinaabe hüten also den Manoomin, und der Manoomin hütet sie. Und das Netz der Verantwortlichkeiten, der
wechselseitigen Beziehungen, dehnt sich aus auf das Wasser, das
der Manoomin zum Wachsen braucht, auf die Flüsse und den Regen, welche die Seen füllen. Und auf Fische wie den Stör, die im
Ökosystem »Manoomin–Mensch« eine wichtige Rolle spielen, und
so weiter.

Gleichzeitig erinnert Kyle uns daran, dass dem Menschen nicht
immer nur die Sonne scheint, wie sehr wir auch versuchen mögen,
mit der Erde im Einklang zu leben. »Die Geschöpfe und Systeme
der Erde können Gewalt, Zerstörung und Elend schaffen.« Wie
aber vermögen wir eine Beziehung aufzubauen zu einer Wirklichkeit, die unseren Vorstellungen nicht entspricht? Kurz gesagt: Wir
müssen uns ändern. Kyle meint, die Anishinaabe-Gemeinden hätten angesichts des Klimawandels, der rassistischen Politik und der
industriellen Verschmutzung neue Verantwortlichkeiten definiert,
die zu den traditionellen dazukommen. Es geht hier um Allianzen
mit anderen Gruppen, um ihre (menschlichen und nichtmenschlichen) Verwandten zu schützen und auf allen Ebenen der Gesellschaft politische Verantwortung zu übernehmen. Und darum, »das
Wissen der Anishinaabe mit wissenschaftlichen Erkenntnissen zu
vereinen sowie Wissenschaftler zur Verantwortung gegenüber den
Anishinaabe-Gemeinden zu erziehen«. Unsere Pflanzen, unser
Wasser, unsere Verwandten im Fischreich, sagt Kyle, »haben die
Macht, zu heilen und neue Beziehungen zwischen den Menschen
zu stiften«.[13]

Was Städte mit dem Ganzen zu tun haben

Eine New Yorker Freundin erzählte mir kürzlich, sie sei genervt von dem Ort, an dem zu leben sie vor mehr als zwanzig Jahren beschlossen hatte. Anlass waren wohl die Nachwehen eines heftigen Schneesturms, wie es sie dort mitunter geben kann. Als wir dieses Gespräch führten, hatte sich die Lage verschlechtert: Was anfangs ein stilles Winter-Wunderland war, in dem die ganze Stadt ein aufregendes Geheimnis zu teilen schien, war nun zu schmutzigen Schneehaufen geworden, die mit jedem Tag grauer und gelber wurden, bedeckt von Abfall, weil die Müllabfuhr nicht mehr durch die engen, verschneiten Straßen kam. Dazu noch der Überdruss der Pandemie, in der die Gründe, in dieser faszinierenden Stadt zu leben, fast zwei Jahre lang außer Kraft oder nicht mehr existent waren.

Was das Klima angeht, ließ meine Freundin sich ermutigen von dem, was Jonathan Rose zum Thema »Städte« zu sagen hat. Jonathan ist ein recht ungewöhnlicher Immobilienentwickler, Investor und Projektmanager. Er strebt an, was sich »allgegenwärtiger Altruismus« oder »regenerative Wirtschaft« nennt. In diesem Zusammenhang kommt er immer wieder auf die Städte zu sprechen. Selbst wenn man Visionen, wie New York aussehen könnte, einmal völlig beiseitelässt, Tatsache ist, dass seine Einwohner nur etwa ein Viertel der Energie von anderen Städten verbrauchen und auch nur ein Viertel der üblichen Treibhausgase ausstoßen. Das erklärt sich durch das »High Density Living«, den maximal verdichteten Lebensraum. »Je dichter, umso besser«, sagt Jonathan. Sie fahren weniger Auto und benutzen ein sehr gutes öffentliches Verkehrssystem (»... obschon es sich nicht immer sehr gut anfühlt, wenn man damit unterwegs ist«, meint meine Freundin).

Wir reden darüber, dass für den Umweltschutz häufig mit Bildern unberührter Natur und wilder Tiere geworben wird. Wie dem Tischkalender des Sierra Club, den meine Freundin jedes Jahr geschenkt bekam, als sie noch Teenager war: Woche um Woche

Aufnahmen fantastischer, absolut menschenleerer Landschaften. Ausgesprochen oder unausgesprochen liegt der westlichen Kultur, wie Vandana Shiva sagt, die Vorstellung zugrunde, dass Menschen außerhalb der Natur leben und sie belasten. Jonathan aber sieht Städte anders. Im besten Fall zeigt das urbane Leben, dass der Mensch fähig ist, den Planeten weniger zu belasten, indem er Ressourcen bündelt. Wir akzeptieren unsere Mitmenschen in der U-Bahn, wir teilen uns den Raum. Und Jonathan meint, darauf könne man aufbauen.

»Wir haben ein Wirtschaftssystem, das Gemeingut ausbeutet«, sagt Jonathan. »Es nimmt das ökologische und soziale Gemeingut und verbraucht es für seine Gewinne.« Ganz klar. »Wie also könnte ein Wirtschaftssystem aussehen, in dem Profit nicht durch Belastung der Allmende generiert wird, sondern dadurch, dass man das Gemeingut regeneriert?« Stellen Sie sich vor, was möglich wäre, hätte Wladimir Putin die letzten zwanzig Jahre über diese Frage nachgedacht und nicht über einen Krieg gegen die Ukraine ...

Jonathan meint, wir würden nie eine regenerative Wirtschaft bekommen, »solange unser System auf Selbstmaximierung aufbaut, auf Geschäfts-, Deal-, Anlagenmaximierung und Maximierung unserer Länder.« Er glaubt an die Vision eines allgegenwärtigen Altruismus, ein ganz neues Wirtschaftssystem, das auf Mitgefühl beruht, bei dem der Erfolg von Projekten und Vereinbarungen daran gemessen wird, ob sie ökologisch nachhaltig sind und das Gemeingut mehren. Jonathan will, dass es nicht mehr nur um den Profit geht, sondern auch um »Menschen« und den »Planeten« an sich.[14]

»Wie sehen nun die Hebel aus, die wir begreifen, sodass wir sie zur Förderung eines allgegenwärtigen und kollektiven Altruismus einsetzen können?« Jonathan beantwortet seine Frage gleich selbst. Die Worte sprudeln nur so aus ihm heraus, als hätte er eine Menge zu sagen und vielleicht nicht genug Zeit dafür. »Okay, das Ganze beginnt mit einer Vision. Sie werden nie irgendwas erreichen, wenn Sie nicht wissen, wo Sie hinwollen.« Er hat »Visionen künftiger

Städte« gegoogelt und erzählt von den Resultaten. »Dabei stößt man auf eine ganze Reihe interessanter Elemente. Die Gebäude sind größer und stehen dichter. Sie werden durch Transportsysteme verbunden, die leise, grün, elektrisch und kein Privateigentum mehr sind. Diese Städte sind von der Natur durchzogen. Wir sehen dies in Bildern aus aller Welt und allen Kulturen: Die Menschen sehnen sich danach, mit der Natur zu leben. Sie wollen Städte, die dichter, begehbarer, besser gemeinsam zu nutzen, grüner und natürlicher sind.«

Jonathan sieht aus wie ein jovialer Geschäftsmann. Er trägt sogar einen Blazer. Das macht seine radikalen Vorschläge nur umso spannender. »Wir können Visionen entwickeln, die wir verwirklicht sehen wollen. Dann können wir die Indikatoren einplanen, die für ein gesundes Miteinander wichtig sind. Und dann müssen wir die Instrumente der Investitionsregularien vonseiten der Regierung, unseren gesunden Menschenverstand und die Gabe der Menschenführung einsetzen, um das Ergebnis zu kontrollieren, zu messen und in puncto Gesundheitsindikatoren zu vergleichen. So schaffen wir einen positiven Regelkreis, der uns automatisch auf unsere Vision hin trägt.« Jonathan meint, sobald man eine Vision habe und diese in messbare Eigenschaften übersetze, könne man diese kontinuierlich überprüfen, Abweichungen korrigieren und sich so immer weiterentwickeln. Als Beispiel nennt er den Santa Monica Sustainability Index, der Prozesse und Indikatoren wie »Müllvermeidung«, »Verkehrsstaus«, »Einbindung der Bürger« und natürlich »Treibhausgasemissionen« einrechnet. Das hört sich alles sehr vernünftig und so unglaublich machbar an.

Und es ist nicht nur machbar, es wird auch tatsächlich schon umgesetzt. Oslo, die Hauptstadt Norwegens und eine der führenden Städte in Sachen Umweltschutz, zeigt der Welt, wie eine vernünftige Kohlenstoffbilanz aussieht. Die Stadt hat sich das ehrgeizige Ziel gesetzt, bis 2030 ihre Treibhausgasemissionen um 95 Prozent zu senken. Jeder Bereich der Stadtverwaltung steht dafür gerade. Jeder Plan, jede Strategie wird auf ihre Umweltwirkung hin überprüft. Der Journalist Nick Romeo beschreibt Baustellen, auf denen elektrische Baumaschinen so leise arbeiten, dass es Leute gibt, die im Freien essen, während nebenan die Straße aufgerissen wird. In Oslo werden alle städtischen Bauprojekte bis 2025 bei null Emissionen angekommen sein. »Schaut euch Oslo an«, sagt Nick, »und ihr seht, wie das Leben aussieht in einer Stadt, die ihre Verpflichtungen gegenüber der Zukunft ernst nimmt. Die Veränderungen sind mitunter winzig, aber sie sind durchgängig feststellbar und betreffen einfach alles vom Friedhof über den Parkplatz und die Abfallbeseitigung bis hin zum Flächennutzungsplan, zu öffentlichen Verkehrsmitteln und dem Mittagessen in der Schule. Oslo wartet nicht auf ein Wunder. Die Stadt setzt stattdessen auf umfassende positive Veränderungen.[15]

Um ihre Kohlenstoffbilanz auszugleichen, werden neue Elektrofahrzeuge und andere Maschinen mit dem Geld bezahlt, das umweltfreundliche Strategien einbringen wie höhere Parkgebühren für nichtelektrische Autos. (Das norwegische Umweltministerium hat festgestellt, dass 33 Prozent von Oslos Treibhausgasemissionen durch den Privatverkehr verursacht werden.) Die Einwohner der Stadt gewöhnen sich Schritt für Schritt an diese Anreize, schreibt Nick, sodass man sukzessive »Anreize zu Verboten macht«. Bekamen die Einwohner anfangs noch Beihilfen, um von Ölheizungen auf umweltfreundliche Alternativen umzusteigen, wurden Erstere mittlerweile verboten. Der neueste Haushaltsplan gibt die Strategie »null Emissionen« vor, was heißt, dass Nicht-Elektrofahrzeuge draußen bleiben müssen. Als Beleg, dass diese strikte Politik etwas bewirkt, bringt Nick das Beispiel einer Lieferfirma, die mit den höheren Parkgebühren für Benziner noch hätte leben können. Das Null-Emissionen-Programm aber überzeugt die Entscheidungsträger nun wohl, den Fuhrpark auf Elektrofahrzeuge umzustellen.

Wir dürfen die Macht der Städte nicht unterschätzen. Die Veränderungen in Oslo stoßen politisch auf so viel Interesse, dass die Stadtverwaltung Kooperationen mit anderen Städten eingegangen ist, die ihrerseits nun Kohlenstoffbilanzen erstellen und so das ganze Land beeinflussen. Oslo ist – zusammen mit Barcelona, Berlin, Los Angeles, Mailand, Montreal, Mumbai, Paris, Rio de Janeiro, Stockholm und Tshwane in Südafrika – eine von elf Städten des C40-Kohlenstoffbilanzprogramms. C40 ist ein Netzwerk von Städten in aller Welt, die zusammen 20 Prozent des globalen Bruttosozialprodukts erwirtschaften und ein Dreizehntel der Weltbevölkerung beheimaten. Die größten Städte der Welt haben mehr Einwohner und eine höhere Wirtschaftsleistung als so manches Land. »Klein und flexibel genug, um unter dem starren Regelwerk nationaler Politik hindurchzutauchen«, meint Nick, »aber groß genug, um einen wichtigen Unterschied zu machen.« Städte treffen ins Schwarze, wenn es um den Klimawandel geht. Michelle Wu, die grüne Bürgermeisterin von Boston, argumentiert ganz ähnlich. Wenn die Menschen sehen, was in diesen Städten möglich ist, dann wird sich davon hoffentlich auch die Regierung – wie die Regierung Norwegens – inspirieren lassen. Und die Wähler können dies einfordern.

Und weil wir gerade von Barcelona sprachen, möchte ich Ihnen noch die »Superblocks« vorstellen, mit denen mich Anupam Nanda, Professor für Urban Economics and Real Estate an der University of Manchester, bekannt machte. Superblocks wurden in Barcelona erstmals 2016 eingerichtet. Es handelt sich dabei um neun Häuserblocks (drei mal drei), die für den Autoverkehr gesperrt sind. Der Verkehr muss um sie herumfließen. Anupam berichtet, dass die Superblocks die verkehrsbedingten Umweltbelastungen für die Bewohner verringern, »sodass die Bürger von Verkehrslärm frei sind«.[16] In einem Superblock können Fußgänger und Radfahrer sich frei bewegen. Anupam zitiert eine Studie des Barcelona Institute for Global Health, die davon ausgeht, dass nach Schaffung der fünfhundert geplanten Superblocks in Barcelona die Menschen vermehrt auf öffentliche Verkehrsmittel umsteigen werden, sodass der Individualverkehr um insgesamt 230 000 Autofahrten pro Woche zurückgeht. In den autofreien Straßen wird die Luftqualität deutlich verbessert, und auch die Temperaturen in der Stadtmitte werden sinken, da die einstigen Parkplätze begrünt werden sollen. Die Superblocks locken die Menschen nach draußen, sie bieten also durch den aktiveren Lebensstil auch Vorteile für die körperliche und geistige Gesundheit.

Anupam geht zwar davon aus, dass sich die für Barcelona so passenden Superblocks nicht in allen anderen Städten verwirklichen lassen, was an »Unterschieden hinsichtlich Größe, Bevölkerungsdichte, Stadtarchitektur, Entwicklungsmuster und institutionellen Rahmenbedingungen« liegt. Große Städte in Entwicklungsländern sind üblicherweise gekennzeichnet durch »eine unkontrollierte und unregulierte Entwicklung, welche die Städte verstopft, sowie schwache regulatorische Rahmenbedingungen«. Dort lassen sich Superblocks unter Umständen nicht realisieren. Aber mit der einen oder anderen Änderung, so Anupam, »können die Grundprinzipien der Superblocks – die Fußgänger, Radfahrer und qualitativ hochwertige öffentliche Räume gegenüber dem Autoverkehr begünstigen – in jeder Stadt angewandt werden«.

Ich denke an die Million Bäume, die in Tucson gepflanzt werden sollen. Das ist einerseits eine enorme Anstrengung, andererseits eine einfache Strategie. Wie sagte doch der Dalai Lama: »Es ist wichtig, neue Bäume zu pflanzen.« Es gibt unzählige Städte, die ihren Bewohnern ein besseres Leben ermöglichen wollen, indem sie versuchen, dem Klimawandel zu begegnen. Das Beispiel von Tucson aber bewegt mich besonders, weil es mich daran erinnert, dass Städte und die Menschen, die darin leben, ebenso Teil der Erde sind wie alle anderen Menschen und dass sie daher für die Leistungsfähigkeit der Erde mitverantwortlich sind. Wie der Löwenzahn, der aus dem Spalt im Bürgersteig wächst, und das Millionen-Baum-Programm einer amerikanischen Stadt lebende Metaphern sind für die Tatsache, dass auch unsere Städte ihre Wurzeln in unserem Planeten haben. Mögen sie diese Verbundenheit würdigen und uns seltener Grund geben, an Flucht zu denken.

Die Technik allein wird uns nicht retten

»Wir leben in einer seltsamen Welt«, sagt Greta, »in der alle glauben, dass wir uns einen Weg aus jener Krise bauen und erkaufen können, die wir durch Bauen und Kaufen überhaupt erst angezettelt haben.«[17] In bestimmten Kreisen redet man darüber, Billionen Spiegel im Weltall zu installieren, um die Effekte der globalen Erwärmung zu mildern, indem wir die Sonnenstrahlen umkehren – Weltallspiegel anstelle der natürlichen Spiegel von Eis und Schnee auf der Erde, die wir zum Schmelzen gebracht haben. Aber da ich auf die Wissenschaftler und den Dalai Lama höre, kann ich mich Greta nur anschließen. Ich stehe diesen überkandidelten, astronomisch teuren technischen »Lösungen« misstrauisch gegenüber, weil sie nicht an die Wurzel des Problems gehen oder weil sie schlicht noch nicht existieren. Sollten wir uns nicht lieber damit beschäftigen, wie die Erde heilen beziehungsweise sich abkühlen kann und wie wir sie dabei unterstützen können? Wäre der Weg nicht einfacher und sicherer, wenn wir uns dessen erinnerten, was wir schon wissen, und täten, wozu wir bereits imstande sind? Uns ist bewusst, wie massiv die industrielle Entwicklung und die industrialisierte Landwirtschaft die Umweltsysteme in den letzten siebzig Jahren belastet haben. Da die Natur uns zeigt, dass wir nicht genug Nahrung für alle produzieren können, wenn wir sie weiterhin ausbeuten, wächst das Interesse an einer kohlenstofffreien Wirtschaft durch regenerative Landwirtschaft, Agroforsttechniken, biologisch-organischen Anbau und Renaturierung vieler Gebiete.[18] Und für all jene Menschen, die wie ich in den reichsten Ländern leben, die am meisten verschwenden: Wäre es nicht einfacher, uns ein wenig einzuschränken – weniger zu kaufen, zu bauen, zu fahren et cetera? Ist es denn nötig, ratsam oder auch nur ethisch vertretbar, frankensteinähnliche Geo-Monster zu schaffen, selbst wenn sie machbar wären, wo doch die Natur weiß, was zu tun ist? Sie weiß, wie sie Kohlenstoff binden kann, und wir wissen, wie wir Boden, Feuchtgebiete,

Moore, Mangroven-, Tangwälder und so weiter renaturieren können. Wir wissen auch, wie wir Bäume pflanzen und alte Bäume am Leben lassen können.

Was die Geotechnik-Fans angeht, hat Vandana Shiva die Antwort: »Das Problem ist die Sonne.« Sie schüttelt den Kopf. »Unser von allem abgetrennter Kopf nimmt die Natur und sagt: ›Du bist das Problem. Du bist das Problem, und ich muss dich disziplinieren.‹ Arme Kerle, sie tun mir wirklich leid.« Das Silicon Valley tut ihr leid? Vandana erklärt: »Sie tun mir leid, inmitten des allgemeinen Erwachens der Menschheit zur Bewusstheit, dass die Erde etwas Lebendiges ist, zu einem lebendigen Bewusstsein. Selbst in einer Zeit wie unserer versuchen sie noch, dieses Bewusstsein auszumerzen, die wechselseitige Verbundenheit, ja das Leben selbst auszumerzen. Und ich finde, das ist eine recht verzweifelte Maßnahme.« Statt ausmerzen und erfinden zu wollen, so meint sie, sollten wir zurückkehren zu »unserem heiligen Ort«. Sie erklärt: »Wo die Physik uns doch zur quantenkohärenten universellen Verbundenheit erweckt hat und die Ökologie uns erweckt zur quantenkohärenten biologischen und ökologischen Verbundenheit, wäre es da nicht an der Zeit, die kleinlichen Spiele unseres bescheidenen Geistes sein zu lassen?« Wie für »Kinder, die erwachsen wurden«, ist die Erde, so Vandana, für manche »ein Legospiel«. Ihr Rat allerdings klingt einladend: »Werdet erwachsen und ein Teil des geheiligten Universums. Es macht echt Spaß.«

Der Dalai Lama und viele andere Menschen, die diese Debatte verfolgen, interessieren sich für kreative Entwicklungen wie biologisches Bauen, Technologien, die Meerwasser entsalzen, sodass es zum Trinken und Bewässern verwendet werden kann. Die industrielle Wachstumsgesellschaft hat bereits so viel Schaden angerichtet, dass – wie manche Wissenschaftler sagen – selbst eine Null-Emissionen-Politik und ein intensives Begrünen nicht ausreichen werden, um ihn zu reparieren. Die Natur könnte vielleicht sogar unsere Hilfe brauchen, um den Kohlenstoff wieder einzufangen und einzulagern. Und diese sich entwickelnde Technik braucht Investitionen, damit sie in großem Maßstab angewandt werden kann.[19]

Aber Seine Heiligkeit warnt: »Das soll nicht heißen, dass ich glaube, die Technik würde all unsere Probleme lösen. Ich glaube auch nicht, dass wir es uns leisten können, weiterhin destruktiv zu handeln in Erwartung irgendeiner technischen Zauberei, die noch entwickelt werden soll. Es ist ja nicht die Umwelt, die repariert werden muss. Es ist unser Umgang mit ihr, der sich ändern sollte. Ich stelle infrage, dass es angesichts einer so gigantischen Katastrophe, die uns angesichts des Treibhauseffekts bevorsteht, eine einzige Lösung geben kann, selbst in der Theorie. Und selbst wenn es sie gäbe, so müssten wir uns doch fragen, ob wir sie in der erforderlichen Größenordnung anwenden könnten. Wer würde die Kosten tragen? Und wie würde das unsere natürlichen Ressourcen belasten? Ich vermute, sehr stark. Auf vielen anderen Gebieten – zum Beispiel beim Kampf gegen den Hunger auf der Welt – reichen die vorhandenen Mittel ebenfalls nicht aus, um die Arbeit zu bezahlen, die dazu nötig wäre. Selbst wenn jemand also davon ausginge, dass sich die nötigen Gelder finden ließen, dann würde sich doch immer noch die ethische Frage stellen, ob dies angesichts dieser Probleme gerechtfertigt wäre. *Es wäre nicht richtig, hohe Summen dafür aufzuwenden, dass die Industrieländer ihre schädlichen Praktiken fortführen können, während Menschen in anderen Ländern nicht einmal genug zu essen haben.*«[20] (Die Hervorhebung stammt von mir.)

Der Dalai Lama wünscht sich eine weise Wissenschaft und Technik, die sich auf »unsere Spiritualität, den Reichtum und die heilende Wirkung unserer grundlegenden menschlichen Werte« gründet.[21] Eine Wissenschaft und Technik, die nicht von unseren Illusionen, unserer Gier und unseren Abneigungen vergiftet ist, sondern unsere Fähigkeit unterstreicht, uns mit der Wirklichkeit auseinanderzusetzen, uns um andere zu kümmern und das Gefühl zu entwickeln, genug zu sein und zu haben. Aus diesem Grund hat der Dalai Lama das Mind & Life Institute gegründet.

Kapitel 4

Die Leistungsfähigkeit des Menschen: Warum wir ein Gefühl der Wirkmächtigkeit entwickeln müssen

Ich scrolle im Internet durch die Liste all jener Arten, die wir durch Umweltzerstörung und Klimawandel bereits verloren haben. Die Liste – genauer gesagt: die Verluste – ist schwere Kost:

- »23 Arten aus 19 Ländern ausgelöscht« (Center for Biological Diversity).
- »Zu spät geschützt: US-Behörden melden mehr als 20 ausgestorbene Arten« *(The New York Times)*.
- »11 erst kürzlich ausgestorbene Tierarten« (treehugger.com).

Und so weiter. Die meisten dieser Listen sind illustriert mit hochauflösenden Nahaufnahmen, die uns für einen Augenblick vergessen lassen können, dass die Tiere nicht lebendig vor einem stehen oder gar ausgestorben sind. Ich merke, wie ich diesen seltsamen, erstaunlichen und unglaublich vielgestaltigen Tieren in die Augen sehen will. Hallo, Riesenschildkröte! Und wie geht es dir, du graublauer Vogel, der aussieht, als würde er gleich das Wort ergreifen? Hm. Da fällt mir ein, was ich eigentlich vorhatte. Dieses Foto zeigt einen Vogel, den es in der freien Natur nicht mehr gibt. Ich verabschiede mich also von den Nahaufnahmen, und das Leben erscheint weniger lebendig ohne diese Mitgeschöpfe, die mit mir zusammen die Erde bewohnt haben. Es ist einfach nur traurig. Zu spät für das Westafrikanische Spitzmaulnashorn, für den Chinesischen Flussdelphin, für den bildschönen Pfeilgiftfrosch. Sie sind ein für alle Mal fort.

Greta aber hat etwas zu sagen, was sich mit meinen Empfindungen zum Thema Klimawandel deckt: Es ist nicht zu spät für uns Menschen, »um aufzuwachen und uns zu ändern«.[22] Sie sagt das mit Emphase. Wir verfügen über mehr als genug Fakten zur Klimakrise, die in den letzten etwa vierzig Jahren von Wissenschaftlern akribisch gesammelt und veröffentlicht wurden. In jüngster Zeit haben wir die Fakten sogar vor Augen: Wir leben mit dem beißenden Geruch der nahen Waldbrände, mit den Bildern von Flutkatastrophen, aber auch von Demonstrationen in aller Welt. Menschen, die aufstehen und die Alarmglocken läuten: *Wacht auf und ändert euch!*

Wir haben die Fähigkeit aufzuwachen. Und wir haben die Fähigkeit, uns zu ändern.

Es ist leicht, das falsch zu verstehen, so als wolle ich Ihnen mit erhobenem Zeigefinger ein schlechtes Gewissen machen, wenn Sie mit dem Flieger verreisen und mal ein Schnitzel essen. *Wacht auf und ändert euch!* Dieser Schuss kann nach hinten losgehen – dann nämlich, wenn der Weckruf uns denken lässt, die Menschen könnten sich vielleicht gar nicht ändern – oder dass sich nicht genug Menschen ändern und nicht schnell genug. Das wird rasch zum Horrortrip. So wie neulich, als im Büro große Aufregung herrschte, weil im Supermarkt die ersten Schnittblumen in diesem Frühling eingetroffen waren. Ich wollte mich nicht hinstellen und sagen: »He, Leute, wacht auf. Kauft diese Blumen nicht. Sie sind vermutlich mit massivem Einsatz von Chemie in Treibhäusern gezogen worden, was der Gesundheit der Arbeiter schadet. Und natürlich auch der Erde. Und dann werden sie

Tausende Kilometer hierher transportiert auf Schiffen, die mit fossilen Brennstoffen angetrieben werden.«

Immer mehr »sollte, sollte, sollte« und gleichzeitig das Gefühl, dass solche Appelle ohnehin nichts fruchten. Davon hat jeder irgendwann die Nase voll. Wir verfangen uns in den Feedback-Loops unserer allzu menschlichen Natur und leben, als wären wir der Mittelpunkt der Welt. Wir wollen immer mehr und mehr. Die Wahrheit über den Klimawandel aber und unser Verhalten wollen wir nicht wirklich hören.

In Kapitel 2 haben wir uns mit unserer Fähigkeit beziehungsweise Anlage zu Illusion, zu Gier und Abneigung (und Angst) beschäftigt. Wenn Sie mit einer oder all diesen Regungen zu kämpfen haben, wenn Sie verständlicherweise versuchen, diesen Kampf auszublenden, wenn Sie an den Klimawandel erst gar nicht denken wollen, wenn Sie sich die ausgestorbenen Tiere noch nicht mal ansehen oder die erschreckenden Schlagzeilen anklicken möchten, wenn Sie lieber weitermachen wie gehabt, weil die Krise sich so hoffnungslos anfühlt und Sie ohnehin nicht die leiseste Ahnung haben, was Sie tun könnten, so kann ich Ihnen zweierlei versprechen. In diesem Kapitel werden wir uns erstens damit befassen, wie wir die schädlichen (und unangenehmen) menschlichen Feedback-Loops in unserem Leben und unserer Gesellschaft umkehren können mit den uralten Gegenmitteln des Wissens, der Zusammenarbeit und des Mitgefühls. Und wir sehen uns an, was sich so gegen den Klimawandel machen lässt. Zweitens werden wir uns erlauben, Hoffnung zu fassen, und darüber reden, warum Hoffnung auch angesichts der Fakten weder verrückt noch naiv ist. Sie ist ganz im Gegenteil absolut notwendig.

Hier komme ich auf Lyla June zurück, denn sie hat in mir den Wunsch geweckt, aufzuwachen. Und sie bestärkt mich in meinem Glauben an unsere Fähigkeit zum Wandel.

Lyla erzählt eine Geschichte über ihre indigenen Ahnen. Ich bin fasziniert, wie so oft, wenn Lyla spricht. Sie scheint von innen her zu leuchten, und das liegt sicher nicht nur am Zoom-Format. Ihre Geschichte nimmt uns mit in den Chaco Canyon im heutigen New Mexico, aber Lyla erzählt von einer Zivilisation, die dort in der Zeit von 900 bis 1150 existierte. Der Ort, an dem diese Menschen lebten, ist berühmt – ein historischer Nationalpark und UNESCO-Weltkulturerbe. Es geht in dieser Geschichte um die außergewöhnliche Pueblo-Architektur dieses Volkes, von der immer noch so viel erhalten ist, dass sie die Besucher beeindruckt.

»Was die meisten Menschen nicht wissen«, so Lyla, »ist, dass wir an diesem Ort viele Fehler gemacht haben.« Ich merke, dass sie sich mit ihren Ahnen identifiziert. Ihre Demut und ihre Verbundenheit berühren mich.

Sie erzählt vom Kastensystem, das diese Zivilisation entwickelt hat: Priester bildeten die höchste Klasse, und die Menschen, die diese außergewöhnlichen Wohnstätten errichteten, die niedrigste. »Aber wir haben auch Gott gespielt«, fügt sie hinzu, »und Dinge getan, die Menschen nicht tun sollten.« Dazu gehörte ein nicht nachhaltiger Umgang mit dem Wasser und der Versuch, die Toten wiederzuerwecken. Die Gesellschaft existierte in dieser Form für etwa 250 Jahre, bis traditionellen archäologischen Erkenntnissen zufolge all diese Menschen einfach fortzogen.

Lyla sagt, für ihr Volk sei das Ganze kein Geheimnis. »Aber niemand fragt uns, obwohl wir wissen, was uns damals passiert ist. Der Schöpfer hat uns eine Dürre geschickt, und diese Dürre hat uns den Mut verliehen, uns zu ändern, auch wenn rundherum alles gleich blieb.« Vor allem die jungen Menschen, so Lyla, sagten damals: »Es reicht.« Hört sich das nicht unglaublich bekannt an?

»Wäre die Dürre nicht gewesen«, erklärt Lyla, »hätten wir im alten Stil weitergemacht und uns kontinuierlich entmenschlicht. Wir hätten weiter Gott gespielt, hätten das Wasser und das Land manipuliert.« Die Dürre war für Lylas Vorfahren eine wunderbare Gelegenheit. »Die Dürre war unser großes Geschenk.« In ihren Augen war dies kein Zufall oder Mythos. Lyla weist darauf hin, dass es in der Menschheitsgeschichte eine Vielzahl Erzählungen darüber gibt, wie Dürren, Feuer und Fluten die Welt zerstörten. Lyla glaubt, dass diese Geschichten wahr sind. Und all diese Katastrophen uns die Chance gegeben haben, uns weiterzuentwickeln, statt unterzugehen. Aufzuwachen und uns zu ändern.

»Was ich sagen will«, meint sie, »ist, dass die Klimakrise, wie wir sie kennen, eine Tragödie ist. Anders kann man das nicht sehen. Es *ist* tragisch. Wir haben alle nur möglichen Kanarienvögel in der Kohlemine zu sehen bekommen, jedes nur erdenkliche Warnsignal. Und wir haben nicht hingehört. Wir hatten jede Chance, uns gegen die Angst und für die Demut zu entscheiden. Wir haben sie nicht ergriffen. So wie ich das sehe, ist dies unsere Dürre. Das ist es.«

Sie spricht über einen Begriff aus der Sprache der Diné: *k̓é*. Ein klickendes *k* und ein behauchtes *e*. *K̓é* heißt »wechselseitige Verbundenheit, Verwandtschaft, Liebe, das Füreinander-da-Sein«. Lyla sagt, ihr Volk sei dankbar für die Dürre vor neunhundert Jahren, weil diese sie dazu anhielt, das Kastensystem aufzugeben und eine gleichberechtigte und nachhaltige Gesellschaft aufzubauen, die auf dem Grundsatz des *k̓é* beruht. Lyla glaubt auch, dass es beinah ketzerisch ist, so etwas zu sagen, aber in ihren Augen kann die Klimakrise ebenfalls Katalysator sein, eine Feuerprobe, ein Geschenk.

»Auf dem Pfad der Menschheit und der Erde gehen wir durch eine schwere Zeit«, meint auch Joanna Macy. Lylas Geschichte über den Chaco Canyon zeigt sehr deutlich, was Joanna mit »Großer Wende« meint. »Das ist eine Mammutaufgabe«, sagt sie. Ihre blauen Augen sind von einer Klarheit, dass man sie beinah als Symbol für das Erwachen sehen könnte. »Aber in jedem Mythos, jeder Legende, jeder Abenteuergeschichte stehen Held oder Heldin irgendwann dem Ungeheuer, der Medusa, gegenüber und müssen ihm ins Auge blicken. Ohne sich zu Stein verwandeln zu lassen.«

Joanna spricht weiter mit dieser melodischen Stimme, die ihre Worte wie eine Predigt klingen lassen. »Durch das Leiden an unserer Welt sehen wir, wie groß das Leben in uns ist. Franziskus, der ökologische Heilige der Christenheit, ließ sich von den Problemen seiner Zeit auch nicht kleinkriegen. Er ging Hand in Hand mit Frau Armut. Er umarmte den Leprakranken. Seine Augen waren offen für die Verwüstungen der Kriege, er war selbst Kriegsgefangener. Er verkörperte diesen Schmerz. Das erlaubte ihm, zusammen mit seinen Brüdern und Schwestern, den Sonnengesang zu singen, sich für die Heiligkeit des Lebens zu öffnen und ein Gefühl für *die Größe des Lebens* zu bekommen.«[23] Amen, Schwester.

Ähnliche Gefühle drückte Ed Maibach aus, der Direktor des Center for Climate Change Communication an der George Mason University. Ich lernte Ed kennen, als er einen Vortrag beim Mind & Life Summer Research Institute hielt – unser jährliches Treffen von Wissenschaftlern und spirituellen Vordenkern. Das war im Jahr 2021, als sich das Summer Research Institute zum ersten Mal auf die Klimakrise konzentrierte. »Ich machte dies schon seit langer Zeit, aber seit dreizehn oder vierzehn Jahren konzentriere ich mich auf den Klimawandel, weil ich ihn als die größte Bedrohung für die Gesundheit der Menschen ansehe.« Ed lächelt dabei. »Andererseits sehe ich den Klimawandel auch als unsere größte Chance, was die Gesundheit der Menschen betrifft.« Bedrohung und Gelegenheit, Notfall und Chance: Die Krise hat zwei Gesichter – wie Janus, der römische Gott der Anfänge und Abschlüsse.

Was für eine Chance soll das denn sein? Ed erklärt: »Wer im Gesundheitswesen arbeitet, weiß, wie wichtig wirtschaftliche Stabilität ist, eine gute Nachbarschaft, ein positives Umfeld und die Frage, ob wir Zugang haben zu guter Bildung, guter Ernährung, einer stabilen Gemeinschaft und zu guter gesundheitlicher Versorgung. Aber ein stabiles Klima ist für all dies die Voraussetzung. Daher ist in meinen Augen ein stabiles Klima das wichtigste Fundament für die Gesundheit der Menschen.« Anders ausgedrückt: Wenn wir uns um den Klimawandel kümmern, dann hat das weitreichende positive Auswirkungen auf viele Bereiche, die uns wichtig sind. Eds

Forschungsarbeiten und sein praktisches Engagement konzentrieren sich also darauf, wichtige Berufsgruppen anzusprechen: Menschen im Gesundheitswesen, TV-Meteorologen, Journalisten und Lehrer: Menschen, die sich in einer Position befinden – um es in der Sprache der Förderanträge zu sagen –, »in der sie das Engagement der Entscheidungsträger in puncto Klimawandel beeinflussen können«. In Normalsprache übersetzt heißt das: Unsere Gespräche mit Ärzten, Krankenschwestern, Lehrern und Medienleuten helfen uns, aufzuwachen und uns zu verändern.

Dass Menschen die Fähigkeit besitzen, in jedem gegebenen Moment zu erwachen und sich zu ändern, ist tatsächlich auch eine sehr buddhistische Vorstellung. Wir können schlafwandelnd durchs Leben gehen, reflexhaft aufgrund nicht überprüfter Annahmen auf unser Umfeld reagieren und Tagträumen von Vergangenheit und Zukunft nachhängen. Oder wir können erwachen, die Dinge so sehen, wie sie wirklich sind, und aufgrund dieser Einsicht entscheiden, was wir als Nächstes tun. Wie wir in Kapitel 2 erfahren haben, gehen buddhistische Texte und Lehrer ebenso wie Greta in ihrer unnachahmlichen Direktheit davon aus, dass alles miteinander vernetzt ist. Wir sind wechselseitig abhängig voneinander, und zwar nicht nur von ein paar Menschen oder materiellen Gegebenheiten, sondern von allem und von jedem Wesen. Buddhisten werden ermutigt, das nicht einfach nur zu glauben, sondern es anhand der Fakten zu überprüfen. Wenn wir erkennen, wie die Dinge wirklich sind – wozu auch gehört, wie wir auf die Systeme einwirken, in denen wir leben, ein endloses Netz von Ursache, Wirkung und wechselseitiger Verbundenheit –, dann sehen wir vielleicht auch, dass es Grund gibt, uns zu ändern. Die Veränderung wird sich ganz natürlich einstellen, wenn wir die Notwendigkeit dafür in den Knochen spüren. Die Fähigkeit, die Wirklichkeit zu erkennen, ist unsere Superkraft gegen Unwissenheit und Illusion. Und sie wirkt im großen Maßstab auf die wissenschaftliche Erforschung der Klima-Feedback-Loops ebenso wie auf unseren Alltag.

Ich bin erst kürzlich über ein tolles Beispiel der wechselseitigen Verbundenheit gestolpert. Ich habe auf einer der Straßen meines Wohnorts im ländlichen Virginia Müll eingesammelt. Das ist ein neues Ritual für den Sonntagmorgen. Ich gehe mit ein paar Plastiktüten los und kehre um, wenn diese voller Flaschen, Dosen, Burger-Schachteln und anderem Unrat sind, den die Leute einfach aus dem Autofenster werfen. Mir ist durchaus klar, dass dies nicht nur optisch eine Verbesserung ist. Ich hielt eine leere Plastikflasche in der Hand und dachte darüber nach, was alles nötig war, damit diese Flasche hierherkommen konnte: ein Auto, das über diese Straße fuhr, die Person, welche die Flasche kaufte, austrank und dann wegwarf, der Laden, in dem sie gekauft wurde, die Person, die dort die Regale befüllte, die Person an der Kasse, der Lastwagen, der die Plastikflasche anlieferte, die Firma, die das Wasser abfüllte, diese und Millionen anderer Flaschen, die jeden Tag hergestellt und weggeworfen werden ... Ich stellte mir vor, welche chemischen Stoffe zu dem Kunststoff geformt wurden. Phthalate und Bisphenol A, die dann in unsere Blutbahn eintreten, und nicht nur in die unsere, denn auch Tiere und Insekten, die damit in Berührung kommen, nehmen das Zeug auf. Mir fällt ein, dass es gut tausend Jahre dauert, bis Plastik von selbst zerfällt, doch seine chemischen Bestandteile gehen in den Boden und ins Grundwasser über. Ich denke an meine Zeit in Indien, wo Wasser aus Plastikflaschen die einzig sichere Art ist, Wasser zu trinken. Dort verbrennt man die Flaschen, um sie loszuwerden, und der dicke schwarze Rauch steigt einem beißend in die Augen. Ich denke an die fossilen Brennstoffe, die der Plastikproduzent verbraucht, aber auch die Autos und Lastwagen, die den Kunststoff durch die Gegend schaukeln. Ich frage mich, woher wohl das Wasser kam, von einem Fluss oder einem See? Oder von einer Wasserquelle in der Stadt, die man nur mit einem schicken Etikett aufgemotzt hat? Hat man das Wasser vorher mit Filtern oder Chemikalien »gereinigt«? Und all die Menschenleben, die mit diesen Prozessen befasst sind: die Ingenieure, die Arbeiter in den Fabriken, die Lastwagenfahrer, die Ladenbesitzer und ihre Familien. Die Fabrikbesitzer, die reich werden, weil sie Plastikflaschen herstellen und diese mit Wasser befüllen. Dass ich diese Plastikflasche in die Recyclingtonne warf, als ich nach Hause kam, schien wenig im Vergleich mit all diesen Komponenten. Zum ersten Mal in meinem Leben sah ich eine Einwegflasche ganz klar.

All unser Tun, ob groß oder klein, ist eingebunden in diese Netze der wechselseitigen Vernetztheit. Und wie Greta nicht müde wird zu sagen: Wir alle haben die Fähigkeit, aufzuwachen – und unseren Mund aufzumachen.

Was können wir tun?
Die Wahrheit sagen

Von Greta Thunberg[24]

Letzte Woche haben mehr als vier Millionen Menschen in über 170 Ländern für das Klima gestreikt. Wir gingen auf die Straße für einen lebendigen Planeten und eine sichere Zukunft für alle. Wir haben ausgesprochen, was wissenschaftlich Sache ist, und gefordert, dass die Mächtigen uns zuhören und auf die wissenschaftlichen Daten reagieren. Aber unsere politischen Führer hörten nicht zu. Diese Woche haben sich die Führer dieser Welt in New York versammelt, zum UN-Klimagipfel. Sie haben uns einmal mehr enttäuscht mit leeren Worten und unzureichendem Handeln. Wir hatten sie aufgefordert, sich hinter die Wissenschaft zu stellen. Aber sie hörten uns nicht zu. Und so gehen heute Millionen Menschen aus aller Welt auf die Straße und streiken. Wir werden das so lange machen, bis sie zuhören. Wenn die Mächtigen keine

Verantwortung übernehmen, dann werden wir das tun. Es sollte nicht unsere Aufgabe sein, aber jemand muss es ja schließlich machen.

Sie sagen immer, wir sollten uns keine Sorgen machen, sondern uns auf eine leuchtende Zukunft freuen. Aber sie vergessen, dass wir uns gar keine Sorgen machen müssten, wenn sie ihren Job gemacht hätten. Wenn sie rechtzeitig angefangen hätten, wäre die Krise heute keine Krise. Und wir versprechen: Sobald sie ihre Arbeit erledigen und Verantwortung übernehmen, werden wir aufhören, uns zu sorgen, und zurück in die Schule gehen, zurück an die Arbeit. Einmal mehr: Wir sagen hier nicht etwa unsere Meinung oder vertreten politische Ansichten. Die Klima- und Umweltkrise geht über Parteipolitik hinaus. Wir kommunizieren die aktuell besten wissenschaftlichen Erkenntnisse.

Für manche Menschen – vor allem für jene, die diese Krise geschaffen haben – sind die wissenschaftlichen Fakten zu unbequem. Sie verschließen lieber die Augen. Aber wir, die wir mit den Konsequenzen werden leben müssen, – und all jene, die

mit der ökologischen und der Klimakrise bereits leben – haben keine Wahl. Um unter dem 1,5-Grad-Ziel zu bleiben – und um die Chance zu haben, keine unumkehrbaren Kettenreaktionen auszulösen, die der Mensch nicht mehr kontrollieren kann –, müssen wir die Wahrheit sagen. Wir müssen sagen, was Sache ist.

Im SR1.5-Bericht des IPCC, der letztes Jahr herauskam, heißt es auf Seite 108 in Kapitel 2: Um eine 67-prozentige Chance zu haben, unter dem 1,5-Grad-Ziel zu bleiben, dürfte die Welt vom 1. Januar 2018 an nur noch 420 Gigatonnen CO_2 ausstoßen. Und das ist die beste Chance, die wir laut IPCC haben.

Heute sind daraus 350 Gigatonnen geworden. Wenn wir weiterhin im aktuellen Maß Treibhausgase ausstoßen, wird das verbleibende Kohlendioxidbudget nur noch 8½ Jahre reichen.

Und in diese Berechnungen nicht eingebunden ist die sich bereits abzeichnende Erwärmung durch vermehrte Luftverschmutzung, nichtlineare Kipppunkte, die Beschleunigung der meisten Feedback-Loops oder der Aspekt der Gleichheit beziehungsweise der Klimagerechtigkeit.

Die Verantwortlichen verlassen sich lieber darauf, dass meine Generation Hunderte Milliarden Tonnen CO_2 aus der Luft holt mit Technologien, die noch nicht mal ansatzweise existieren.

Und ich habe noch keinen Politiker, Journalisten oder Unternehmensführer diese Zahlen erwähnen hören.

Sie sagen, dass Kinder doch lieber Kinder sein sollen. Da sind wir einer Meinung: Lasst uns Kinder sein. Erledigt euren Teil. Kommuniziert diese Zahlen, statt die Verantwortung uns zu überlassen. Dann können wir endlich wieder anfangen, »Kinder zu sein«.

Montreal, 27. September 2019

Unsere Fähigkeit zur Zusammenarbeit, zum Teilen und zum geringeren Verbrauch

Mönche und Nonnen sind lebende Beispiele dafür, dass wir auf engem Raum zusammenleben können und wenige materielle Güter brauchen. Ich kenne einige persönlich, aber die bescheidene und abgeschiedene Art ihres Daseins heißt auch, dass sie nicht sonderlich sichtbar sind für nichtreligiöse Menschen in einer säkularen Welt. Aus der Perspektive der hyperindustrialisierten Raubtier-Konsumgesellschaft sind es die Mönche und Nonnen, die sich die Genüsse einer modernen Lebensweise entgehen lassen, zum Beispiel ein Menü mit Weinbegleitung oder ein Videospiel.

Aber wie Greta und der berühmteste Mönch auf Erden finden und auch immer wieder sagen, brauchen die Menschen im Allgemeinen und vor allem jene in den wohlhabenden Ländern »eine völlig neue Denkweise«.[25] Denn aus einem anderen Blickwinkel heraus, den dieses Kapitel darstellt, sind es nicht die Mönche und Nonnen in ihren bescheidenen Roben, die etwas verpassen, oder Greta, die segelt, weil sie nicht fliegen will, sondern wir: zumindest jene von uns, die sich in die Feedback-Loops des Wünschens und Shoppens und Neidens und Mühens und Einander-Ausstechens verwickeln lassen. Wir verwechseln Komfort und Statussymbole mit Bedürfnissen und gehen vorbei an unserer Fähigkeit zur Zusammenarbeit und zum Teilen. Oder an der Gabe, weniger – oder anderes – zu brauchen, als wir dachten. Um sich von der Gier abzuwenden, kann es helfen, mit einigen Leuten zu sprechen, die Großzügigkeit und Einfachheit verkörpern.

»Das Frühstück auf dem Balkon meiner kleinen Hütte einzunehmen, die 3 Meter mal 3 Meter misst, das ist alles, was ich brauche. Selbst wenn mir heute eine Fee drei Wünsche frei ließe, so gibt es doch nichts, was ich brauche.« Diese Worte stammen von meinem Freund und Mind-&-Life-Kollegen Matthieu Ricard, der sie mit seinem zauberhaften französischen Akzent spricht. Und ich glaube ihm. Matthieus inoffizieller Titel lautet »der glücklichste Mann der Welt«. Die Lachfältchen um seine Augen herum beweisen es. »Warum sollten wir so viel Zeug brauchen? Warum sollten wir immer mehr und mehr und mehr wollen?« Ja, warum wohl? »Diese ist eine Krise des Überflusses. Und der Ungleichheit, die sich in den letzten dreißig Jahren in allen entwickelten Ländern massiv verstärkt hat. Die Klimakrise lässt sich letztlich zurückführen auf den Konflikt zwischen Altruismus und Selbstsucht. Wir haben keine drei oder fünf Planeten zur Verfügung. Wir haben nur den einen, daher müssen wir mit dem wenigen besser auskommen.«

Ich denke darüber nach. Wie die Physiker uns Daten liefern, damit wir verstehen, welcherart sich unser Handeln auf den Planeten auswirkt, informieren uns die Sozialwissenschaftler – und mit ihnen alle Weisheitstraditionen der Welt – darüber, dass Wünschen und Haben über einen bestimmten Punkt hinaus die Menschheit nicht glücklicher macht. Sie sagen uns sogar, wo dieser Punkt liegt, und vor dem Hintergrund der Verhältnisse in den reichen Ländern erscheint er sehr bescheiden. Warum also? Genauer gesagt: Warum nicht? Warum finden wir keine neue Art zu denken?

Matthieu ist buddhistischer Mönch im Kloster Shechen in Kathmandu, Nepal. Wenn 3 Meter mal 3 Meter Ihnen klein vorkommt, dann sollten Sie mal sehen, wo diese 3 Meter mal 3 Meter liegen – und das geht, wenn Sie Matthieus Webseite besuchen (www.matthieuricard.org/en/). Denn Matthieu ist auch Fotograf. Und er zeigt uns Bilder aus dem Himalaja. Er überblickt ein weites Tal, das vom Morgenlicht erhellt wird. Der Nebel lässt die Bergketten beinah ätherisch erscheinen. Wenn man seinem Denken folgt, dann ist sein Heim alles andere als klein.

»Es gibt ein tibetisches Sprichwort, das besagt: ›Wenn du eines hast und ein Zweites willst, hast du dem Dämon die Tür geöffnet‹«, erzählt Matthieu und stößt damit das Tor zu einem für uns in der überentwickelten Welt völlig neuen Denken weit auf. »Wendest du dich aber einer wunderschönen Landschaft, dem Gesicht eines unschuldigen Kindes oder dem eines weisen Meisters zu, dann willst du das Beste in dir zum Vorschein bringen. Und all das gehört auch zum Erfüllendsten.«

Wir wissen das eigentlich, nur vergessen wir es immer wieder. Angesichts von Matthieus Worten hätte ich gute Lust, eine eigene Liste der erfüllendsten Dinge zu erstellen, die ich mir immer dann vor Augen führen kann, wenn der gesellschaftliche Druck mich am Wickel hat und die Werbung mir sagt, was ich wollen und kaufen soll, weil es angeblich nichts Beglückenderes gibt. Eine Liste, die mir hilft, Bedürfnisse von Wünschen zu unterscheiden und das wirklich Gute von Talmi: eine witzige, liebevolle SMS von einer lieben Freundin. Nach einer langen Wanderung unter der heißen Sonne in einen kühlen Bergbach eintauchen. Das Gefühl, wenn mein Hund sich an mein Bein kuschelt, um zu schlafen. Gärtnern, mit den Händen in der Erde wühlen, Unkraut jäten, die Samen austreiben sehen und das frisch gezogene Gemüse essen. Wählen und sich mit einem Schild vor dem Wahllokal aufstellen, auf dem steht: »Entscheiden Sie sich für die Liebe.« Einem Menschen anbieten, ihn im Auto mitzunehmen, wenn es gerade anfängt zu regnen und die Person keinen Schirm dabeihat. Das schöne Gefühl, wenn man jemandem aus einer echten Klemme helfen kann, und das, obwohl es für mich eigentlich keine große Sache ist. Eine witzige und liebevolle SMS an einen guten Freund.

Matthieus abschließende Worte: »Selbstsucht, das ewige ›Ich, ich, ich‹, das macht uns unglücklich, und zwar alle. Es ist eine Situation, bei der man nur verlieren kann. So wie der Altruismus eine Win-win-Situation für alle schafft.«

Der Dalai Lama ist der gleichen Ansicht. Er bringt dabei ein Beispiel, wie sich die tibetische Art zu denken veränderte, als die tibetische Community ins Exil nach Indien kam. »Einige wenig sensible Tibeter in Indien tragen Outfits, die mit Tiger-, Leoparden- oder Otterfellen geschmückt sind. Sie imitieren einen Kleidungsstil bestimmter Gottheiten, ohne den Hintergrund zu kennen. Solch ein Verhalten hat uns Tibeter peinlich berührt.«

Autsch. Ich persönlich würde alles vermeiden, worauf der Dalai Lama peinlich berührt reagieren könnte. Er erzählt weiter: »Viele Tibeter protzten auch mit ihrem Reichtum und trugen dicke Goldringe an den Fingern. Diese Ringe mit kostbaren Edelsteinen sind in Tibet sehr beliebt. Manche dieser Tibeter tragen so große Ringe, dass sie kaum noch die Hände bewegen können. Ihre Finger sehen aus, als wären sie bandagiert. Mutter Natur hat uns Finger gegeben, damit wir sie frei bewegen können. Wir sollten sie also besser lassen, wie sie sind.«

Ist Ihnen klar, was Seine Heiligkeit hier macht? Die Jungs im Tigerfell dachten vermutlich, sie bräuchten dicke Goldringe. Aber der Dalai Lama kippte diese Art zu denken. Wer braucht schon

Schmuck? Nun sind es unsere natürlich geschmeidigen, nackten Finger, die in Mode sind. Und die haben wir schon. Sie sind mit einem Mal genug.

»Dieser Tage in Indien …« Offensichtlich ist der Dalai Lama noch nicht fertig. »… hält man die Tibeter nicht mehr für bescheiden.« Er erklärt, dass in den Jahren seit 1959, als die Tibeter ins Exil gehen mussten, einige von ihnen vom Weg abgekommen sind. Sie ließen sich auf »illegale Aktivitäten ein, auf Mord, Schmuggel und den Handel mit Tierhäuten. Sie haben der ganzen tibetischen Gemeinschaft Schande gemacht. Unsere Community hat Fortschritte gemacht, vor allem, was die Bildung angeht. Wir konnten auch unsere wirtschaftliche Lage verbessern. Aber statt uns mit diesem Leben zufriedenzugeben und bessere Menschen zu werden, scheinen wir uns zu verschlechtern. Wenn dieser Trend sich fortsetzt, dann stellen Sie sich nur mal vor, welche Art Zukunft wir für unser Volk schaffen werden!«[26]

Das erinnert mich an etwas, worüber Greta öfter spricht: über Klimagerechtigkeit. Und sie meint, diese sei »absolut notwendig, wenn das Pariser Abkommen global Wirksamkeit entfalten soll«. Dabei fasst sie zusammen: »Das heißt, dass die reichen Länder innerhalb von sechs bis zwölf Jahren auf null Emissionen kommen müssen, damit die Menschen in ärmeren Ländern ihren Lebensstandard heben können, indem sie die Infrastruktur aufbauen, die wir bereits haben. Da geht es um Straßen, Krankenhäuser, Stromnetze, Schulen und sauberes Trinkwasser. Denn wie können wir von Ländern wie Indien oder Nigeria erwarten, die Klimakrise ernst zu nehmen, wenn wir, die wir schon alles haben …«[27]

… wenn wir, die wir schon alles haben, nicht bereit sind, aufzuwachen und uns zu ändern, zu teilen, zusammenzuarbeiten und aufzuhören, Objekte, die wir nicht brauchen – wie dicke Ringe –, für wichtig zu nehmen. Oder dicke Autos, schicke Techno-Gadgets, überflüssige Schuhe, was auch immer, den »letzten Schrei« jedenfalls.

»Wir brauchen eine völlig neue Art des Denkens.« Greta sagt, unsere politischen und wirtschaftlichen Systeme, die auf Wettbewerb, Betrug und Profit ausgerichtet sind, »müssen an ein Ende kommen. Wir müssen aufhören, miteinander in Wettstreit zu treten. Wir müssen zusammenarbeiten und die Ressourcen der Erde auf faire Weise verteilen. Wir müssen anfangen, unser Leben innerhalb der Grenzen dieses Planeten zu führen, und uns auf Gleichheit konzentrieren. Ein paar Schritte zurücktreten zum Wohle aller lebenden Wesen.«[28]

Ich lasse das Gesagte auf mich wirken und erkenne, dass der Dalai Lama und Greta von unterschiedlichen Seiten her zum selben Schluss gelangen. Anfangs hatten viele Tibeter in Indien schlicht nicht genug. Ihre materiellen Bedürfnisse waren ganz real. Aber während sich ihre wirtschaftliche Lage verbesserte, ging es auch darum zu merken, wann es genug ist. Greta hingegen kommt aus dem Schweden des 21. Jahrhunderts, in dem die meisten Menschen viel mehr haben, als sie brauchen. Ich glaube, Greta und Seine Heiligkeit meinen, dass wir uns irgendwo in der Mitte treffen sollten. An einer Stelle, an der wir mit unserem Leben zufrieden sein können, an der uns klar wird, dass wir genug haben (denn der Ort, den ich dabei im Sinn habe, schenkt uns allen genug), und wir uns darauf konzentrieren können, bessere Menschen zu werden. Dieser Ort ist nicht zufällig nachhaltig.

Matthieu, Greta und der Dalai Lama sind lebende Beispiele für diese Einsicht. Und ich glaube, sie wollen uns sagen, dass wir alle die Fähigkeit haben, diesen Ort zu finden, aber nur, wenn wir uns gegenseitig dabei helfen, dorthin zu gelangen.

Meine Enkel sind in diesem Moment vier Jahre beziehungsweise einen Monat alt. Ich denke viel darüber nach, was ich ihnen über die Zukunft sagen möchte. Und was sie mir sagen, wenn sie der Sprache erst einmal so mächtig sind, dass sie sich ausdrücken und die Welt beschreiben können. Ich hätte es gern, wenn sie begreifen, dass materieller Reichtum sie nicht wirklich glücklich machen wird. Ich möchte, dass sie unseren Planeten und ihre Zukunft so lieben wie ich sie. Aber wie so vielen Eltern und Großeltern heute macht mir das auch das Herz schwer. So vieles ist heute ungewiss.

Joanna Macy erinnerte mich kürzlich an etwas, was ich folgendermaßen zusammenfassen möchte: Ungewissheit ist Nichtwissen. Nichtwissen aber öffnet das Tor zum Möglichen. Und alles ist möglich, wenn wir nichts wissen. Es hilft, wenn man darüber mal nachdenkt. Ich möchte, dass meine Enkel und alle jungen Menschen in meiner Familie und im Rest der Welt sowohl dieses Gefühl für das Mögliche haben als auch das Wissen, dass sie genug sind, so wie sie sind. Wie unsere ungeschmückten Finger. Schön, ganz, genug – jetzt, in diesem Moment.

Die Fähigkeit, mehr wichtig zu nehmen als nur uns selbst

Meine persönliche Erfahrung – mit der ich nicht allein bin – ist, dass es viel Mut erfordert, der Klimakrise ins Auge zu sehen. Die Menschen mögen die Klimakrise nicht, sie haben Angst. Ich habe Angst. Wer den Kalten Krieg miterlebt hat, den befällt nun wieder eine existenzielle Furcht, die man eigentlich vergangen glaubte. Es erfordert heutzutage Mut, einen unverstellten Blick zu haben angesichts dessen, was wir wissen, und angesichts dessen, welche Gefühle dieses Wissen in uns auslöst. Es erfordert Mut, sich von der Klimaangst nicht lähmen zu lassen, mit dem klimabedingten Leiden in der Welt zu leben und es nicht zu ignorieren. Es braucht Mut, nicht aufzuhören zu denken, zu reden, zu protestieren und zu wählen – und den Glauben nicht zu verlieren, dass all das von Bedeutung ist. Es erfordert Mut zu fragen: »Was kann ich tun?« Und das nicht als hilflose rhetorische Frage zu betrachten. Es braucht

Mut, um sich eine Zukunft vorstellen zu können, die wir gut finden können, und auf sie hinzuarbeiten.

Wo finden wir diesen Mut? Mein Freund Jinpa, der Übersetzer des Dalai Lama, merkt an, dass Seine Heiligkeit glaubt, Angst wurzele häufig in egozentrischen Sorgen, zum Beispiel in der Befürchtung, verurteilt, nicht gemocht, zurückgewiesen oder in anderer Form verletzt zu werden. Besinnen wir uns jedoch auf die uns gemeinsame Menschlichkeit und entscheiden wir uns aus ihr heraus für einen Standpunkt des Mitgefühls, dann ist für Angst oder Entfremdung kein Raum mehr. Oder wie Jinpa es ausdrückt: Mitgefühl »öffnet sofort den Raum für Mut, von der Tiefenentspannung ganz abgesehen, die sich automatisch einstellt, wenn es nicht um uns geht«. Tiefenentspannung – hört sich gut an.

Jinpa war selbst buddhistischer Mönch, bis er im Alter von 37 Jahren das Kloster verließ, um eine Familie zu gründen. Er weiß noch, dass er Angst hatte, was der Dalai Lama wohl zu seiner Entscheidung sagen würde. Aber natürlich war er gütig, verständnisvoll und hilfsbereit – schließlich ist er ja der Dalai Lama! Aber was Jinpa eigentlich sagen möchte, ist: Als er nicht länger darüber nachdachte, was andere von ihm hielten, und stattdessen überlegte, wie seine Entscheidung andere beeinflussen könnte und was er tun könnte, eventuelle Verletzungen zu vermeiden, meldete sich der Mut von selbst.

Wir fürchten, was unserem »Ich« passiert, wie der Klimawandel mich beeinflusst, meine Familie, mein Eigentum, meine Luftqualität, meinen Komfort. Wenn wir unseren Blick darauf richten, wie sehr Lebensqualität vom Zugang zu begrenzten Ressourcen abhängt, kommt es schnell zu einem Denken in Kategorien von »wir« versus »die anderen«. Auch hier hilft es, zuerst an die anderen zu denken.

Wie der Dalai Lama zu Greta und allen anderen Menschen sagte: »Andere Lebewesen verbringen ihre Zeit mit Essen, Schlafen, Sex und so weiter. Wir aber sind nicht so einfach strukturiert. Wir haben viele Wünsche, Sorgen, Anliegen, Bedürfnisse, Sehnsüchte und Gefühle. Und wir denken ständig in Kategorien von ›wir‹ und ›die anderen‹. Unter den verschiedenen Arten Säugetieren auf dieser Welt haben wir Menschen viel Positives hervorgebracht, aber gleichzeitig auch allerhand Probleme verursacht.

Die Frage ist nun, warum das doch so wunderbare menschliche Gehirn sich so leicht in beschränktem Denken verfängt: zuerst an uns selbst als Individuen, dann an unsere Familie und schließlich an unser Land und unsere Nation. Unser Denken verläuft in kleinen Kreisen. In Wirklichkeit dienen wir auch unseren Interessen eher, wenn wir uns um die Gemeinschaft kümmern. Und all die bald acht Milliarden Menschen bilden eine menschliche Gemeinschaft. Es ist also an der Zeit, dass wir an die Menschheit als Ganzes denken. Die Interessen jedes Einzelnen hängen von der Menschheitsfamilie ab.«

Was passiert, wenn wir unser Denken auf diese Weise ändern? Jinpa hat ein ganzes Buch über das Mitgefühl geschrieben.[29] Er meint, wir würden viel mutiger werden. Und auch der Dalai Lama schreibt: »Mitgefühl ist von Natur aus friedlich und sanft, aber es besitzt auch bedeutende Kraft.«[30]

Ich muss an Gretas Mut denken, wie sie vor den Vereinten Nationen ihre Stimme erhob, um der ganzen Welt der Erwachsenen, die nicht genug tun, die Meinung zu sagen: »Wie könnt ihr es wagen?«, sagte sie. Ich bewundere sie dafür, dass sie als 15-Jährige, während sie den Schulstreik begann, ein Mitgefühl entwickelt hatte, das nicht weniger als jedes lebende Wesen auf dieser Erde umfasste. Greta kritisiert Politiker, welche die Wahrheit nicht sagen, weil sie Angst haben, an Popularität zu verlieren. »Mir ist es egal, ob ich beliebt bin«, sagt sie. »Mir liegt Klimagerechtigkeit am Herzen und dieser lebende Planet.«[31] Und obwohl sie ganz allein mit dem Schulstreik begonnen hatte, stand die ganze Welt hinter ihr, als sie vor den Vereinten Nationen sprach. Ich hoffe jedenfalls, das fühlte sich für sie so an. Ich hoffe, sie fühlt sich unterstützt vom Mut all jener, die sich in diese Debatte einklinken. So wie wir uns von ihr ermutigt fühlen.

Wie gesagt nennt man Menschen, die sich wie Greta und der Dalai Lama vorzugsweise um andere kümmern, im Buddhismus »Bodhisattvas«. Der Begriff setzt sich aus zwei Sanskritwörtern zusammen: *bodhi* für »Erleuchtung« und *sattva* für »fühlendes Wesen«. Im Tibetischen umfasst der Begriff auch noch den Mut, denn als die tibetischen Buddhisten die indischen Schriften in ihre Sprache übertrugen, erhielt »Bodhisattva« noch eine Sonderbedeutung als »mutiges Wesen«.

Jinpa erläutert, dass traditionelle Texte das Tun des Bodhisattva auf zwei Aspekte konzentrieren: Selbstentwicklung und Arbeit für andere. Selbstentwicklung? Aber wie? »Die Selbstentwicklung geschieht durch das Einüben der ›Sechs Vollkommenheiten‹«, sagt Jinpa. »Dazu gehören Moral, Eifer, Konzentration, Weisheit, Großzügigkeit und Geduld.« Doch wir entwickeln uns auch, wenn wir für andere arbeiten, vor allem wenn wir »anderen mit ihren unmittelbaren materiellen Bedürfnissen helfen, mit ihnen auf angenehme Weise kommunizieren, Einsichten über ein tugendhaftes Leben mit ihnen teilen und all diese Lehren auch persönlich verkörpern«. Unsere von Celebritys besessene Gesellschaft stellt moderne Bodhisattvas wie Greta Thunberg und den Dalai Lama gern auf ein Podest. Wenn wir dann noch Perfektionisten sind, führt dies leicht zu der Annahme, wir könnten solche Vollkommenheit nie erreichen. Die beiden sind so gut in dem, was sie tun, dass dies vollkommen unerreichbar scheint. Aber Jinpa meint, Bodhisattvas seien keine Übermenschen. Darum gehe es nicht. Der Punkt sei vielmehr, dass in uns allen die Fähigkeit zum Mitgefühl angelegt sei. Wie unerleuchtet wir uns auch manchmal fühlen mögen, so können wir uns doch ins Gedächtnis rufen, dass wir alle das Bodhisattva-Potenzial haben, einen inneren Bodhisattva sozusagen. Wir können diese Energie aufrufen – oder zu ihr erwachen. Im Buddhismus nennt man das »Buddhanatur«. Im Juden- und Christentum, sagt Jinpa (der in Religionswissenschaft promoviert hat), ist es die innere Gottheit, der innere Funke. Im Islam ist es der innere Geist, jene Aspekte der menschlichen Psyche, die den Schöpfer widerspiegeln.

Ich lasse mich vom Beispiel Gretas beziehungsweise des Dalai Lama inspirieren. Ich finde in meinem Klima-Mitgefühl den Mut, mich in die Debatte einzubringen, auch wenn es mir mitunter schwerfällt. Und dadurch leuchtet mein innerer Funke ein klein wenig heller. Es ist aufregend, dass ich im Gegenzug vielleicht sogar andere Menschen inspirieren kann.

Die Klimawissenschaftlerin und Kommunikationsspezialistin Katharine Hayhoe spricht unsere Befähigung zum Mitgefühl direkt an. Das Klima betrifft jeden. »Ganz egal, wer wir sind und wo wir leben. Aber es trifft vor allem diejenigen, die schon arm sind, ausgegrenzt, behindert. All jene, die schon an den Rändern leben.«

Den Eindruck hatte ich auch, aber Katharine macht es noch deutlicher: »Stellen Sie sich vor, es gibt eine Hitzewelle, die stärker, länger und intensiver ist als üblich. Wer leidet am meisten unter der Hitzewelle? Menschen mit schlecht bezahlten Jobs, die unter freiem Himmel arbeiten. Solche, die sich keine Klimaanlage leisten können, die kein gut gedämmtes Haus haben oder vielleicht zerbrochene Fenster, die sich nicht selbst vor der Hitze schützen können. Menschen in unsicheren Vierteln, die sich nicht trauen, nachts das Fenster zu öffnen, um die kühle Luft genießen zu können. Das sind die Leute, welche die Hitzewelle am stärksten trifft.« Und das gilt nicht nur für die Vereinigten Staaten, wie sie meint, sondern für die ganze Welt.

»Wenn es Menschen an einer guten gesundheitlichen Versorgung fehlt, wenn sie in Armut leben, von ein bis zwei Dollar am Tag: Woher sollen sie das Essen für die Familie nehmen, wenn die Ernte ausfällt und die Brunnen austrocknen? Wo finden sie dann noch Wasser? Der Klimawandel betrifft uns alle, aber er trifft die Armen und Ausgegrenzten stärker als alle anderen. Und das ist nicht fair.«

Wieder und wieder ruft Greta uns zur Klimagerechtigkeit auf: damit die reichen Länder, wohlhabenden Menschen und all jene

Konzerne, die den Luxus der Wahl haben, mehr tun und mehr bezahlen, sodass ärmere Länder und Gemeinden ihren Lebensstandard erhöhen und jene Infrastruktur aufbauen können, über die Gutsituierte längst ganz selbstverständlich verfügen.

Katharine erinnert uns daran, dass die Kehrseite der Medaille ebenfalls wahr ist: »Lösungen fürs Klima nützen uns allen, wie die Klimarisiken uns allen schaden. Aber die Lösungen helfen den Armen und Ausgegrenzten mehr als anderen. Und das ist Gerechtigkeit.«

Katharine hat dafür noch ein Beispiel parat: »Viele reiche Länder sind reich, weil sie fossile Rohstoffe besitzen, die sie zur Industrialisierung nutzen. Viele Länder mit niedrigem Pro-Kopf-Einkommen aber haben diese Rohstoffe nicht. In den wenigen, auf die das zutrifft, wie Nigeria und Venezuela, werden diese Rohstoffe von internationalen Konzernen gefördert. Und das Einkommen daraus dient einzig dazu, die Reichen noch reicher zu machen – auf Kosten der Armen. Andererseits haben viele Länder mit niedrigem Pro-Kopf-Einkommen viel Sonne und Wind. Das führte dazu, dass 2020 weltweit mehr als 90 Prozent der neu installierten Anlagen zur Elektrizitätsgewinnung saubere Energie lieferten. Warum? Weil in vielen Ländern der Welt Sonnen- und Windenergie einfach billiger ist. (Und Elektrizität korreliert stark mit menschlichem Wohlergehen, mehr als Energienutzung im Allgemeinen.)«

Katharine verweist auf ein Programm namens »Solar Sister« im subsaharischen Afrika. Es macht Frauen zu Unternehmerinnen. Sie verkaufen Solarlampen und -zellen, mit denen die Leute ihr Heim erhellen können. Sie spricht über Orte, an denen die Menschen ihre Fäkalien zur Energiegewinnung nutzen. Eine Organisation in Indien hat beinah zweihundert solcher Anlagen aufgestellt, welche die Abwässer aus öffentlichen Toiletten zu Biogas umwandeln, das die fossilen Energieträger ersetzt. Solche Lösungen begeistern Katharine. Ebenso wie Landwirtschaft, die »den Kohlenstoff zurück in die Erde befördert, wo er hingehört, statt in die Atmosphäre, wo wir ihn nicht brauchen können. Durch eine bodenschonende Landwirtschaft, Agroforst-Initiativen und Wasserschutz. Durch die Förderung von Frauen und Mädchen, vor allem in Ländern mit niedrigem Einkommen. Durch die Bewahrung und Erneuerung von Ökosystemen, welche die ländlichen Wirtschaftskreisläufe unterstützen.«

Manche Menschen lächeln über den Begriff »Mitgefühl«, wenn es um die Klimakrise geht. Er hört sich zu sanft an. Nach Gefühl, und dem Klima sind unsere Gefühle egal. Aber das Gespräch mit Jinpa und Katharine hat mir gezeigt, wie entscheidend Mitgefühl ist, um unsere Angst zu lindern und auf andere Art denken zu lernen, damit wir das Ruder herumreißen können. Vielleicht ist es eben einfacher, über Mitgefühl zu spötteln, als sich darin zu üben. Aber auch das ist eine Herausforderung, die wir annehmen sollten.

2022 ist das Jahr des *sechsten* Sachstandsberichtes des IPCC in mehr als 34 Jahren. Und das Jahr der *26.* UN-Klimakonferenz. Das heißt, wir verfügen über ausreichend Wissen. Die Frage ist nur, was wir damit anfangen. Haben wir die Fähigkeit, uns zu ändern? Wie überführen wir dieses Wissen in »rechtes Handeln«, wie die Buddhisten sagen? Zum einen – und dies ist vielleicht der wichtigste Aspekt – durch Mitgefühl. Mitgefühl ist mehr als ein Gefühl. Es ist ein Aufruf zum Handeln, weil es auf Verantwortung beruht und von uns verlangt, über die unmittelbare Situation und uns selbst hinauszudenken. Es erfordert Mut, die Augen zu öffnen und unsere Ohren, damit der Aufruf nicht ungehört verhallt. Doch wenn wir darauf mit Mitgefühl füreinander und alle Wesen reagieren, die diesen Planeten mit uns teilen, dann schenkt es uns Mut. Wie Jinpa sagt: Mitgefühl erfordert Mut, aber es *schenkt* auch Mut, denn Mitgefühl für andere befreit uns vor der Angst um uns selbst. Und diese Ausrichtung auf unsere Mitmenschen macht uns klar, dass wir acht Milliarden Mannschaftskameraden haben. Wie der Dalai Lama sagt: Wir sind »*eine* Menschheit«.

Und wie Greta sagt: »Stellt euch mal vor, was wir zusammen zuwege bringen können, wenn wir nur wollen. Jeder Einzelne zählt. Wie jede einzelne Emission zählt. Jedes Kilo. Alles zählt.«[32]

Die Fähigkeit zur Hoffnung

»Ich weiß, dass ihr verzweifelt auf Hoffnung und Lösungen wartet«, sagt Greta – sie weiß, was uns bewegt. »Aber die tiefste Quelle der Hoffnung und die einfachste Lösung liegen direkt vor eurer Nase, und da war sie immer schon. Es sind wir Menschen und die Tatsache, dass wir es einfach nicht wissen. Wir Menschen sind nicht dumm. Wir ruinieren die Biosphäre und die künftigen Lebensbedingungen für alle Arten ja nicht, weil wir böse sind. Wir sind uns dessen einfach nicht bewusst. Aber sobald wir begreifen, sobald wir die Situation klar sehen, handeln wir und verändern uns. Der Mensch ist ausgesprochen anpassungsfähig.«[33]

Greta hat recht. Der Mensch ist sehr anpassungsfähig. Warum aber werde ich dann das Gefühl nicht los, dass ich naiv bin, wenn ich über die Hoffnung auf eine Zukunft rede, die wir gut finden können, statt sie zu fürchten? Die Nachrichten und die Experten nennen immer mehr Gründe, die uns Angst machen, uns Depressionen verursachen können, die uns das Gefühl vermitteln, verloren zu sein. So sehr, dass es schwer ist, sich an eine Zeit zu erinnern, in der umstritten war, ob es wirklich Anlass gebe, sich ums Klima zu sorgen. Und dabei ist das noch gar nicht so lange her. Jetzt sind wir an einem Punkt, an dem eher umstritten ist, ob wir noch Grund zur Hoffnung haben. Also reden wir doch mal über die Hoffnung.

Die Essayistin Rebecca Solnit zitiert dazu Virginia Woolf: »Die Zukunft ist düster, was für die Zukunft meiner Ansicht nach das Beste ist.« Das schrieb Woolf am 18. Januar 1915 in ihr Tagebuch, als sie beinah 33 Jahre alt war. Was sie damit wohl gemeint hat?

Wir denken über diese Frage nach, und Rebecca sagt: »Nun, der Erste Weltkrieg entwickelte sich damals gerade zur schlimmsten Schlächterei aller Zeiten, die sich noch jahrelang fortsetzen würde.« Das beantwortet meine Frage nicht, aber Rebecca fällt noch eine andere mögliche Erklärung ein.[34] »In meinen Augen hat die Hoffnung ihren Ursprung darin, dass wir nicht wissen, was als Nächstes geschieht, und dass das Unwahrscheinliche und Unvorstellbare immer wieder passiert.« Ja, genau! Sie fährt fort: »Und die inoffizielle Weltgeschichte zeigt ja, dass engagierte Menschen und populäre Bewegungen die Geschichte prägen können und es auch getan haben, selbst wenn nicht abzusehen ist, wie und wann wir gewinnen beziehungsweise wie lange es dauern wird.«

Wuuhuu! Ich sage es noch nicht laut, weil ich Angst habe, zu früh zu jubeln. Es ist vielleicht zu früh, die Hoffnung zum Gewinner zu erklären, aber insgeheim fühle ich mich vorsichtig beflügelt. Go, Rebecca! Go, Virginia Woolf!

»Verzweiflung ist eine Form von Gewissheit«, spinnt sie ihren Gedanken weiter. »Gewissheit, dass die Zukunft so sein wird wie die Gegenwart oder noch schlimmer.« Sie hebt hervor, dass Optimismus aus ihrer Sicht weniger gemein hat mit der Hoffnung als mit der Verzweiflung, denn wie die Verzweiflung ist auch der Optimismus ein falsches Gefühl der Gewissheit, was passieren wird. Beides – Optimismus und Verzweiflung – ist, wie Rebecca warnt, »Grund zum Nichtstun«.

Dabei fällt mir wieder ein, was Joanna Macy über die Ungewissheit sagt, nämlich dass sie der beste Boden ist, damit die Samen des Möglichen sprießen können.

Haben jene Menschen, deren Lebensinhalt es ist, Ursachen und Auswirkungen des Klimawandels zu studieren, noch Hoffnung? Das wäre schließlich der Lackmustest der Hoffnung, nicht wahr? Ich lernte Bonnie Waltch kennen, die Dokumentarfilme dreht und produziert. Bonnie hat die Kurzfilme über die Feedback-Loops co-produziert, auf die auch Greta und der Dalai Lama hinwiesen.

Erstaunlicherweise versicherte sie mir, dass alle Wissenschaftler, die sie und ihre Kollegen für diese Filme interviewten, (vorsichtig) hoffnungsvoll waren. Sie erinnert sich noch, wie Jennifer Francis, Arktis-Expertin am Woodwell Institute, sagte: Obwohl man mittlerweile schon von der »neuen Arktis« spreche, könnten wir die Dinge immer noch besser machen, als sie ohne unser Eingreifen wären. »Wenn diese Menschen keine Hoffnung hätten«, meint Bonnie, »dann könnten sie ihre Aufgabe vermutlich gar nicht erledigen. Es ist ja ihre Sorge um den Planeten und die Menschheit, die sie zu dieser Arbeit überhaupt erst motiviert hat. Und das macht mir wirklich Hoffnung.«

Bonnie selbst kennt die lähmende Gefahr der Verzweiflung. »Als ich bei meinen Recherchen all die Geschichten hörte, die man zu diesem Thema erzählen kann, bekam ich echt Panik«, gesteht sie. »Ich baute Photovoltaikzellen auf mein Dach, fing an, mit dem Fahrrad zur Arbeit zu fahren und Überlegungen über den Kauf eines Elektroautos anzustellen.« Angesichts ihrer Worte hatte ich gemischte Gefühle. Ich kann von mir nicht sagen, Panik je so konstruktiv genutzt zu haben. Bonnie aber glaubt, wir erkennen, was getan werden muss und kann, wenn wir den Klimawandel entmystifizieren und unseren Anteil daran akzeptieren. Ihr Beispiel berührt mich.

Oder nehmen wir Don Perovich, Professor für Ingenieurwesen am Dartmouth College. Sein Spezialgebiet ist die Geophysik von Eis. Seine Forschungsarbeiten führen ihn regelmäßig in die Polarregionen, wo er zu erkunden sucht, wie das Sonnenlicht mit Eis und Schnee interagiert. »Als Wissenschaftler«, sagt er, »ist mir natürlich klar, was in der Arktis vorgeht. Schließlich ist das Kennzeichen der Arktis das ewige Eis auf dem Meer. Am Land sind es Gletscher und Eisschilde. Oder der Permafrost. Das Meereis schmilzt, die Eisschilde schmelzen, und der Permafrostboden taut auf. Wenn wir mein Spezialgebiet betrachten, das Meereis, dann kann ich sagen: Als ich vor vierzig Jahren angefangen habe, war es selbst gegen

Ende des Sommers, wenn es seine geringste Ausdehnung hat, so groß wie die Vereinigten Staaten.«

Vierzig Jahre später, so Don, »ist es, als wäre das ganze Stück Land östlich vom Mississippi geschmolzen«.

Meine erste Reaktion war: »Shit!« Aber ich bin auch neugierig: Wie kann jemand, der in seiner Arbeit so dicht dran ist an der Krise, der alle Daten vor Augen hat, weitermachen, ohne die Hoffnung zu verlieren?

»Natürlich bin ich mir der Probleme bewusst, aber das gilt auch für andere Menschen«, fährt Don fort, weil er anscheinend meine Gedanken lesen kann. »Wir haben dieses Problem geschaffen. Wir können daran arbeiten, es zu lösen. Es gibt immer mehr Bemühungen, auf Sonnenenergie, Elektroautos und Ähnliches umzusteigen. Als Wissenschaftler neige ich natürlich zu technischen Lösungen. Aber noch wichtiger ist, dass ich ein Optimist bin. Ich glaube an die Menschen.« Wie Greta. »Was wir in den letzten zehn Jahren gesehen haben, ist ein grundlegender Wandel im öffentlichen Bewusstsein, was dieses Problem angeht. Die Erkenntnis, dass wir es lösen können, wenn wir zusammenarbeiten.«

Da Dons Version von Optimismus nicht auf falschen Gewissheiten gründet oder ihn selbstgefällig werden lässt, ist sie wohl eher mit dem zu vergleichen, was Rebecca Solnit mit Hoffnung meint. Auch der Dalai Lama verwendet, wenn er Englisch spricht, den Begriff »Optimismus« für eine positive Orientierung auf die Zukunft, die sowohl aktiv als auch in der Realität verankert ist. »Wir müssen entschlossen vorgehen und eine positive Perspektive beibehalten«, sagt er, »dann müssen wir nichts bedauern, selbst wenn wir scheitern sollten. Fehlt es uns aber an Entschlossenheit und rechter Anstrengung, dann haben wir doppelt Grund zur Reue. Erstens, weil wir unsere Ziele nicht verwirklichen konnten, und zweitens, weil wir uns schuldig fühlen, bei ihrer Umsetzung nicht all unsere Kräfte eingesetzt zu haben.«[35]

Als Generalsekretärin des Rahmenübereinkommens der Vereinten Nationen über Klimaänderungen (UNFCCC) hat Christiana Figueres' starke und positive Präsenz sowie ihre Fähigkeit zum Brückenbauen massiv dazu beigetragen, dass 2016 das Pariser Klimaabkommen ein Erfolg war. Christiana gehört zu meinen Heldinnen. Sie macht ihren »sturen Optimismus« für die Beständigkeit verantwortlich, mit der sie in diese Verhandlungen ging. Ich frage sie, was sie damit meint.

»Das Unmögliche zu tun«, antwortet sie. In meinen Ohren klingt das paradox. Sie erklärt: »Ich habe das Scheitern von Kopenhagen geerbt. Man sagte mir: ›Den politischen Prozess musst du im Mülleimer suchen. Sieh zu, was du mit den Resten anstellst.‹ Es war von Anfang an klar, dass es zur selbsterfüllenden Prophezeiung würde, wenn wir von etwas sagten, dass es unmöglich oder nicht machbar sei. Das Erste, was sich also ändern musste, war die geistige Einstellung dazu.« Sturer Optimismus hört sich mittlerweile eher praxisorientiert als paradox an. Was gibt es dazu noch zu sagen?

»Zuerst möchte ich das mit dem Optimismus erklären, vor allem was wir damit nicht gemeint haben. Wir meinen nicht die naive Annahme, es werde schon alles gut werden. Ich müsse nichts dazu beitragen. Das wäre einfach nur verantwortungslos.« Was ist stattdessen gemeint? »Optimismus ist die bewusste Entscheidung, die wir Tag für Tag treffen, uns mit dem auseinanderzusetzen, was wir vor der Nase haben, sei es in unserem Alltag, in der Beziehung zu unseren Lieben oder in der globalen Krise des Klimawandels. Optimismus ist ein Input, nicht das Resultat unserer Leistung. Das ist kein Optimismus, sondern ein Fest. Und ganz ehrlich, wir feiern ohnehin zu wenig. Wir sollten wirklich mehr feiern. Aber Optimismus ist in meinen Augen nicht das Ergebnis von Erfolg oder Leistung. Es ist der Input, mit dem wir an eine Herausforderung herangehen.« Optimismus als Input – finde ich gut.

Was die Sturheit angeht, so ist das weiter nicht schwierig. »Stur einfach, weil klar war, dass es anstrengend werden würde.« Christiana brachte nationale und subnationale Regierungen, Organisationen, Aktivisten, Finanzinstitutionen, Religionsgemeinschaften,

Thinktanks und Technologielieferanten an den Verhandlungstisch, bis sie einen internationalen Plan für die globale Zusammenarbeit in der Klimakrise ausgearbeitet hatten. Und ja, es war anstrengend. Aber ebenso ein Grund zum Feiern, als sie es geschafft hatte. Auch wenn die Arbeit damit natürlich noch nicht getan ist. Und weiter anstrengend sein wird. Wir müssen also nach wie vor in aller Sturheit stur optimistisch bleiben.

Optimismus. Hoffnung. Ich mag es, wenn Wörter weniger Silben haben und sich vielleicht sogar in Verben verwandeln lassen wie das Hoffen. Aber was immer in Ihren Augen funktioniert, wir sind uns einig, dass diese Unterscheidung wichtig ist: Zu hoffen und für eine Zukunft, die wir lieben können, zusammenzuarbeiten, ist etwas anderes, als darauf zu warten und nichts zu tun.

Katharine Hayhoe meint, sie hätte sich fast jeden Tag gefragt, was ihr Hoffnung gebe. »Irgendwann habe ich den Spieß dann umgedreht und Hunderten Menschen in Nordamerika, Europa und darüber hinaus die gleiche Frage gestellt. Ich habe die unterschiedlichsten Antworten erhalten, aber letztlich ging es immer um eines: dass die Menschen sehen, wie andere Menschen aktiv werden, dass wir erkennen, wir sind nicht allein, und dass ich als Individuum meine Stimme erheben und für den Wandel eintreten kann: in meiner Glaubensgemeinschaft, am Arbeitsplatz, in der Gemeinde, in der Nachbarschaft, in der Schule, dort, wo ich mich sozial engagiere, in meiner Stadt, meinem Staat, meinem Land.«

Katharine ist evangelikale Christin und berühmt dafür, selbst Leute in Gespräche über den Klimawandel zu verwickeln, die davon absolut nichts hören wollen. Sie hat immer klare, praktische Ratschläge und Beispiele auf Lager. Und sie gehört zu den überzeugendsten Klimaaktivisten, die ich je kennengelernt habe. Der Trick, so Katharine, ist einfach, über die Themen zu reden, die den Leuten wichtig sind. Das ist das offene Tor für uns, denn was auch immer es sein mag, es hat eine Klimakomponente. Manche Menschen werden hellhörig und entscheiden sich für saubere Energie, wenn sie merken, dass sie dadurch Geld sparen können und ihre Stromrechnung sinkt. Die Leute dort »abzuholen«, wo sie sind, ist in meinen Augen *aktive Hoffnung*. Unsere Motivation kann durchaus prosaisch sein, aber Katharine meint, das sei für den Anfang okay. Was auch immer nötig ist.

Was Lyla June angeht, so bezieht sie ihre Hoffnung aus der Auseinandersetzung mit der Vergangenheit. Sie erinnert uns, dass die Great-Plains-Region in den USA von Menschen im Zusammenwirken mit der Natur geschaffen wurde, nicht von der Natur allein. Wenn man den Mondkalender mancher indigenen Völker betrachtet, erläutert sie, »dann hieß der September ›Grasbrand-Mond‹, weil es dann an der Zeit war, die Prärie abzufackeln.« Das Abbrennen sorgt für fruchtbare Erde, weil die Nährstoffe der abgeblühten Pflanzen als Asche in den Boden übergehen. Sie enthält Kalium, Stickstoff und Phosphor. Außerdem entsteht so an manchen Stellen Holzkohle, die, wie Lyla sagt, »ein Apartmenthaus fürs Erdmikrobiom ist«. Das kontrollierte Abfackeln der Prärie führt der Erde also Nährstoffe zu, stimuliert die Aktivität der Bodenlebewesen, begünstigt Arten, die nur nach einem Feuer wieder blühen können, und reduziert auch die Gefahr von wilden Flächenbränden.

Die Prärie regelmäßig abzufackeln war wichtig, so Lyla, denn »lässt du das Grasland allein, dann wachsen darauf erst Stauden und dann Bäume. Grasflächen können nicht ohne den Menschen bestehen bleiben. Im Gefolge dieser Feuer entstanden nährstoffreiche Prärielandschaften, und wer liebt nährstoffreiche Gräser? Der Bison. Viele Menschen denken, dass wir den Bisons folgten, aber es zeigt sich immer mehr, dass der Bison uns folgte, weil wir ihm die Prärie gaben.« In Lylas Augen ist dies Grund zur Hoffnung. »Der Mensch ist eine Schlüsselspezies.« Das ist eine Art, »die, wenn du sie aus einem Ökosystem entfernst, das System zusammenbrechen lässt. Ein klassisches Beispiel ist der Biber, der Dämme baut, die einen Teich aufstauen, den andere Arten nutzen und genießen können. Der Biber schafft ein ganz eigenes Habitat.« Mit seinem spindelförmigen, ans Wasser angepassten Körper, seinen nimmermüden Nagezähnen und seinem charakteristisch breiten Schwanz.

»Menschen sind genauso«, meint Lyla. »Wir sind dazu da, ein Habitat für andere Arten zu schaffen. Als ich vor einigen Jahren in Toronto dem Parlament der Weltreligionen beiwohnte, war da ein Ältester des Yoruba-Stammes, der sprach. Er sagte, in seiner Sprache heiße das Wort für ›Mensch‹ wörtlich ›der Auserwählte‹, weil wir vom Schöpfer dazu auserwählt sind, die Erde zu behüten. Wir sollten uns um Mutter Erde kümmern, weil alle anderen Arten Hilfe benötigten. Und vielleicht haben wir unser großes Gehirn und unsere opponierbaren Daumen erhalten, damit wir der Erde geben können, was keine andere Art ihr geben kann. Je mehr Fallstudien ich lese, desto klarer wird: Indigene Völker aller Länder haben diese Rolle tatsächlich ausgeübt. Sie haben diese Aufgabe übernommen und gesagt: ›Ja, ich werde die Erde hüten. Ich werde diese Art von Krieger sein. Ich werde das Land so gut bestellen, dass das Leben gedeiht, wo immer ich meinen Fuß hinsetze.‹«

»Wir haben es früher schon getan«, sagt Lyla, »wir bringen es auch jetzt zustande.«

Wir können diese Art sein, auf der das ganze wechselseitig abhängige Leben auf der Erde beruht. Eine Art, ohne die andere Arten nicht leben können. Keine Art, mit der man nicht leben kann und die sich selbst zerstört. Letztlich ist das keine neue Art des Denkens, aber eine andere. Es geht darum, unsere Fähigkeit, klar zu sehen und anders zu denken, anzuerkennen. Die Fähigkeit, dass uns mehr wichtig ist als nur wir selbst, dass wir mehr teilen und zusammenarbeiten, statt zu konsumieren und in Wettbewerb zu treten. Die Fähigkeit zu merken, dass wir genug haben und dass dies für alle gilt, zu wissen, dass wir genug sind, und mehr zu hoffen und zu lieben, als zu hassen und Angst zu haben – dies ist das Erwachen, das für den Wandel so bitter nötig ist.

Und wenn Sie jetzt Bedenken haben, dies sei vielleicht doch ein wenig naiv und blauäugig, dann sollten wir uns Gretas eindeutige Worte vor Augen halten: »Wir sind am Scheitern, aber wir sind noch nicht gescheitert.«[36] Mir scheint, dass wir das begreifen sollten, solange es noch stimmt.

TEIL III

Wille

Die Frage ist jetzt also, warum das menschliche Gehirn, das so wunderbar ist, sich so im beschränkten Denken verfängt: dass wir erstens nur an uns selbst denken, zweitens an unsere Familie und dann an unser Land, unsere Nation. Wir denken in sehr kleinen Kreisen. In Wirklichkeit hängt das Wohlbefinden jedes einzelnen Menschen von der Gemeinschaft ab. Und heute bilden all die über sieben Milliarden Menschen auf der Erde die menschliche Gemeinschaft. Die Zeit ist gekommen, an die gesamte Menschheit zu denken. Die Interessen jedes Einzelnen von uns hängen von der gesamten Menschheit ab. Glückliche Menschheit, gesunde Welt.

Der Dalai Lama

Ich habe keine Bewegung initiiert. Ich habe keineswegs die Menschen mobilisiert. Was wir erreicht haben, habe ich mit Millionen von Menschen aller Altersgruppen erreicht, vor allem aber mit jungen. Wir gemeinsam haben das geschafft.

Greta Thunberg

Kapitel 5

Das gebrochene Herz: Dunkelheit und Licht

»Manchmal erwartet uns das Glück auf der anderen Seite. Wenn wir etwas aufgegeben haben, von dem wir dachten, dass wir niemals ohne es würden leben können.« Diese Worte stammen von Stephanie Tade, die auch meine Literaturagentin ist. Sie fielen ganz zu Anfang unserer ersten Gespräche über dieses Buch. Denn Stephanie fiel auf, dass Weisheitslehren und Methoden, um Suchtprobleme zu überwinden, hier viel beizutragen hätten. Und da sie sich mit diesen Themen gut auskennt, bat ich sie, mir mehr davon zu erzählen.

»Wenn mir vor sehr langer Zeit, als noch nicht jeder ein Handy hatte«, erzählt sie, » irgendein Zauberwesen gefolgt wäre und mein Leben gefilmt hätte, dann hätte das Video augenfällig gezeigt, was mit mir los war: das Chaos, die ewigen Kater, das Fahren unter Alkoholeinfluss. Aber für mich, die ich dieses Leben lebte, war es eben einfach nur ... mein Leben. Die Entscheidungen fielen stets irgendwie von selbst. Ich konnte mir nichts anderes vorstellen. Die Idee, ohne Bier oder Wein oder was auch immer zu leben, war undenkbar. Wer würde so etwas wollen? Wie hätte ich mein Leben so auf die Reihe kriegen sollen?«

Sie erinnert sich noch gut an die Zeit, als sie dachte, der Alkohol mache ihr Leben schöner und spannender. In der Rückschau kommt es ihr vor, als habe es in etwa die Größe einer Zugtoilette gehabt – verglichen mit dem, was sie heute lebt. »Meine Beziehungen waren die totale Katastrophe. In keinem Job blieb ich wirklich lange. Man konnte sich auf mich einfach nicht verlassen, ganz egal, in welcher Hinsicht.« Ich frage nach, was denn dann passiert sei.

»Man hört ja immer wieder jemand sagen, er sei ›ganz unten‹ angekommen. Das ist fast schon ein Klischee geworden. Aber es ist tatsächlich ein sehr persönlicher Moment, der das Potenzial für grenzenlose Veränderungen in sich trägt. Ganz unten angekommen sind wir, wenn wir zulassen, dass unser Herz bricht. In dem Spalt, der sich auftut, werden Mitgefühl, Einsicht und Kreativität sichtbar. Man weiß nie, was diese Erfahrung auslöst. Nach Jahren des Trinkens, des Absturzes und all der unangenehmen Erlebnisse, die damit einhergehen, war es nicht das Gefängnis, die Gosse oder der Bankrott. Es war nur das Erlebnis, samstags so lange geschlafen zu haben, dass ich die Öffnungszeiten des Pools beim YMCA verpasste. Die Enttäuschung oder besser gesagt die Bestürzung war enorm, weil das Schwimmen so ziemlich das einzig Schöne in meinem Leben war. Hier tat sich ein Spalt auf, der gerade so breit war, dass die Tatsache meiner Alkoholsucht all meine Rechtfertigungsstrategien und Gewohnheiten über den Haufen warf.«

Vieles von dem, was wir tun, so Stephanie, ist letztlich Gewohnheit. Aber Bestürzung, Verzweiflung, Kummer, Trauer, Scham oder Entsetzen – alle Facetten eines gebrochenen Herzens – können so eine Gewohnheit durchbrechen und den Weg für etwas anderes freimachen, wenn auch nur für einen kurzen Moment. In diesem Moment aber tut sich der Raum für etwas Neues, Wahres, Reales auf. Das ist es, was Stephanie den »Aha-Moment des gebrochenen Herzens« nennt. Ein Augenblick, in dem sich alles ändern kann. Als Stephanie merkte, dass sie zu spät aufgewacht war, um noch schwimmen gehen zu können, war ihr erster Gedanke: »Ich muss mit jemandem reden.« Sie griff zum Telefon und tat es.

Ich sage ihr, dass ich mich für sie freue. Ich würde sie am liebsten umarmen, aber wir reden über Zoom miteinander. Sie sitzt in

Bucks County in Pennsylvania und ich in Virginia. Also verweilen wir einen Augenblick mit diesen Gefühlen und sehen uns über den Bildschirm an. Später werden wir uns eins, dass das Potenzial, über das wir reden, dieser Schock, wenn wir begreifen, was auf uns zukommt, wenn wir nichts ändern, auch für die Klimakrise von Bedeutung ist. Wir beschließen, Teil III dieses Buchs solle sich um ebenjenen Moment drehen, um das gebrochene Herz, das »Ganz unten« unserer Spezies. Und darum, wie dort Licht eindringen kann.

Im Gespräch mit dem Dalai Lama sagt Greta: »Wir haben das verzweifelte Bedürfnis, das Bewusstsein der Menschen zu stärken. Wir müssen klarmachen, was gerade tatsächlich geschieht.« Ich habe ihre Aufforderung zu mehr Bewusstheit häufig gehört, in diesem Fall aber berührt mich das Wort »verzweifelt« am meisten. Sich informieren, nachlesen, sich mit den Fakten auseinandersetzen – das hat damit zu tun, dass die Klimakrise in unseren Köpfen ankommt. Verzweiflung aber ist ein Gefühl. Und das ist wichtig, denn der erwähnte »Aha-Moment« hängt ebenso vom Herzen wie vom Kopf ab. Das drückt ja bereits das Bild des gebrochenen Herzens aus. Oder in Joanna Macys Worten: »Das Herz, das bricht, schafft genug Raum, damit Gott eindringen kann.«[1] Manchmal ist dieser Spalt breit genug, und das muss auch so sein, wenn er die Trauer um das Leben, wie wir es kennen, einschließen soll.

Als der britische Schriftsteller und Umweltaktivist George Monbiot den Film *Don't Look Up* sah, in dem ein Komet auf die Erde zurast, aber niemand die Bedrohung wahrnehmen will, erinnerte ihn das daran, wie er eines Tages vor laufender Fernsehkamera einen Zusammenbruch hatte, so wie die Figur der Jennifer Lawrence im Film. »Das war kurz nach der UN-Klimakonferenz COP26 in Glasgow«, erinnert George sich. »Wir hatten gesehen, wie die am wenigsten ernstzunehmende Regierung [die Konferenz wurde vom Vereinigten Königreich ausgerichtet] an der ernstesten Bedrohung

aller Zeiten scheiterte. Ich versuchte zum tausendsten Mal zu erklären, was uns erwartete. Und dann konnte ich einfach nicht mehr.
Ich brach im Live-Fernsehen in Tränen aus.«[2] George sagt, es sei
ihm unglaublich peinlich gewesen, ja, sei es heute noch. »Die Reaktionen in den sozialen Medien waren genauso wie die auf die Wissenschaftler im Film: giftig und böse. Ich hätte das alles nur gespielt.
Ich sei hysterisch. Oder geisteskrank. Aber wenn ich mir ansehe,
wo wir stehen, womit wir es zu tun haben und wie die Mächtigen
darauf reagieren, wenn ich mir ansehe, wie diese existenzielle Krise
für Belanglosigkeiten und Oberflächliches an den Rand gedrängt
wird, dann wird mir eines klar: Mit mir würde eher etwas nicht
stimmen, hätte ich diesen Ausbruch nicht gehabt.«

Joanna Macy ist der gleichen Meinung. »Sie leiden an Ihrer Welt?
Das ist die natürlichste Reaktion in dieser Welt. Und auch die sinn-
vollste und gesündeste.«[3] Sie erinnert sich noch gut daran, wann
bei ihr der Groschen fiel. Sie saß 1976 in der Vorortbahn und fuhr
über den Charles River, unterwegs von Boston nach Cambridge. Sie
hatte an einer Konferenz über die Bedrohung der Biosphäre teilgenommen; und als ihr Blick über die Segelboote wanderte, über
das Wasser, in dem sich die untergehende Sonne spiegelte, wurde
ihr bewusst: »Ja, wir sind dazu fähig. Wir können unsere Welt zerstören. War dieses Wissen nicht in jedem rauchenden Schornstein,
in jedem abgeholzten Wald sichtbar? Doch nun kam dieses Wissen ans Tageslicht, und ich hatte keine Ahnung, wie ich damit leben sollte.«[4]

Ich möchte darüber reden, wie man mit diesem Wissen und diesen Gefühlen lebt. Joanna erzählt eine weitere Geschichte, die sich
einige Jahre später zutrug, als sie beim Treffen der Society for Human Values in Higher Education an der Universität Notre Dame
einen einwöchigen Workshop leiten sollte.[5] »Ich wollte nicht, dass
die Leute sich mit Rang und Titel vorstellten. Also bat ich die Teilnehmer, von einem Moment zu erzählen, in dem sie das Gefühl hatten, die planetare Krise betreffe ihr eigenes Leben.« Was danach ge-

schah, war »pure Magie«. Die Menschen sprachen offen über ihren Schmerz, den das aktuelle Geschehen in ihnen auslöste, über ihre Angst um ihre Kinder, über ihre Entmutigung. »Für mich war das wie ein Donnerschlag: ›Lieber Himmel, man kann sein Leid aussprechen!‹« Und das betraf nicht nur Joanna. Über das empfundene Leid zu reden, schweißte die ganze Gruppe zusammen. »Da war eine kreative Energie, eine gegenseitige Fürsorge … Die Sitzungen wurden endlos überzogen, aber man lachte viel und schmiedete Pläne für künftige Projekte.« Wir mögen ein gebrochenes Herz haben, aber wenn wir darüber zu sprechen wagen, merken wir, dass wir nicht allein sind. »Indem ich Ihnen von meinem gebrochenen Herzen erzähle und Ihres wichtig nehme«, so Joanna, »entwickeln wir eine neue Art der Menschlichkeit«.

Die frühere Klimajournalistin Catherine Ingram, die dann zur buddhistischen Lehrerin wurde, beschreibt ihre eigene Erfahrung mit dem, was wir unserem Planeten angetan haben und noch immer antun. In einem Beitrag mit dem Titel *Facing Extinction* zeigt sie sich unerschrocken: »Als mir der Ernst der Lage bewusst wurde, erkannte ich schnell, dass mein Tod kein großes Thema war.«[6] Sie tut nicht so, als würde sie den Tod nicht fürchten, doch sie hat schon eine ganze Weile gelebt und daran gearbeitet, ihre Sterblichkeit zu akzeptieren. »Nein«, sagt Catherine, »meine Verzweiflung hat mit meinen noch jungen Großnichten und -neffen zu tun, die mir nahestehen. Alle neun waren noch keine zehn Jahre alt, als mir klar wurde, dass sie vielleicht kein langes Leben haben würden.« Catherines Einschätzung der Lage ist düster. Man könnte ihre Einstellung vielleicht beschreiben mit »eher, als ihr glaubt«. »Die Sorge und Verzweiflung wurde so stark, dass ich sehr krank wurde«, erinnert sie sich. »Ich bekam einen massiven Anfall von Gürtelrose. Der Ausschlag bedeckte große Bereiche meines Körpers am Rücken ebenso wie auf der Vorderseite. [Offensichtlich ist Gürtelrose auf zwei Körperseiten eher selten.] Schließlich kam ich ins Krankenhaus.« Gürtelrose, erzählt Catherine, ist eine Stressreaktion. »Meine

Angst und Verzweiflung haben mich körperlich krank gemacht. Als ich fast einen Monat lang bettlägerig zu Hause war, wurde mir klar, dass ich mir diese Gefühle nicht leisten konnte. Ich musste eine Perspektive finden, die mir wenigstens ein bisschen Ruhe in der tiefen Trauer ermöglichte. Ein Flüstern, das mir sagte: ›So ist die Lage. Alles ist vergänglich.‹«

Catherine sieht, dass die Menschen auf die Klimakrise ganz unterschiedlich reagieren, ob nun freiwillig oder weil sie gezwungen sind. Millionen von Klimaflüchtlingen in aller Welt, darunter auch Eltern kleiner Kinder, haben die größte Mühe, die klimabedingten Katastrophen zu überleben, die bereits eingetreten sind. In ihren Augen, so Catherine, »ist die Sorge um die Zukunft reiner Luxus, ja ein Privileg«. Sie sind einfach gezwungen, jetzt schon damit fertigzuwerden. Am anderen Ende stehen die wohlhabenden Eltern, die weder über gegenwärtiges noch künftiges Leid reden wollen und schon gar nicht über den Klimawandel. Catherine musste akzeptieren, »dass fast niemand in meiner Familie und nur ganz wenige Freunde bereit waren, diese Informationen zur Kenntnis zu nehmen und sich auf das vorzubereiten, was kommt«.

Hier meldet sich George Monbiot zu Wort: »Wir rasen auf den Kollaps der Erdsysteme zu. Das fühlt sich an, als stünden wir hinter einer dicken Scheibe Panzerglas. Die Menschen sehen, dass unsere Lippen sich bewegen, aber sie hören nicht, was wir sagen. Ich arbeite an diesen Themen, seit ich 22 bin. Ich war immer voller Hoffnung. Jetzt werde ich 59, und die Zuversicht hat sich in nackte Angst verwandelt, die Hoffnung in Horror. Die bewusst geschürte Gleichgültigkeit stellt sicher, dass wir ungehört bleiben. Mir fällt es immer schwerer, Gelassenheit zu bewahren. Ich breche mittlerweile häufig in Tränen aus.«[7]

Wir reden über die Überschwemmungen, die Dürren, die Brände und das schmelzende Eis. Über Umsiedlungen und Katastrophenhilfen. Wir reden über Celsiusgrade und *parts per million* (ppm). Zumindest tun das einige von uns. Ich fange damit gerade erst an.

Und trotzdem habe ich das Gefühl, nur wenige Menschen reden darüber, wie es ihnen damit ergeht. Wir haben Angst vor dem Klimawandel und vielleicht auch Angst, diese Angst zur Kenntnis zu nehmen. Wir sind wütend, weil unsere Regierungen nichts unternehmen, gleichzeitig wollen wir keine »zornigen Menschen« sein. Wir fühlen uns hilflos, und das ist so unangenehm, dass wir es nicht zu ertragen meinen. Wir sind traurig, aber wir reißen uns zusammen. Wir haben Angst, in dieser Trauer zu versinken, die vielleicht keinen Boden hat. Wir wollen nicht dauernd in Tränen ausbrechen. Doch ich hoffe – und auf so etwas zu hoffen fühlt sich seltsam an –, das ändert sich, und die Zeit ist gekommen, um darüber zu reden, wie sich die Klimakrise anfühlt, wie schlimm sie ist. Nicht, um in negativen Gefühlen zu baden beziehungsweise den Tag zu überstehen (auch wenn das manchmal hilft), sondern um die Motivation zu stärken und den Wandel voranzutreiben.

Meine offensten Gespräche haben bislang eines gezeigt: Es ist eine Erleichterung, die Fassade abzulegen, dass alles in Ordnung ist. Die Gemeinsamkeit macht uns stark. Möglicherweise brechen wir in Tränen aus, aber wir sind damit nicht allein. Vielleicht schlagen wir den benötigten Spalt mit einer Prise Galgenhumor. Wir sind nicht verrückt. Vielleicht liegt darin für manche Menschen der Unterschied zwischen »Ich würde mich am liebsten umbringen« und »Ich will weiterleben«. Vielleicht werden wir auch nicht aufeinander losgehen, wenn wir mit dem Mangel konfrontiert sind. Vielleicht bringt dieser auch das Beste in uns zum Vorschein, unsere Fähigkeit zu Sanftmut, Fürsorge und Zusammenarbeit. Vielleicht werden wir uns umeinander kümmern, was auch immer geschehen mag.

Oder wie Joanna sagt: »Dies ist eine Zeit des Werdens ebenso wie des Vergehens. Es braucht diese Angst, um eine neue Menschlichkeit hervorzubringen, eine neue Solidarität.«[8]

Andy Fisher, Pionier auf dem Feld der Ökopsychologie, schrieb einen Essay über Joannas Arbeit. Er meint: »Jede Gesellschaft prägt ihren Mitgliedern eine Persönlichkeitsstruktur auf, die diese Gesellschaft überleben lässt. In einer ökologisch destruktiven Gesellschaft heißt das, wir unterdrücken den überbordenden Schmerz über die Verwüstung der Erde oder schieben ihn beiseite, um weiter fröhlich konsumieren zu können.«[9]

Ich nehme dies als Erlaubnis, nicht fröhlich zu sein. Und nicht nur das. Denkt Andy nicht auch, das Gegenteil könnte richtig sein? Vielleicht ist es sogar ein *ökologisch konstruktiver* Akt, ehrlich zu sein und den eigenen Schmerz zu fühlen. Und da er von »Unterdrückung« sprach, hat das Ganze vielleicht auch mit Nicht-wahrhaben-Wollen zu tun. Mir dämmert allmählich, dass ich mehr Mitgefühl haben könnte für Leute, die den Klimawandel leugnen oder bagatellisieren. Für die Menschen, die weitermachen möchten wie gehabt. Und die abnehmende Zahl der Leute, die behaupten, es gäbe gar keinen Klimawandel. Denn das Nicht-wahrhaben-Wollen ist die erste Stufe des Trauerprozesses, wie Elisabeth Kübler-Ross ihn beschreibt.

Moralische Empörung

Ich habe gelesen, dass seit der Unterzeichnung des Pariser Klimaabkommens 2016 »mehr Kohlenstoff in die Atmosphäre freigesetzt wurde als während der gesamten Menschheitsgeschichte bis zum Zweiten Weltkrieg.«[10] Die globalen Treibhausgasemissionen sind gestiegen, und nicht ein einziges Land hat in diesen entscheidenden sechs Jahren seine Emissionen reduziert.[11] Wie geht es Ihnen damit? Ich würde am liebsten schreien.

Das zweite Stadium nach Kübler-Ross ist die Wut. Erinnern Sie sich noch, was Donald Trump, damals Präsident der Vereinigten Staaten und der typische im Glashaus Sitzende, der mit Steinen wirft, über Greta twitterte? Sie solle »an ihrem Ärgermanagement-Problem arbeiten«.[12] Dass Greta ein Aggressionsproblem haben soll, fand und finde ich unsinnig. Die junge Frau, die ich 2021 anlässlich des Gesprächs mit dem Dalai Lama kennenlernte, war rücksichtsvoll, höflich, freundlich und so selbstreflektiert, dass sie den Ton ihrer »Wie-könnt-ihr-es-wagen?«-Rede von 2019 selbst als »sehr dramatisch« bezeichnete. In meinen Augen ist der Zorn in ihren Worten – wenn er denn aufkommt – sowohl der Situation angemessen als auch in die richtigen Worte gefasst. Sollten Sie sich diese Rede noch einmal anhören wollen, werden Sie ein Mädchen sehen, das sich die Kraft ihres Zorns zunutze macht, eine junge Frau, die das bloße Gefühl in rechtes Handeln übersetzt – in Joannas Worten: ein Mensch, der eine gesunde und heilsame Weise gefunden hat, mit seiner Welt zu leiden. (Außerdem, und das wollen wir doch nicht vergessen, hat Greta klugerweise auf die richtige Gelegenheit gewartet, um Mr Trump ein Jahr später, als er seine Wut über die verlorene Wahl öffentlich machte, zu entgegnen: »Das ist ja lächerlich. Donald sollte an seinem Ärgermanagement-Problem arbeiten und sich dann mit einem Freund einen guten, altmodischen Film angucken! Beruhige dich, Donald, beruhige dich!«)

Meine Freundin, die bereits erwähnte Zen-Priesterin und Anthropologin Roshi Joan Halifax, nennt dies »moralisches Leid«. Sie definiert es als »das Übel, das wir erleiden aufgrund von Handlungen, die unsere Grundsätze grundlegender Güte nicht wahren«. Moralisches Leid, sagt sie, ist »der Schmerz, der in Geist, Körper oder Beziehungen entsteht, wenn wir uns eines Moralproblems bewusst werden, für das wir uns verantwortlich fühlen und für das wir möglicherweise sogar eine Lösung haben, aber trotzdem aufgrund innerer oder äußerer Zwänge nicht handeln können«. Direkt oder indirekt, bewusst oder unbewusst – dass wir nicht aktiv werden, macht uns zu Komplizen des moralischen Fehlverhaltens, das die eigentliche Quelle unseres Leids ist.

Die zweite Form moralischen Leidens ist nach Roshi Joan die moralische Verletzung. Meist findet man diese beim Militär, aber auch in der Medizin, zum Beispiel wenn Fachkräfte im Gesundheitswesen gezwungen sind, entgegen ihrer persönlichen und beruflichen Ethik zu handeln. »Die moralische Verletzung«, meint Roshi Joan, »ist eine seelische Wunde, die daraus resultiert, dass man an moralisch fragwürdigen Akten mitwirken oder sie mitansehen muss. Es handelt sich um eine toxisch schwärende Mischung aus Schuld, Scham und Angst.«

Die moralische Empörung hingegen »ist ein nach außen gewandter Ausdruck von Entrüstung über Menschen, die soziale Normen brechen. Diese Reaktion umfasst sowohl Wut als auch Abscheu.« Ein klassisches Fehlverständnis buddhistischer Praxis oder auch nur von Achtsamkeit ist, dass wir mit geschlossenen Augen unter einem Baum sitzen und im Nirwana floaten wie im Samadhi-Tank, selbst wenn draußen alles in Chaos und Ungerechtigkeit versinkt. Hier erfährt die Tugend der Gleichmut, die im Buddhismus durchaus geschätzt wird, eine Verwechslung mit Indifferenz, Teilnahmslosigkeit und mangelndem Engagement. Dabei ist Gleichmut ganz im Gegenteil ein Zustand, der uns erlaubt, unser gebrochenes Herz zu akzeptieren und uns interessiert unseren düstersten und schwierigsten Gedanken und Gefühlen zuzuwenden, ohne uns davon überwältigen oder zu schädlichem Handeln hinreißen zu lassen. Oder wie Roshi Joan das ausdrückt: »Gleichmut ist jener Geisteszustand, in dem wir wirklich alles aufnehmen und trotzdem resilient bleiben können, in dem wir tief hinschauen und erkennen, wenn andere Schaden anrichten. Damit ist kein Ausblenden gemeint, sondern ein Sichöffnen.« In diesem Sinne ist Gleichmut nicht das Gegenteil von moralischem Engagement, sondern der Schlüssel dazu.

Roshi Joan hat einen Namen für das mangelnde Engagement, denn dieses ist die vierte Art moralischen Leidens – die moralische Apathie. Sie erläutert: »Dabei wollen wir gar nichts wissen. Wir leugnen Situationen, die Schaden anrichten. Moralische Apathie kann Gleichgültigkeit aufgrund der eigenen Privilegien sein, aber auch Gleichgültigkeit, die sich auf Verdrängung und Sucht gründet.« Sie führt diesen Begriff auf James Baldwin zurück und stützt sich dabei auf Raoul Pecks Dokumentarfilm über den Dichter: *I Am Not Your Negro*. Baldwin wollte damals ein Buch schreiben, eine Geschichte Amerikas aus der Perspektive von Martin Luther King jr., Malcolm X und Medgar Evers. Ich sehe mir den Film an und finde die Stelle, eine Schwarz-Weiß-Aufnahme, wie Baldwin ruhig und präzise ins Mikro eines Interviewers spricht: »Die moralische Apathie, der Tod des Herzens, der mein Land ergriffen hat, erschreckt mich. Diese Menschen haben sich so lange selbst betrogen, dass sie wirklich denken, ich sei kein Mensch. Ich leite dies aus ihrem Verhalten ab, nicht aus dem, was sie sagen.«[13] Wenn man sich das Verhalten der Industrienationen seit dem ersten IPCC-Klimabericht so ansieht, seit dem Zeitpunkt also, da wir es besser wissen müssten, könnte man glauben, wir halten den Klimawandel immer noch nicht für real. Mir fällt wieder ein, was Vandana Shiva sagte: dass die ausbeuterische Logik der industriellen Wachstumsgesellschaft die gleiche sei wie die der Sklaverei. James Baldwins Worte, der Film *I Am Not Your Negro* – sie sind das Licht, das aus der herzzerreißenden Dunkelheit des Rassismus hervorbricht.

Ganz klar, von all den Formen moralischen Leidens ist die moralische Empörung die klarsichtigste, die sich der Realität stellt *und* ganz selbstverständlich zu mehr Engagement führt. Sie formt aus unserem Schmerz den Aufruf zum Handeln. Roshi Joan verweist auf die Psychologen Nancy Eisenberg und C. Daniel Batson, deren Arbeit zeigt, wie sehr ein gewisses Maß an Empörung nötig ist, will man sich altruistisch engagieren. Sie erinnert uns daran, dass auch der Dalai Lama sagt, Ärger und moralische Empörung stünden häufig am Anfang eines wertebasierten Handelns. Natürlich ist ihm klar, dass Wut auch in die falsche Richtung ausschlagen kann. Er ist jedoch der (mit dem Buddhismus sehr wohl zu vereinenden) Meinung, Wut sei nicht per se negativ. Es handelt sich um einen leidenschaftlichen Geisteszustand, der, in geschickte Bahnen gelenkt, uns Energie und Mut verleiht. Vor allem die Buddhisten im Westen, so Seine Heiligkeit, beäugen Wut meist höchst argwöhnisch. Er meint, wir sollten uns die moralische Empörung doch mal genauer ansehen, damit wir erkennen, dass sie auf Mitgefühl beruht. Greta und ihre Mitaktivisten sind wütend über die Klimakrise, weil ihnen Menschen, Tiere und Landschaft wichtig sind. Sie sorgen sich umeinander und um das künftige Leben auf diesem Planeten. Das ist eine angemessene Reaktion, die der Bewegung Schärfe und Energie verleiht. Nein, wir sollten uns nicht beruhigen.

Moralische Empörung motiviert uns, Dinge richtigzustellen und aktiv zu werden. Aber wenn ich mir die Verantwortung der Menschen für den Klimawandel ansehe, für die Umweltzerstörung und das daraus entstehende moralische Leid, dann merke ich, dass ich die ganze Bandbreite der Formen abdecke, die Roshi Joan beschreibt: moralische Qual, weil ich Schuld und Scham empfinde, da ich die Vergangenheit nicht ändern kann; moralische Verletzung, weil das Leben in der Gesellschaft, in die ich hineingeboren wurde, mir abverlangt, bis zu einem gewissen Grad an all diesen Dingen teilzuhaben; moralische Empörung angesichts der Trägheit, mit welcher der nötige Wandel angegangen wird, sowie des Fehlens jeglichen politischen Willens, schnell und einschneidend zu handeln. Und moralische Apathie, weil ich mich trotzdem manchmal ablenken lasse und weil es einfacher ist, die Augen vor der Wirklichkeit zu verschließen.

Joanna Macy hat in den 1980ern in Westdeutschland gearbeitet und einen ehemaligen SS-Offizier kennengelernt, der ihr sagte: »Es ist einfacher für mich, Menschen zu respektieren, die wissen, dass sie einen Hitler hervorgebracht haben, als jene, die so überzeugt von ihrer Unschuld sind, dass sie tatsächlich glauben, ihnen könnte das nie passieren.«[14] Er war ein Beispiel dafür, wie Deutschland sich bereit zeigte, »dem moralischen Schmerz angesichts seiner Nazi-Vergangenheit zu begegnen«. Joanna meint, es sei nicht nur bemerkenswert gewesen, eine Gesellschaft zu beobachten, die sich aus dem Schweigen und der Repression der vorigen Generation herausschäle, um ihre tiefsten Gefühle in puncto moralisches Leiden zu äußern. Sie fand auch, dass ebenjene Gesellschaft außerordentlich kreativ war, was Joanna auf diese Atmosphäre von moralischem Mut zurückführte.[15] Mit den Klimawissenschaften kam der Verlust der Unschuld, der sich mit jeder neuen Studie fortsetzt. Wir wissen es heute besser. Wir wissen, was wir tun. Und wir können in die Zukunft blicken – nicht mit allerletzter Sicherheit, aber genau genug, damit es uns das Herz bricht. Was werden wir diesbezüglich tun? Wie können wir uns ändern? Und wie können wir ertragen, was wir getan haben? Im Beispiel von Greta oder von Deutschland: Wie können wir unser Leid kanalisieren?

»Im Zen gibt es einen Begriff, den ich wirklich liebe«, sagt Roshi Joan. »Er heißt *robai-shin*, übersetzt ›das Herz der Großmutter‹. Wir wissen, dass Großmütter ganz schön Mumm haben. Sie wurden in einen Frauenkörper geboren, was an sich schon eine Herausforderung ist. Sie haben Kinder geboren, Verluste ertragen. Sie haben mit gebrochenem Herzen gelebt. Und dabei Weisheit und Sanftheit entwickelt.« Das Herz einer Großmutter zu haben, sagt Roshi Joan, heißt, »das enorme Potenzial für positiven Wandel« zu erkennen, den uns dieser Augenblick bietet. Den »globalen Initiationsritus«, den wir im Moment durchlaufen. Was brauchen wir dafür? Gleichmut, sagt sie, damit wir mit Schmerz und Empörung umgehen können. Und Praxis.

Was können wir tun?
Praktizieren mit gebrochenem Herzen

Von Kritee Kanko, promovierte Klimawissenschaftlerin, Aktivistin, Trauerbegleiterin und Zen-Priesterin

Diese Praxis entstand aus den Treffen der Lama Foundation, die meine geliebte Trauerritual-Lehrerin Beth Garrigus leitete. Daneben wurde sie beeinflusst von dem machtvollen »Wahrheits-Mandala«, das die buddhistische Öko-Philosophin Joanna Macy entwickelte. Dieses Ritual würdigt unsere Trauer. Es kann von einer Einzelperson ausgeführt werden, ist aber am effizientesten, wenn es von einer Gruppe durchgeführt wird, die gemeinsam ruhige Präsenz übt. Viele von uns haben Schwierigkeiten, sich auf ihre Gefühle einzulassen, doch wenn eine Person in der Gruppe sich für ihre Trauer öffnet, dann ermutigt sie auch die anderen dazu, sich verwundbar zu zeigen. Wie bei jeder Praxis geht die Erfahrung bei diesem Ritual von Mal zu Mal tiefer.

Vorbereitung: Bauen Sie einen Altar, auf den Sie Bilder oder andere Symbole von realen oder mythischen Vorfahren stellen, von Lehrern, Freunden und nichtmenschlichen Verwandten, denen Sie oder Ihre Gruppe Dankbarkeit entgegenbringen. Dieser Altar ist Ihr liebevoller Hüter, Ihr alchemisches Gefäß, das die Trauer und verwandte Gefühle hält und verarbeitet. Stellen Sie diese Objekte in einem Kreis auf, den Sie dann in vier imaginäre Quadranten aufteilen. In jedem Quadranten ruht ein Objekt: ein Stein, trockene Blätter, ein dicker Holzstock, eine leere Schüssel:

- Der Stein steht für die Angst. Stein: So fühlt sich unser Herz an, wenn wir Angst haben – dicht, kalt und hart.

- Die trockenen Blätter repräsentieren unsere Trauer über das, was unserer Welt geschieht und was bereits passiert ist, was uns genommen wurde.
- Der Holzstock steht für unsere Wut und unsere Empörung.
- Die leere Schüssel symbolisiert unsere Verwirrung, die Ungewissheit, das Nichtwissen, was wir in diesen Zeiten tun können und sollen.

Wie das Ritual abläuft:

Sie meditieren, chanten oder singen 5 Minuten lang, um im Hier und Jetzt anzukommen.

Rufen Sie sich vor Augen, wer Ihren Kreis hütet. Spüren Sie Ihre Verbundenheit mit Ihren Wächtern. Lassen Sie Dankbarkeit in sich aufsteigen. Dieser Teil dauert etwa 15 bis 20 Minuten. Bitten Sie die Wächterenergien, sie mögen Ihnen helfen, die schmerzlichen Emotionen zu verarbeiten.

Nehmen Sie dann nacheinander alle vier Objekte in den Quadranten auf (Stein, Blätter, Stock und Schale). Wenn Sie die Übung allein machen, dann lassen Sie in sich die Gefühle aufsteigen, die mit jedem dieser Objekte verbunden sind. Erst dann gehen Sie zum nächsten Gegenstand weiter. Üben Sie in der Gruppe, dann können Sie die Gegenstände einfach still in der Hand halten und Ihren Gefühlen nachgehen. Oder Sie sprechen diese Gefühle aus, nachdem Sie für das Ritual eine bestimmte Länge festgelegt haben (45 bis 60 Minuten).

Der Körper unterscheidet nicht zwischen Trauer infolge eines persönlichen oder ererbten Traumas und kultureller Unterdrückung aufgrund von Herkunft, Geschlecht, wirtschaftlichen Bedingungen oder Klimawandel. Sie können also zwei Runden machen: In der ersten würdigen Sie Ihre persönlichen, ererbten, herkunftsbezüglichen oder geschlechtsbasierten Traumata. Die zweite Runde gilt dann dem Leid, das durch die Klimakrise entsteht.

Bitte atmen Sie tief ein und aus, und lassen Sie Körper und Augen sich sanft bewegen. Schwingen Sie hin und her, während Sie sich selbst und den anderen zuhören. Tränen, Laute, Jammern, Gähnen, Schluckauf – alles ist erlaubt.

Sie können sich selbst trösten, aber tun Sie das nicht bei anderen, bevor das Ritual beendet ist. Und natürlich sollten Sie vorher absprechen, was angemessen ist und was nicht.

Am Ende des Rituals rufen Sie (und die anderen) sich ins Gedächtnis, dass jedes symbolische Objekt zwei Seiten hat. Die Trauer ist nur da, weil wir lieben. Wut flammt nur auf, weil wir uns Gerechtigkeit wünschen. Verwirrung und Ungewissheit sind der Boden, auf dem neue Samen wachsen. Angst erzählt von Ihrem Mut, sich mit diesen Ängsten auseinanderzusetzen.

Danken Sie sich und den anderen sowie den Wächterenergien, bevor Sie den Ritualraum aufheben.

Mit dem gebrochenen Klimaherzen umgehen

Ich habe noch eine Freundin namens Stephanie. Sie arbeitet ebenfalls im Verlagswesen (und wirkte auch an diesem Buch mit). Vor Jahren hatte Stephanie Higgs einen Mentor bei Random House, den Cheflektor Daniel Menaker. Dan habe, so Stephanie, ein Buch geschrieben: Gedichte aus der Zeit, als er mit Bauchspeicheldrüsenkrebs lebte beziehungsweise starb. In diesem Buch versucht er, aus seiner Krankheit, seinem Leid und seiner Trauer etwas Schönes zu ziehen. Als ich mit Stephanie über dieses Kapitel sprach, erzählte sie mir von einem dieser Gedichte mit dem Titel »Adjuvantien«. Die

Sammlung selbst trägt den Titel *Terminalia* (so hießen die Festlich-keiten zu Ehren des römischen Gottes der Übergänge und Gren-zen Terminus). Sie sagte, er habe stets ein wohlplatziertes Bonmot zu schätzen gewusst, im Gespräch ebenso wie auf Papier. Vielleicht aufgrund des Wow-Faktors, sicher weil er die Sprache liebte, aber auch weil er gern lehrte. Ich kenne den Begriff »Adjuvantien« aus meiner Zeit als Krankenschwester. Es geht dabei um Hilfsstoffe, welche die Wirkung der eigentlichen Arznei verstärken. Stepha-nie sagte, sie hätte den Begriff nachschlagen müssen (lat. *adiuvare* [helfen, unterstützen]). Das Gedicht beschreibt, wie Menaker nach einer zweiwöchigen Atempause im Gefolge einer Chemotherapie wieder Besuch von Freunden erhält. Die letzten Verse beschreiben dann, wie er nach deren Abschied weint »vor Freude und vor ihrem Zwillingsbruder, der Trauer«.[16]

Zu ebendiesem Zweck habe ich dieses Kapitel geschrieben. Ich hoffe, dass wir den Raum des gebrochenen Herzens lange genug gemeinsam halten können, um die Freude und die Liebe darin zu finden und ein wenig Licht hineinzubringen, das erhellt, was wir schaffen könnten. Nicht trotz, sondern gerade wegen unseres ge-brochenen Herzens. Denn wir trauern, weil wir lieben.

»Wir haben viel, worum wir trauern müssen«, sagt Camille Bar-ton. Camille hat ihren Hauptwohnsitz in Berlin, wo sie »Embodi-ment-Forschung« betreibe und ein »Grief Toolkit« geschaffen habe, einen »Werkzeugkasten für unsere Trauer«.[17] Es hört sich sinnvoll an. In Zusammenarbeit mit dem Global Environments Network bietet sie diesen kostenlos online an (in englischer Sprache). Ich bin neugierig. »Wir haben viel zu betrauern«, sagt Camille. »Aber unsere westlichen Gesellschaften reagieren allergisch auf Trauer. Sie ist tabu. Es gibt nur wenig öffentlichen Raum, in dem wir mit unseren Verlusten und unseren nicht‹produktiven‹ Gefühlen le-ben können.« Sie weist darauf hin, dass man von uns erwartet, mit unserer Trauer schnell, still und vor allem für uns allein fertig-zuwerden. Vielleicht mit ein bisschen Psychotherapie, wenn wir uns das leisten können. Und in der industriellen Wachstumsgesellschaft hat Trauer ohnehin nur einen Zweck: »zur Normalität zurückzukehren und wieder produktives Mitglied der Gesellschaft zu werden«. Camille hat sich mit anderen Ansätzen der Trauer beschäftigt, vor allem solchen aus Afrika, und ihr »Grief Toolkit« zusammengestellt, um »die Logik der privaten, geheimen Trauer infrage zu stellen«.

»Trauerarbeit ist eine Möglichkeit, zu erkennen, was sich ändern muss, aber auch was du liebst und bei dir haben möchtest«, sagt Camille. »Im Augenblick ist Trauer eine wichtige Medizin, eine Chance, uns zu überlegen, wie wir auf diesem Planeten und miteinander leben wollen.« Ja, auch ich möchte mich mit diesen Fragen beschäftigen! Wie also sieht dieser Werkzeugkasten aus? Er hat vier Fächer. Das erste enthält diverse »Embodiment-Tools« – wie Willa Blythe Bakers Übung zum Erden, die Sie in diesem Kapitel noch kennenlernen werden. Damit können wir zurückfinden in unseren Körper, wenn wir uns vom Hier und Jetzt abgekoppelt haben und/oder uns zu viel in unserem Kopf aufhalten. Das funktioniert mit einer einfachen Übung wie zum Beispiel dieser: Legen Sie eine Hand auf die Brust, die andere auf den Bauch. Oder eine auf die Stirn, die andere in den Nacken. Das zweite Fach enthält »persönliche Übungen«, die viel mit Schreiben zu tun haben. Dabei fällt mir Daniel Menaker ein, der während seiner Chemotherapie Gedichte verfasste, in denen er sich von allem und jedem verabschiedete, was er geliebt hatte. Eine dieser persönlichen Übungen ist schlicht und simpel »Ins Kissen schreien«. Aber es gibt auch ein Ritual, »um die eigene Trauer zu tanzen«. Und Rituale mit Feuer beziehungsweise Wasser, in denen wir lernen loszulassen. Bei einer anderen Übung stöhnen und klagen wir und wippen mit dem Körper, »damit die Trauer ins Fließen kommt«.

Das nächste Fach des Werkzeugkastens enthält Vorschläge, wie wir gemeinsam trauern können. Das erinnert mich an Kritee Kanko und die Macht des Zusammenkommens im gemeinsamen Raum. Zu Camilles Gruppenübungen gibt es hilfreiche Anweisungen, wie man einen solchen unterstützenden Raum schafft, zum Beispiel einen »Kreis des Teilens«. (»Überlegt, wie lange ihr füreinander den Raum halten wollt. Zum Beispiel eine Stunde oder so lange, bis jeder dreimal Gelegenheit hatte, seine Erfahrungen zu teilen ... Beschließt die Grundregeln vorher, etwa Vertraulichkeit, sich gegenseitig nicht zu unterbrechen, keine Ratschläge, wenn diese nicht erbeten werden, oder andere Regeln, die euch helfen könnten.«) Oder die »Kerzenwache« (»Wenn eure Kerzenwache Teil einer Demo oder eines Protestmarschs ist, könnt ihr mit brennenden Kerzen oder Bildern losgehen und euch an einem bestimmten Ort treffen, wo ihr Erinnerungen austauscht oder Reden zuhört.«) Mich spricht eine der Gruppenübungen besonders an: »Ein Trauer-Date mit dem Wald oder dem Meer«.

Im vierten Fach von Camilles Werkzeugkasten sind die »Integrationsübungen« enthalten. Hier geht es darum, über ein bestimmtes Ritual zu reflektieren und dem Körper zu signalisieren, dass es nun, da wir aus dem Ritualraum heraustreten, Zeit ist, sich zu ändern. »Im Grunde«, so Camille, »ist ein Ritual alles, was man mit einer bestimmten Absicht oder Zielsetzung praktiziert.« Sie weist darauf hin, dass wir in der industriellen Wachstumsgesellschaft regelmäßig Rituale vollziehen, welche »die Ressourcenplünderung und bestehenden Herrschaftsverhältnisse stützen«. Camille hingegen will Rituale schaffen, die »uns Raum geben, verschiedene Seinsweisen zu erkunden und zu leben«, die gleichberechtigte und fürsorgliche Beziehungen unter allen Wesen und auch der Erde fördern. Beziehungen, um es in Camilles Worten auszudrücken, »die das Leben nähren«.

Die Rituale und Übungen in diesem Werkzeugkasten mögen simpel erscheinen, doch die Autorin geht davon aus, dass wir, vor allem im Westen, durchaus Probleme haben könnten, sie zu praktizieren. »Bitte seid sanft zu euch selbst«, mahnt sie. Und ich finde, dass wir uns das wirklich nicht oft genug sagen. Also wiederhole ich es an dieser Stelle: Bitte, gehen Sie sanft miteinander um.

»Es gibt durchaus Wege, die da hindurchführen«, sagt Willa Blythe Baker. »Wege durch den Zustand des gebrochenen Herzens hin zur Öffnung und zum Handeln.« Willa ist eine Lehrerin (ein weiblicher Lama) in der Tradition des tibetischen Buddhismus und promovierte Religionswissenschaftlerin. Als alte Freundin heiße ich sie in dieser Debatte willkommen. Einer dieser Wege ist die Praxis des Lojong, eine radikal kontraintuitive Übung für Herz und Geist. Beim Lojong, so Willa, »will man das Schwierige«. Statt uns dagegen zu wehren, laden wir es ein. »Wir wenden uns den Herausforderungen des Lebens zu, dem Kummer, der Verzweiflung, der Trauer, alldem. Weil wir sonst gar nicht wüssten, wie andere Menschen Kummer, Trauer und Verzweiflung erleben.« Auf diese Weise wird die Schwierigkeit zur »Brücke zum Mitgefühl mit anderen Menschen, dann zur Solidarität mit ihnen und schließlich zum Handeln für sie«. Willa nennt Lojong und andere kontemplative Übungen, die mit unseren schwierigsten Gedanken und Gefühlen arbeiten, einen »Stoffwechselvorgang«, der – auch wenn wir hier die Metaphern mischen – »aus jeder störenden Emotion eine Brücke macht«.[18]

»Eines der Gefühle, die viele von uns erleben, wenn wir uns mit der Wahrheit des Klimawandels beschäftigen, ist Verzweiflung. Allein die Fakten, die wissenschaftliche Seite, die Berichte, die wir darüber in den Medien lesen, die Forschungsarbeiten – die wir durchaus studieren sollten – können Angst, Druck, Ohnmacht, Trauer, Hilflosigkeit und Verzweiflung auslösen.«[19] Willa meint, diese Gefühle seien uns so unangenehm, dass wir denken, wir müssten sie entweder vermeiden oder auflösen. Willa aber schlägt vor, wir sollten lernen, mit ihnen zu leben. Ich habe mit Willa geführte Meditationen gemacht, die den Zweck hatten, uns mit der Verzweiflung *anzufreunden*. Wie gesagt: kontraintuitiv. Aber nicht unmöglich, denn Willa hat uns darüber hinaus noch zweierlei gelehrt: erstens, dass die Verzweiflung, wie jedes andere Gefühl, »nicht statisch ist, sie ist ständig im Fluss«. Sie kommt und geht und kommt und geht, und sie ändert ihre Form und ihren Tonfall. Zweitens führte uns Willa zur Erkenntnis, dass Verzweiflung »eine Reaktion auf die Begegnung mit der Wahrheit ist: dass etwas, das wir innig lieben, in Gefahr ist. Es ist unsere Liebe, die uns zu dieser Reaktion bringt. Unsere Liebe, die uns das Herz bricht. Verzweiflung ist ein Symptom unserer zärtlichen Zuneigung für die Natur, die Pflanzen und die Tiere. Sie ist die Antwort auf die Erkenntnis, dass das Leben vergänglich ist. Und das Leben auf der Erde gefährdet. Verzweiflung ist die Reaktion auf die Hilflosigkeit – auf die Wahrheit, dass wir kollektive Gier und Illusion nicht kontrollieren können; dass unser tägliches Tun zu dem Problem beiträgt, weil es auf einer kollektiven Übereinkunft beruht, die lange vor unserer Geburt getroffen wurde. Vor diesem Hintergrund ist die Verzweiflung für einen Organismus, der sich hilflos fühlt, eine ganz natürliche Reaktion. Sie ist keine Verirrung oder ein Versagen des Willens.« Wenn wir die Liebe in unserer Trauer und Verzweiflung erkennen, so Willa, finden wir Zugang zu dieser Zuneigung, die an sich eine Art des Lichts ist. Wenn wir die Wahrheit des Klimawandels und unserer damit verbundenen Gefühle auf diese Weise halten können, statt in ihnen zu versinken, können wir sie zur Fürsorge verstoffwechseln. Und Fürsorge führt zum Handeln.

Ich sage Willa, dass ich die Bezugnahme auf den Körper, wie sie in »Stoffwechsel« zum Ausdruck kommt, faszinierend finde. Mir ist klar, dass sie diese Metapher ganz bewusst gewählt hat. Sie hat darüber ein Buch geschrieben: *The Wakeful Body: Somatic Mindfulness as a Path to Freedom* (»Der erwachte Körper: Somatische Achtsamkeit als Weg zur Freiheit«). Sie weiß sehr gut, dass die Wege durch den Zustand des gebrochenen Herzens nicht nur im Kopf zu finden sind. Wenn sie mit Menschen arbeitet, denen diese Techniken neu sind, die nicht über den Klimawandel reden wollen oder sich einreden, es werde schon alles gutgehen, Menschen, die sich vielleicht generell gegen Gefühle sperren, dann, so Willa, fängt sie mit dem Körper an. Sie gibt ihnen eine Übung, zum Beispiel den Boden unter ihren Fußsohlen zu spüren. Das »ist anschaulicher als alles, was ich sagen könnte«. Ich denke weiter über die Stoffwechsel-Metapher nach, über das, was ich als Krankenschwester über den Metabolismus gelernt habe. Das sprachliche Bild ist wirklich sehr treffend. Wenn wir unsere Mahlzeit verstoffwechseln, dann nährt sie uns. Sie schenkt uns Leben und ermöglicht uns, am Leben zu bleiben. Die Energie, die wir aus einem gebrochenen Herzen beziehen, verwandelt sich in uns zu Mitgefühl und Engagement.

Was können wir tun?
Uns erden

Von Willa Blythe Baker

Wir haben einen irdischen Körper. Wie die große Erde von der Sonne angezogen wird, so wird die kleine Erde unseres Körpers von diesem Planeten angezogen. Unsere Reise beschreibt zwar keinen Orbit, aber sie steht in einem Zusammenhang mit der Erdung.

Alles, was wir tun, hängt von der Schwerkraft ab. Doch wie oft bemerken wir dies? Die Schwerkraft ist stark und allgegenwärtig. Und doch machen wir uns ihre Kraft nie bewusst. Wenn wir somatische (körperliche) Achtsamkeit üben wollen, dann zeigt uns die Achtsamkeit auf die Schwerkraft vor allem eines: *Sie erdet uns.*

Spüren Sie das Gewicht Ihres Körpers. Wo fühlen Sie es am stärksten? Richten Sie Ihre Aufmerksamkeit dorthin, wo Ihre Sitzfläche, Ihre Füße und/oder Beine den Stuhl beziehungsweise das Kissen berühren. Gehen Sie diesem Druckgefühl voller Neugier nach. Spüren Sie das Geerdetsein dort, wo Ihr Körper die Erde, den Boden, den Stuhl, das Kissen berührt.

An diesem Punkt erleben Sie die Schwerkraft, nicht als Idee, sondern als Empfindung. Sie spüren, wie die Erde Ihren Körper anzieht. Fühlen Sie seine natürliche Erdung, seine Stabilität? Lassen Sie Ihre Aufmerksamkeit sich dort sammeln, sich auflösen.

Wenn Ihr Geist ruhelos wird und anfängt, sich Gedanken zu machen, dann lassen Sie zu, dass die Erdung Ihres Körpers ihn zurückholt, so, wie ein Magnet Eisenspäne anzieht. Spüren Sie, wie Ihr Körper Ihren Geist lehrt, stabil und still zu sein. Man könnte sagen, dass der Körper seine Anziehungskraft auf den Geist ausübt.

Wenn Sie merken, dass Sie sich in die Dramen des Geistes verwickeln lassen, dann sagen Sie sich einfach: »Erde dich.«[20]

Wie sollten wir heute leben?

»Eines sollten wir gleich klarmachen«, sagte Ralphy. »Das sind die Regeln. Regel Nummer eins: »Kein Mord.« Die Mädchen brachen in Gelächter aus.

»Mord?«, fragte Erika.

»Ganz ehrlich: Was wir auf dieser Insel versuchen, ist doch, einfach nicht zu sterben. Warum ...« Sam konnte vor lauter Lachen ihren Satz nicht beenden.

»Warum sollten wir denn jemanden ermorden?«, hakte ihre Zwillingsschwester nach. Das Lachen erfüllte den ganzen Strand und strich weiter über die Wellen.

»Hört auf!«, schrie Ralphy. »Stopp! Ich mache mir gleich in die Hosen.«

Jackie wischte sich die Tränen aus den Augen. »Mein Gott«, sagte sie. »Das habe ich jetzt echt gebraucht.«

Später, als die Mädchen hungrig und müde waren, mussten sie nur »Mord« sagen, dann fingen sie alle wieder an zu kichern.«[21]

Das Einzige, was wir auf diesem Planeten versuchen, ist doch, nicht zu sterben, wie es Riane Koncs Figur Sam in dem rein weiblichen Remake von *Herr der Fliegen* schildert. Und wenn man die durchschnittliche Lebenserwartung nimmt und das Bevölkerungswachstum, dann waren die Menschen bislang sehr erfolgreich darin, nicht zu sterben. »Wir haben unsere Überlegenheit bewiesen, was das Lösen von Problemen angeht und das Beseitigen von Hindernissen, die unseren Wünschen entgegenstehen«, sagt Catherine Ingram. »Wir haben die meisten großen Wildtiere abgemurkst und ebenso die indigenen Völker, um ihnen ihr Land zu nehmen. Wir haben uns die Natur untertan gemacht, haben ihre Wälder und Prärien gepflastert. Wir haben ihre Flüsse begradigt und zwischen Dämme gesperrt. Wir haben ausgebuddelt, was der Journalist Thom Hartmann das ›alte Sonnenlicht‹ nannte. Diese Überreste früherer Lebewesen haben wir verbrannt und in die Atmosphäre geblasen, damit unsere Fahrzeuge uns über Land, Meer und Luft tragen konnten.«

Sonnenklar und unumstritten. Aber da ist ein kleiner Haken, den wir nach Jahrtausenden der Evolution, in denen wir glaubten, im Spiel des Lebens gewonnen zu haben, endlich zu sehen beginnen. Der Haken, den Catherine gern so ausdrückt: »Die Natur ist als Letzte am Zug.«[22]

Eines sollten wir uns bewusst machen: Dass Rianes Satz funktioniert, liegt am »Wir«. Wenn Sie diesen Satz in die Ich-Form verkehren (»Das Einzige, was ich versuche, ist doch, nicht zu sterben«), dann funktioniert er nicht und ist auch nicht mehr so witzig. Dann feiert die ursprüngliche Form von *Herr der Fliegen* Auferstehung. Diese »Kein-Mord«-Regel ist nur dann lächerlich, wenn wir wissen, dass wir auf dieser Insel als Gemeinschaft leben. Und dass mein Nichtsterben viel damit zu tun hat, dass Sie mich nicht umbringen und umgekehrt. In diesem Sinne ist der Textauszug eine ebenso passende Illustration des Gesetzes der wechselseitigen Verbundenheit, wie es die Geschichte um Indras Netz ist. Viele, auch Catherine Ingram, reden darüber, wie die Menschen unter dem Druck des Klimawandels immer selbstsüchtiger werden. Aber wie Riane uns so schön vor Augen führt, gibt es dazu eine Alternative, die so offensichtlich ist, dass es merkwürdig erscheint, sie überhaupt erwähnen zu müssen: Wir können auch auf »nichtscheußliche« Weise miteinander umgehen. Uns oder die Ökosysteme, von denen unser Leben abhängt, nicht zerstören.

Was wir versuchen, ist, nicht zu sterben. Doch wir werden alle sterben. Auch das ist wahr.

Der Tod ist gewiss.
Der Zeitpunkt des Todes ist ungewiss.
Wie sollen wir also leben?

Seit 2500 Jahren denken Buddhisten über diese Verse nach, die heute so wahr sind wie damals. Wenn Sie diese Aussage nun reichlich morbid finden sollten, dann hören Sie, was Stephen Batchelor dazu zu sagen hat: »Erst wenn uns etwas für selbstverständlich Genommenes vorübergehend verloren geht (sei es das Telefon oder ein Auge), erkennen wir urplötzlich seinen Wert. Wenn das Telefon repariert ist, die Binde wieder vom Auge genommen wird, sind wir heilfroh, aber bald vergessen wir die unangenehme Einschränkung wieder. Auch das Leben nehmen wir als selbstverständlich und nehmen es daher meistens nicht richtig wahr. Seltsamerweise wird uns gerade durch die Todesmeditation das Leben bewusster. Ist es nicht höchst erstaunlich, dass wir überhaupt hier sind?«[23] (Wenn Sie mehr über diese Meditation über den Tod wissen wollen, dann finden Sie eine genaue Anleitung in Stephens Buch *Buddhismus für Ungläubige*.) So schwer mir das Erwachen zur Klimakrise fiel, so hat es mich doch dazu gebracht, mich erneut ins Leben zu verlieben. Und nicht nur ins Leben allgemein, sondern in seine ganz speziellen Erscheinungsformen. Diesen Baum. Jenen Freund. Die Zeit, die ich auf meiner Veranda verbringe, wenn das Licht selbst »Guten Morgen« zu sagen scheint. Und meinen Bruder, der die Diagnose Krebs erhielt, während ich an diesem Buch arbeitete.

In Reaktion auf Catherine Ingram und ihre Worte über das Aussterben fing Stephen an, erneut über diese Zeilen zu meditieren, diesmal aber mit Fokus auf die menschliche Spezies.[24] *Das Aussterben ist gewiss ...*[25] Er ist sich tatsächlich sicher, dass wir eines Tages aussterben werden, doch anders als Catherine denkt er nicht, dass dies schnell gehen wird. *Der Zeitpunkt des Aussterbens ist ungewiss.* »Entweder wird sich die menschliche Spezies zu einer Lebensform entwickeln, die wir uns heute noch nicht vorstellen können; oder wenn wir in einer mehr oder weniger humanoiden Form überleben, dann werden wir ausgelöscht, sobald die Sonne in etwa einer Milliarde Jahre zu heiß wird, um Leben auf der Erde zu unterhalten.« Oder wir werden die Erde schon früher unbewohnbar machen. Wie auch immer, für Stephen zählt die Ungewissheit mehr als die Gewissheit. Wir wissen es einfach nicht, meint er, wie lange wir noch haben. Und in diesem Nichtwissen kann etwas Schönes und Wichtiges stecken, wenn wir uns dafür entscheiden. *Wie sollen wir also leben?*

Joanna Macy sagt, sie gehe mit dem gebrochenen Herzen wie folgt um: »Ihm direkt ins Auge blicken und sagen: ›Ach, da bist du ja wieder.‹«[26] Unsere Gefühle sind nun einmal nicht linear. Wir reden über die »Stadien« von Kübler-Ross, als gäbe es da einen Endpunkt, an dem wir sagen können: »Okay, ich bin jetzt durch mit Trauern.« Ich habe einen Vortrag von Steve Leder gehört, dem obersten Rabbiner des Wilshire Boulevard Temple in Los Angeles und Autor eines Buchs über den Tod mit dem Titel *The Beauty of What Remains*.[27] Er meint, wenn er mit Trauernden zu tun habe, sage er nie: »Es wird nicht für immer so wehtun«, weil das ganz simpel nicht wahr ist. Die Wahrheit für Trauernde, die einen geliebten Menschen verloren haben, lautet seiner Ansicht nach: Es wird nicht für immer so oft wehtun.[28] Natürlich ist unsere Trauer um die Erde anders. Sie kann tatsächlich so oft schmerzen. Uns bricht das Herz immer wieder, wenn wir neue schlimme Nachrichten über den Klimawandel hören oder ihn selbst Tag für Tag erleben. Die Verluste, die wir erleiden, haben kein Ende – in Vergangenheit, Gegenwart und Zukunft. Aber wir werden mit dem Trauern ohnehin nie fertig. Gleichzeitig wird unsere Liebe nie enden, weil wir bis an unser eigenes Lebensende aktiv bleiben werden.

Kapitel 6

Das ›Wunder: Eine Gegenwart, auf die wir uns freuen können, und eine Zukunft, die vorstellbar ist

In den Monaten nach der amerikanischen Präsidentschaftswahl von 2016 hatte Jenny Odell ein gebrochenes Herz. Und sie suchte wieder und wieder einen Rosengarten in ihrem Viertel in Oakland auf. Anfangs wusste sie nicht recht, warum. Sie erinnert sich nur, wie sie dasaß und in die Luft starrte.[29] In der Rückschau, so Odell, war es ein intuitiver Drang, der sie aus ihrer Wohnung trieb und in den Garten gehen ließ. »Wie ein Reh, das zu einem Salzleckstein geht, oder eine Ziege, die auf den Gipfel eines Berges klettert.« Ein innerer Impuls führte sie heraus aus dem Zwang, auf ihrem Handy durch immer schlechtere Nachrichten zu scrollen. Später erkannte sie, dass ihre Zeit im Rosengarten sie zum ersten Kapitel ihres Buchs *Nichts tun* anregte. »Ich weiß, dass sich viele Menschen in den Monaten nach den Wahlen dazu veranlasst sahen, nach der sogenannten ›Wahrheit‹ zu suchen, aber was nach meinem Empfinden ebenfalls fehlte, war ganz einfach die Realität, etwas, auf das ich nach all dem verweisen und sagen konnte: Das ist wirklich real.«[30]

Jenny ist sehr bescheiden, wenn sie von »ganz einfach die Realität« spricht und davon, dass sie »nichts« tat. Denn als sie so dasaß und die Pflanzen und Tiere um sich herum beobachtete und die Menschen, die sich um sie kümmerten, kamen ihr wichtige intellektuelle und emotionale Einsichten. Sie erzählt uns, dass sie ihren Platz fand, den »Platz für das Tier Mensch«, ihren körperlichen, lebenden, atmenden Raum. Und als sie ihn gefunden hatte, »klammerte ich mich daran wie an ein Rettungsfloß, und ich habe es bislang nicht losgelassen«.[31]

»Dies hier ist real«, sagt Jenny. »Ihre Augen, die diesen Text lesen, Ihre Hände, Ihr Atem, die Tageszeit, der Ort, an dem Sie das lesen – diese Dinge sind real. Ich bin auch real. Ich bin kein Avatar, keine Reihe von Einstellungen oder irgendeine reibungslos funktionierende kognitive Kraft; ich bin klumpig und porös, ich bin ein Tier, ich verletze manchmal, und ich verändere mich von einem Tag auf den anderen. Ich höre, sehe und rieche Dinge in einer Welt, in der andere auch mich hören, sehen und riechen. Und es bedarf einer Pause, um sich das in Erinnerung zu rufen: einer Pause, um nichts zu tun, um einfach zuzuhören, sich auf tiefster Ebene daran zu erinnern, *was*, *wann* und *wo* wir sind.«[32]

Wenn Sie je einen Menschen geliebt haben, der ein Drogenproblem hatte – wie es mir erging –, dann kann ich Ihnen dazu noch etwas sagen. *Diese Erfahrung* ist nicht nur real, sie ist abstoßend, transzendent, erschreckend, ermutigend, frustrierend, empörend, herzzerreißend und gleichzeitig so innig geliebt. Hässlichkeit und Schönheit, Angst und Hoffnung, Frustration und Wut, Mitgefühl und Liebe – all das kann wahr sein. Das Licht leuchtet auch im Dunkel. Sie lernen, mit diesen Widersprüchen zu leben, weil Sie das Licht zum Sehen brauchen. Kurz gesagt: Das Schlechte löscht das Gute nicht aus.

So schrecklich die Zerstörung ist, die wir diesem Planeten angetan haben, und so schlimm die Möglichkeit, dass es vielleicht schon zu spät ist, um beim Klimawandel das Ruder noch herumzuwerfen, Jenny und die anderen Menschen, die wir in diesem Kapitel kennenlernen werden, erinnern mich stets daran, dass unser gebrochenes Herz keineswegs der einzige Spalt ist, der Licht einlässt. Wenn wir über das Staunen reden – das »Wundern«, wie Matthieu Ricard es so charmant nennt – und über die Bedeutung, die es für unser Verhältnis zur Natur (auch der menschlichen) hat, dann sehe ich nicht nur das Licht im Dunkel, das uns staunen lässt. Es treibt uns auch an, endlich aktiv zu werden.

Wie gesagt ist Matthieu Ricard, den wir in Kapitel 4 kennenlernten, Franzose. Und er meint, dass es ihm selbst nach Jahren des Englischsprechens schwerfällt, den Begriff *awe* (»Ehrfurcht«) korrekt auszusprechen. Daher spricht er lieber von *wondering* oder »Wundern«. Ich habe das Wort übernommen und es in den Titel dieses Kapitels aufgenommen. Denn das Wundern ist typisch für ein staunendes Kind, aber auch für einen wissenschaftlich interessierten Geist.

Matthieu sammelt alles, was er an Wundern finden kann. »Vor zwei Jahren«, erzählt er, »habe ich von einer Kampagne der Grünen in Deutschland gehört. Damals hat man die Plakatwände in den Städten mit wunderbaren Naturaufnahmen gepflastert. Wirklich großen Bildern.« Der Effekt war, dass »die Leute wirklich inspiriert und motiviert waren. Vielleicht lässt sich Ehrfurcht ja als Triebkraft nutzen?«

»Es gibt interessante wissenschaftliche Studien, zum Beispiel auch von unserem Freund Dacher Keltner«, fährt Matthieu fort. Dacher ist Professor für Psychologie an der University of California in Berkeley und hält immer wieder Vorträge am Mind & Life Institute. Er setzt sich schon seit Jahrzehnten mit dem Staunen auseinander. Er und seine Kollegen konnten zeigen, dass Ehrfurcht nicht nur eine Quelle der Motivation ist, sondern auch eine altruistische Haltung fördert, weil sie unsere Sinne für eine Wirklichkeit öffnet, die größer ist als wir selbst. (Was sicher ein Grund für Jennys Bescheidenheit sein wird.) Eine neue Studie, an der Dacher beteiligt war, erforschte die Vorzüge dessen, was die Forscher *awe walks* nennen: Die Teilnehmer machten kurze wöchentliche Spaziergänge, bei denen sie ganz in der Gegenwart blieben und ihre Umgebung mit neuem Blick wahrnahmen. Die Probanden fühlten sich auch zwischen den *awe walks* beschwingter und hoffnungs-

voller als die Teilnehmer der Kontrollgruppe, die solche Spaziergänge nicht machten.[33]

Natürlich gibt es verschiedenste Formen der Ehrfurcht und damit auch die unterschiedlichsten Wirkungen. Matthieu erwähnt
einen seiner Lehrer, den er verehrt. »Ich hatte das unglaubliche
Glück, dreizehn Jahre zu seinen Füßen zubringen und bei ihm lernen zu dürfen. Da ist schon mal die Ehrfurcht vor dem unglaubli-
chen Potenzial der menschlichen Natur, das bei Menschen wie ihm
bedingungslose Liebe und grenzenlose Weisheit erweckt.« Diese
Art der Ehrfurcht inspiriert uns, dem Beispiel eines solchen Leh-
rers zu folgen. Matthieu zeigt mir ein Foto von Kangyur Rinpoche,
der sein erster Lehrer wurde, als er 1967 ins indische Darjeeling
kam, wo der tibetische Lama im Exil lebte. Matthieu verweist auf
seine Augen, die vor Liebe strahlen. »Ein echtes Lächeln … Das
kannst du später mal selbst ausprobieren«, sagt er und wird zum
Lehrer. »Dann ist da die Ehrfurcht vor dem, was der Mensch alles
erreichen kann«, fährt er fort. »Und die Ehrfurcht vor dem Menschen im Allgemeinen. Wir sollten die Banalität des Guten nicht
unterschätzen.« Der Satz beschäftigt mich. Matthieu erklärt, was
er meint: Die meiste Zeit gehen die meisten von uns nahezu acht
Milliarden Menschen zivil miteinander um. Aus diesem Grund sagen wir nicht, wenn wir ein Flugzeug oder einen Zug verlassen:
»Wow, heute hat sich niemand geprügelt.« Einfach weil das normal
ist. Was hingegen anormal ist, meint Matthieu, sei das, was in den
Nachrichten lande, weil es vom Üblichen abweiche oder eine Gefahr darstelle. »Und irgendetwas geht immer schief auf der Welt,
irgendetwas Schreckliches passiert allenthalben.« Zu viele solcher
Nachrichten, so Matthieu, und wir entwickeln das »Schlechte-Welt-
Syndrom«, wie es sich in Jennys Nachrichtenscrollen äußerte.

»Also fassen wir doch besser wieder Vertrauen zur Schönheit der
grundlegenden Güte im Menschen«, schlussfolgert Matthieu. Das
versucht er zumindest mit seinen Fotos zu erreichen. Und er zeigt
mir noch mehr Beispiele dafür: ein alter Tibeter in einem purpur-

farbenen Mantel mit Pelz am Saum, der sich lachend zur Kamera beugt. Ihm fehlen ein paar Zähne, und trotzdem zeigt er ein breites Lachen. Oder das Mädchen in dem Bambuswald-Klassenzimmer in Nepal, das winkt oder tanzt oder klatscht. »Sie freut sich, dass sie in die Schule gehen darf«, erklärt Matthieu. Er hat die Organisation Karuna-Shechen gegründet, die ihre Schule baute.

Dann sehen wir uns das Foto eines Mönchs an, der mit gekreuzten Beinen auf einem flachen Felsen sitzt, den Blick auf einen alleinstehenden Berg gerichtet. Er wendet uns den Rücken zu. Ich weiß nicht, ob er meditiert oder mit dem Berg spricht. Der Berg sieht jedenfalls sehr geduldig aus. Die Sonne lässt die rote Mönchsrobe aufleuchten. Und Matthieu meint dazu: »Wir können auch der Schönheit der Welt nur mit Ehrfurcht begegnen.« Und er erläutert mir eine weitere Form der Ehrfurcht, die letztlich zur Achtung wird. »Man will nicht zerstören, was einem dieses Staunen einflößt, etwas so Weites, Einzigartiges, was sich in Millionen von Jahren herausgebildet hat.« Ich denke an Wangari Maathais Baum am Bach in Kenia, der überlebte, solange ihn die Menschen für göttlich hielten. »Wenn du etwas achtest«, so Matthieu, »dann wirst du dich darum kümmern. Und wenn es bedroht ist, dann heißt kümmern natürlich, dass du dich dafür aktiv einsetzen musst.« Wieder dieser motivierende Effekt der Ehrfurcht.

Das nächste Bild. »Ein vollkommen stiller See auf 3700 Meter Höhe in Bhutan, darüber ein 6400 Meter hoher Berg. Um 6.00 Uhr morgens.« Hier schildert Matthieu, wie sich das Staunen anfühlt: »An diesem außergewöhnlichen Ort meint man, dass die Meditation außen ebenso stattfindet wie innen. Und obwohl du dort ganz allein bist, hast du das Gefühl, mit allem verbunden zu sein. Viele Studien zeigten, dass Einsamkeit schädlich ist für die geistige und körperliche Gesundheit. Aber die Ehrfurcht bringt das Gefühl der Verbundenheit mit der ganzen Biosphäre zurück, mit allen fühlenden Wesen, dem Universum, dem gewaltigen Himmel. Und dann will man das natürlich alles beschützen.«

Natur-Shows

Mein Freund Jinpa, der Übersetzer des Dalai Lama, sagt, Seine Heiligkeit sehe nicht viel fern (wie Sie wohl vermutet haben), aber er möge die Naturfilme von David Attenborough wirklich sehr. Ich muss lachen, als Jinpa meint, der Dalai Lama sei »ein großer Fan« davon. Jinpa weiß noch, dass er einmal in Neu-Delhi einen Wagen auslieh, um einen riesigen Fernseher (offensichtlich vor der Zeit der Flachbildschirme) zehn Stunden nach Norden, nach Dharamsala, zu verfrachten. Und sie brachten eine ganze BBC-Serie von David Attenborough mit. Jinpa meint, der Dalai Lama schätze daran das Gleiche, was uns gefällt, denn diese Naturaufnahmen inspirierten uns zum Staunen. »Die Farben, der Raum, die Großaufnahmen, die Vielfalt«, meint Jinpa. »Gute Naturfilme vermitteln einem ein Gefühl für die Größe der Erde.« Er hält inne, als wäre damit schon alles gesagt. Dann aber fällt ihm noch etwas ein: »Heutzutage betrachten wir die Natur nur als Ressource, die wir gebrauchen können. Wir sehen sie einfach utilitaristisch.« Naturaufnahmen aber laden uns ein, sie in all ihrer Pracht zu sehen. Sie erwecken die Ehrfurcht in uns.

In diesem Kapitel geht es um den Willen zu handeln, und was Jinpa meint, passt zu den Worten von Jenny Odell und Matthieu Ricard. Jeder bringt mich auf seine Weise dazu, darüber nachzudenken, wie Handeln aussehen kann – Handeln als Nichtstun, als Einlassen auf die Natur, als Ehrfurcht, als Respekt. Die industrielle Wachstumsgesellschaft mit ihrer herablassenden und nutzenbetonten Art des Umgangs mit der Natur verwechselt Handeln mit Produktivsein. Greta hingegen überquerte 2019 den Atlantik in einem Segelboot – ganz ohne fossile Brennstoffe – auf dem Weg zu verschiedenen Klimagesprächen in Nord- und Südamerika. (Als eine dieser Konferenzen in Chile von der Regierung abgesagt wurde, weil es Demonstrationen der Klimaaktivisten gab, verlegte die UN das Gespräch kurzfristig nach Madrid. Greta musste auf die Schnelle ein Segelboot finden, das sie früher als geplant zurück nach Europa brachte.) Damit wollte sie darauf hinweisen, dass die Transportsysteme der Welt nicht mehr zu den Bedürfnissen unseres Planeten passen. Als sie in New York ankam, meinte sie, ihr fehle das »Tun« auf dem Boot. »Einfach nur sitzen, buchstäblich stundenlang, und aufs Meer blicken. Absolut gar nichts tun. Das war großartig. Und es wird mir sehr fehlen. Einfach in der Natur zu sein, auf dem Meer, und dessen Schönheit einzusaugen.«[34]

In der industriellen Wachstumsgesellschaft bedeutet Produktivität, dass wir etwas Neues vorzeigen können, was wir erworben haben. Und dieses Etwas muss Geldwert besitzen. Die industrielle Wachstumsgesellschaft sagt: »Schaut her! Seht, was wir aus der Natur gemacht haben.« Bei der Ehrfurcht geht es ums Gegenteil. Sie sieht und hört zu, sie erkennt, wie die Dinge sind. Sie lässt sie sein, sie kümmert sich und richtet keinen Schaden an. Und sie erkennt, dass es mitunter das Beste ist, einfach nichts zu tun.

Der Nachteil des Schwelgens angesichts der Natur ist, dass wir wieder »draußen« sind, und dieses Gefühl des Getrenntseins von der Natur ist in der industriellen Wachstumsgesellschaft, wie wir bereits gesehen haben, Teil des Problems. Wenn wir einer Schar Streifengänse zusehen, die den Himalaja überfliegt (eines meiner Lieblingsvideos in der *Planet-Erde*-Serie der BBC), erinnern wir uns dann an unseren Platz in der Natur? An das schmelzende Eis auf dem tibetischen Hochplateau, an die Menschen, die dort leben, an das Flugzeug, aus dem heraus die Aufnahme gemacht wurde, an die Tatsache, dass Menschen in der halben Welt fossile Brennstoffe verheizen, die den Vögeln schaden? Oder sehen wir zu, um zu vergessen? Natürlich erinnert uns David Attenborough, wobei er auf einem Balkon über einer Millionenstadt steht, daran, welchen Einfluss der Mensch auf die Natur ausübt, aber wenn im Anschluss daran wieder Naturaufnahmen folgen, so fällt auf, dass darin keine Menschen vorkommen. Einerseits erwecken solche Bilder Ehrfurcht im bestmöglichen Sinne, denn wir müssen begreifen, dass wir nicht der Mittelpunkt der Welt sind und es nicht immer nur um uns geht. Andererseits erzeugt das Staunen im, sagen wir mal, »Safarisinn« die Illusion, wir könnten uns gemütlich zurücklehnen und diese Bilder genießen – das Spektakel der »unberührten Natur« irgendwo »da draußen«.

Carl Hall und seine Firma West One International hat den Vertrieb für die Filme *Climate Emergency: Feedback Loops* übernommen, die den Dalai Lama und Greta zusammenführten. Er wollte bei diesem Filmprojekt helfen, weil er Schuldgefühle hatte, sein Leben lang solche »heilen« Naturfilme gedreht zu haben. In seinen Augen Lügen, die uns einreden, dass es der Natur gut geht, ihre Habitate intakt sind und die Löwen immer noch durch die Savanne streifen. Er erzählt von einem Film, für den sie Wasserbüffel an ihrer Wasserstelle aufgenommen hatten. Ist man zur richtigen Zeit des Jahres vor Ort, kann man beobachten, wie ein Krokodil einen Wasserbüffel frisst. Die klassischen Blut-und-Klauen-Szenen habe ich noch nie gern angesehen. Hier aber hat sich der Kameramann umgedreht und gefilmt, wie etwa hundert Menschen die Szene mit ihren Handys aufnahmen. Das war, was sich tatsächlich abspielte. Carl ist der Ansicht, dass es in der Dokumentarfilmindustrie Standard ist, die Menschen einfach wegzulassen. Und das macht eben die Lüge aus. (Aber Carl hatte noch einen Grund, bei dem Projekt über die Feedback-Loops einzusteigen. Seine Tochter ist so alt wie Greta, und sie sagte ihrem Vater, er müsse das einfach tun.) Ein Produzent der Filme meinte, das Thema habe auch bei einer Konferenz der Produzenten von wissenschaftlichen Dokumentarfilmen auf der Tagesordnung gestanden. Einer der Vortragenden meinte, man habe die Realität des Klimawandels jahrelang vor den Zuschauern verbergen müssen oder sie zumindest so verpackt, dass sie niemanden verstörte. Das sei, als würde man ein bisschen Spinat ins Dessert mogeln und diesen mit Zucker überziehen. Aber er sagte auch, die Menschen seien mittlerweile offener.

Vor einigen Jahren hielt das Mind & Life Institute eine Konferenz in Botswana ab. Nach dem Abschluss gingen wir mit einigen der Teilnehmer auf Safari. Wir mussten sehr früh am Morgen aufstehen, um Elefanten zu sehen. Die gehörten seit jeher zu meinen Lieblingstieren. Dabei müssen Sie ganz, ganz leise sein. Für kurze Zeit überfiel mich dieses Gefühl der Ehrfurcht und Verbundenheit. Dann aber ging die Sonne auf, und die anderen Safarigäste kamen, die reichsten in Hubschraubern. Und mir wurde bewusst, dass wir da auch dazugehörten, als es ... deutlich lauter wurde. Ich sah zu, wie die Elefanten auf die Menschen reagierten, und mir war klar, dass wir sie nervös machten. Wir drangen uneingeladen in ihr Reich ein. Ich war aufgewachsen mit Sendungen wie *Im Reich der wilden Tiere*. Ich las *National Geographic* und verliebte mich in die Bilder der wilden Tiere. Ich träumte davon, nach Afrika zu reisen. Meine Safari-Erfahrung überzeugte mich jedoch davon, dass wir nicht dort sein, uns um diese Tiere herum versammeln und ihren Frieden stören sollten. Der Weg von der Ehrfurcht zum Respekt, über den Matthieu sprach, sollte uns auf andere Pfade führen, auf denen wir die Wunder unserer Heimat bestaunen und natürliche Habitate schützen.

Das Wunder im Alltag

Im Gespräch mit Klimawissenschaftlern wird mir schnell klar, dass Ehrfurcht bei ihnen zum Alltag gehört. Der Experte für Meereis Don Perovich erzählt uns von seiner Arbeit in der Arktis. »Ich wünschte nur, dass jeder Mensch diese Erfahrung machen könnte«, meint er. Allerdings würde er wohl in Übereinstimmung mit meinen Elefanten sagen, dass es besser wäre, wenn eben nicht jeder Mensch dorthin reisen könnte. Aber hören wir Don zu und dem Bild, das er beschreibt: »Ich bin unter der Mitternachtssonne über den gefrorenen Ozean gegangen. Ich war im Eis im November, als es so kalt und still war, dass man hören konnte, wie der eigene Atem gefror. Und über dir die tanzenden Schleier der Polarlichter. Dort leben unglaubliche Geschöpfe, grüne Kleckse von Wasserfall-Phytoplankton, Eisbären, Walrosse.« Don erzählt, seine Neugier auf die Eisschmelze habe ihm als Doktorand einen Vorwand geliefert, um tauchen zu lernen. »Ich weiß noch, wie ich beim Tauchen an der Eisscholle entlang plötzlich etwas aus dem Augenwinkel sah. Ganz kurz nur. Ich schwamm weiter. Dann sah ich es wieder, nur so ein Aufblinken. Man sieht etwas – und sieht es doch nicht richtig. Ich schwamm unbeirrt weiter und schaute nach unten. Und da sah ich es: Direkt unter mir, nur ein paar Meter entfernt, schwamm ein Seehund auf dem Rücken und sah zu mir herauf. Er schlug kurz mit dem Schwanz und war verschwunden, dann kam er wieder zurück. Ich weiß nicht, wer von uns neugieriger war, der Seehund oder ich.« Don genoss diesen Augenblick, bis »es so kalt war, dass ich den Regler nicht mehr im Mund halten konnte«. Und der Seehund schwamm davon zu anderen Abenteuern. Diese Geschichte war seine Antwort auf die Frage, wie er nicht nur immer weitermachen, sondern seine Arbeit auch weiter lieben könne, obwohl er ja wisse, was wir der Arktis antun. Die Ehrfurcht holt ihn immer wieder zurück.

Das Mind & Life Institute unternimmt heute weit weniger Geschäftsreisen als früher. Anders als Don, dessen Beruf immer wieder seine konkrete Anwesenheit in der Arktis verlangt, haben wir eingesehen, dass viele Reisen heutzutage nicht mehr nötig sind und sie der Umwelt schaden. Mir ist auch klar geworden, wie unangemessen Fernreisen aus Jux und Tollerei sind. Ich würde im Urlaub nicht mehr einen Ozean überqueren, selbst wenn es die Elefanten nicht störte, dass ich ihnen bei ihren täglichen Verrichtungen zusehe. Was aber können wir tun, um die Ehrfurcht in uns zu erwecken, wenn wir nicht einfach ein Flugzeug nehmen und unseren Alltag hinter uns lassen können? Vermutlich fürchten viele Menschen um diesen Luxus und denken, unser Leben wäre dann kleingeistiger, trauriger, weniger wunderbar. Da fragt man sich natürlich, was die Menschen, die sich solche Reisen nicht leisten konnten, denn früher getan haben. Die Antwort auf beide Fragen ist vermutlich die gleiche: Mit einer anderen Form der Aufmerksamkeit – voller Neugier, Vertrauen, Offenheit und Liebe – finden wir das Wunder da, wo wir im Augenblick sind. Jenny Odell zeigte mir ja, was im »Zeitalter des Genug« ein Wunder sein kann.

Wir haben bereits gehört, dass Jenny sich für den Rosengarten in ihrem Viertel begeistern konnte. Aber sie fand auch wahre Wunder, wenn sie mit dem Stadtbus unterwegs war, genauer gesagt mit der Straßenbahn, denn Jenny lebt in der Gegend um San Francisco. »Als ich mir erst einmal klargemacht hatte, dass hinter jedem Gesicht, in das ich blickte (und ich versuchte, in jedes von ihnen zu schauen), ein ganzes Leben stand – eine Geburt, eine Kindheit, Träume und Enttäuschungen, ein Universum voller Ängste, Hoffnungen, Ressentiments und bereuten Entscheidungen –, wurde diese langsame Szene nahezu unfassbar fesselnd. Wie [der Maler David] Hockney sagte: ›Es gibt vieles, was man betrachten kann.‹«[35] Sie erzählt auch, wie sie sich mit zwei Krähen angefreundet hatte, die sie zu Besuchen verlockte, indem sie jeden Tag Erdnüsse auf den Balkon ihres Apartments legte. Sie wurden zu regelmäßigen Gästen: Krähe und Krähensohn, denn sie waren Mutter und Kind. »Bald schon fand ich heraus, dass Krähe und Krähensohn es vorzogen, sich Erdnüsse auf den Balkon hinauswerfen zu lassen, damit sie vom Telefondraht herab raffinierte Sturzflüge durchführen konnten. Sie fliegen Drehungen, Fassrollen und Loopings, von denen ich mit der Besessenheit stolzer Eltern Zeitlupenvideos gemacht habe.«[36] Sie interessierte sich noch mehr für die Tiere, als sie erfuhr, wie intelligent sie sind – so können sie beispielsweise menschliche Gesichter erkennen, was Jenny als Einladung nahm, eine Beziehung zu ihnen aufzubauen. »Manchmal wollen sie keine Erdnüsse mehr, sondern nur dasitzen, um mich anzustarren. Einmal folgte mir der Krähensohn die halbe Straße entlang.«[37]

Jenny durchstreift ihre Nachbarschaft mit einer Lupe, die zehnfach vergrößert, um sich bestimmte Sachen genauer ansehen zu können. Obwohl sie schon eine engagierte Vogelbeobachterin und Pflanzenliebhaberin war, eröffnete ihr dieses einfache (und preiswerte) Instrument einen völlig neuen Blick auf die Welt. »Mit der Lupe müssen Sie dem Objekt wirklich nahe kommen. Und dann stimmt endlich der Fokus, und Sie finden heraus, dass eine Pflanze, die mit bloßem Auge ganz glatt wirkt, in Wirklichkeit lauter kleine Härchen aufweist. Oder etwas in dieser Richtung.« Sie hat die kleine Taschenlupe von einer Freundin bekommen, die fand, dass Jenny damit wohl etwas anfangen könnte. Und tatsächlich dachte sie: »Jetzt wird mir nie wieder langweilig.« Was man auch über das Smartphone sagt, aber Jenny meint, der Unterschied sei, dass »es mich mit Ehrfurcht erfüllt, statt mit Entsetzen«.

Auf der anderen Seite des Landes, in Brooklyn, spricht auch die Meditationslehrerin Sebene Selassie davon, wie man das Außergewöhnliche in der urbanen Landschaft findet. Gleich Jenny findet Sebene ihre Augenblicke des Wunders im Bus oder in der U-Bahn. »Manchmal fahre ich richtig gern U-Bahn«, erzählt sie. Dann nimmt sie die Pods aus den Ohren oder legt ihr Buch weg und ist einfach nur präsent mit dem, was ist.[38] »In den neunzehn Jahren, die ich in dieser Stadt lebe, habe ich in der U-Bahn unglaublich viele menschliche Gesichter erlebt – viele schön, einige brutal, andere erschreckend, nicht wenige herzzerreißend. Ich musste mal mitansehen, wie ein Mann einer jungen Frau einfach ins Gesicht schlug. Ein total Fremder, und das aus keinem besonderen Grund. Er ging dann einfach weiter. Oder die Obdachlosen, die man ignoriert, über die man jeden Tag hinwegsieht. [Wie ich das auch manchmal tue.]« Jeder, der je in New York die U-Bahn genommen hat, weiß, dass es dort nicht immer sauber oder friedlich zugeht. Wenn Sebene die Hässlichkeit und das Leid akzeptiert, macht dies ihre Ehrfurcht nur umso glaubwürdiger. »Aber ich habe auch unzählige Leute aus allen möglichen Schichten gesehen, die anderen aushelfen: mit Geld, Essen, Gepäck, dem Kinderwagen oder einer Wegbeschreibung. Ich habe gesehen, wie die Leute mit den Köpfen zusammengestoßen sind und gelacht haben. Ich habe Mitgefühl und Staunen erlebt. Ich höre dort jede nur erdenkliche Sprache, jeden vorstellbaren Akzent. Ich habe Akrobaten gesehen, Stepp- und Tangotänzer, Breakdancer und Musiker aus allen Teilen der Welt. Das ist wie eine heimliche Unterwelt, in der sich die gesamte Menschheit trifft.«

Sebene lässt auch die Frustration über die Stadt zu. »Manchmal möchte ich auf dem Land sein, mehr Raum haben, mehr Ruhe. Ich möchte ›in der Natur‹ sein – als gäbe es etwas in diesem Universum, was nicht ›natürlich‹ ist.« Mitunter träumt sie davon, ins New Yorker Hinterland zu ziehen. So wie ich weiter davon träumen werde, Tiere in der Wildnis zu sehen und mit dem Flugzeug an Orte zu reisen, die ich noch nie gesehen habe. Aber ich habe auch offene Ohren, wenn Sebene uns daran erinnert, dass wir »manchmal einfach in der U-Bahn unterwegs sind«. Und dass dies wundervoll sein kann.

Jede spirituelle Tradition, auch der Buddhismus, lehrt uns, wir bräuchten die Ehrfurcht und das Staunen nicht dem Zufall zu überlassen. Wir können »heilige Tage« schaffen, was die wörtliche Übersetzung von *holidays* ist. Heilige Augenblicke, die durch Rituale und klar formulierte Absichten unser Bewusstsein verändern, unser Gewahrsein stärken und uns aus dem »Business-as-usual«-Modus herauskatapultieren.

Was können wir tun?

»Ein Opfer bringen« – was bedeutet dies?

Aus einer Predigt von Steve Leder, Rabbiner im Wilshire Boulevard Temple, Los Angeles 2020

Die meisten Menschen denken, sie verlören durch ein Opfer etwas, sie gäben etwas Wertvolles weg. Aber das hebräische Wort für »Opfer« sagt ganz das Gegenteil. Es bedeutet »näher kommen« oder »anziehen«. Aus der Sicht der Thora fühlen wir uns den Orten und Menschen näher, die wichtig sind, wenn wir die richtigen Dinge aufgeben.

Nie würde ich sagen, die Lektionen, die Covid-19 uns gelehrt hat, seien den Verlust an Leben, die Schäden an unserer Wirtschaft oder die Angst, die wir erleiden mussten, wert gewesen. Doch sie sind auch nicht wertlos. Ob wir es nun merken oder nicht: Trotz des schlimmen Anlasses schaffen wir auf der ganzen Welt etwas sehr Schönes, was uns hoffentlich bleibt. Wir nennen dieses Kreieren »Via Negationis« – durch das Negative. In anderen Worten, wenn wir bestimmte Verhaltensweisen oder Gegenstände, ja sogar Menschen aus unserem Leben entfernen, dann entsteht häufig an ihrer Stelle etwas unerwartet Schönes.

Die Schöpfung durch Verzicht auf die Schöpfung ist der Grundgedanke des Schabbats, dessen Heiligkeit von dem abhängt, was wir an diesem Tag nicht tun. Aber das ist auch der Grundgedanke des Pessachfestes, das bald ansteht. Wenn wir *chametz* (Gesäuertes) aus unserem Heim und unserer Nahrung entfernen, dann ist dies nicht nur ein physischer, sondern auch ein metaphorischer Akt. Sozusagen der Frühjahrsputz unserer Seele. Und nie habe ich die metaphorische Kraft dieses Weglassens deutlicher gespürt als während der Quarantäne.

Brauchen wir wirklich so viele Anzüge, Krawatten, Schuhe, Handtaschen und Outfits? Wie viele Meetings müssen wir wirklich durchführen? Mussten wir wirklich so viel Zeit fern der Heimat verbringen? Wie sehr wollen wir die Erde noch verschmutzen durch Fahren und Kaufen, Fahren und Kaufen, Fahren und Kaufen? Wie der Schabbat, wie das Pessach, wie jedes wahre Opfer hat Covid viel Unsinn aus unserem Leben entfernt. Und dadurch ist etwas Wundervolles entstanden: das Wissen, dass wir besser zu Hause bleiben, näher bei Gott, der Natur und den Menschen, die wir lieben. *Schabbat schalom …*

Rebecca Solnit nennt die Mobilität »einen der Fetische der Moderne und der Technik«. Sie zitiert den Dichter und Umweltaktivisten Gary Snyder, wenn sie sagt: Das Radikalste, was wir tun können, ist »zu Hause bleiben«. Ich freue mich, das mit solcher Emphase aus ihrem Mund zu hören, denn ich gedenke, dieses Opfer zu bringen. Und es interessiert mich, was wir hier zu gewinnen haben. Damit meine ich nicht nur, wie viel fossile Brennstoffe wir einsparen, sondern die persönlichen und sozialen Vorteile, die heranreifen, wenn wir bleiben, wo wir sind, und die Verbundenheit zu diesem Ort stärken. Aus ebendiesem Grund wollte ich über die Ehrfurcht und das Staunen sprechen. Oder wie Rebecca sagt: »Wie wir die Tyrannei des Quantifizierbaren überwinden. Das ewige ›Ich war in Burma und danach in Singapur, ich war da und dort beim Skifahren oder beim Shoppen‹.« Stattdessen rät sie uns, dass wir uns fragen, »wie wir das Zuhausebleiben zu einem aufregenden, facettenreichen, lohnenden Abenteuer machen können«.[39]

»Der Großteil der Menschen wird sich besser fühlen, wenn wir langsamer werden und vor Ort leben«, schreiben Greta und ihre Familie in ihrem gemeinsamen Buch. »Sicher im Wissen, dass unsere Kinder die Chance haben, auf die Erfindungen und Lösungen zu kommen, die wir nicht hervorgebracht haben. Der Großteil von uns wird sich besser fühlen, wenn ganze Länder die Möglichkeit erhalten zu leben, statt ständig auf dem Weg zur nächsten Großstadt, zum nächsten Städtetrip, zum nächsten Flughafen, zum nächsten Was-auch-immer zu sein. Die Welt wird größer, je langsamer wir reisen.«[40] Ich frage mich, wie groß sich wohl der Atlantik anfühlt, wenn wir ihn im Segelboot überqueren, wie Greta das gemacht hat.

Die vollkommen reife Erdbeere vor unseren Augen

Wenn wir gesund sind, so nehmen wir unser Leben für gewöhnlich als selbstverständlich, verbringen die meiste Zeit damit, etwas zu planen, zu erwarten und uns Sorgen zu machen. Wir vergessen einfach, wie wunderbar unwahrscheinlich jeder einzelne Augenblick ist: Wir leben, als würden wir niemals sterben. Wie die industrielle Wachstumsgesellschaft bewiesen hat, gehen wir auf die gleiche Weise mit unserer Erde um: Wir halten das Leben auf diesem Planeten für selbstverständlich, solange es so aussieht, als könne es ewig dauern oder zumindest eine sehr lange Zeit. Heute ist das anders. Die Generationen, die zurzeit die Erde bevölkern und die auf uns folgen werden, leben mit dem Wissen, dass der Planet eine wenig versprechende Diagnose hat. Im vorigen Kapitel haben wir uns damit beschäftigt, wie wir mit der daraus resultierenden Tragik umgehen können. Dieses Kapitel aber soll davon handeln, welche Schönheit uns dies offenbaren kann.

Anfang der 2010er-Jahre schrieb ich ein Buch, das den Menschen helfen sollte, mit ernsthaften und lebensbedrohlichen Krankheiten umzugehen. Ich zog dafür meine klinischen Erfahrungen ebenso zurate wie Forschungsergebnisse und mein persönliches Erleben von Achtsamkeits- und Mitgefühlspraxis. Ich habe es kürzlich durchgeblättert und bin dabei auf eine Passage in der Einleitung gestoßen, in der es darum geht, wie man auf eine unheilbare Krankheit reagiert.

Diese Worte passen auch auf die Krise, die wir im aktuellen historischen Moment erleben: »Auf der geistigen Ebene kämpft man vermutlich mit dem Bewusstsein, dass es einem nicht gut geht, und auch mit dem Wissen, dass man die Krankheit wahrscheinlich nicht überwinden und von ihr geheilt werden wird. Die Gedanken sind von Angst erfüllt vor dem Unbekannten und der Zukunft oder voller Reue über Dinge, die man getan oder versäumt hat. Womöglich hat man solche Angst, nicht mehr genügend Zeit zu haben, dass man wie gelähmt ist. Vielleicht fühlt man sich auch bedrückt oder niedergeschlagen wegen all der Veränderungen und Verluste, die vor einem liegen. Auf der spirituellen Ebene versucht man möglicherweise, in dem, was mit einem geschieht, einen Sinn zu finden oder es infrage zu stellen. Man mag sich gedrängt fühlen, den Sinn des eigenen Lebens zu finden und sich Fragen über den eigenen Tod zu stellen. In sozialer Hinsicht bemerkt man vielleicht, dass sich an den Beziehungen zu Freunden und Familienangehörigen etwas verändert, die eventuell enger oder weniger eng werden. Man stellt fest, dass man neue Formen finden muss, wie man miteinander Freude haben, sich nahe sein und schwierige Gespräche führen kann.«[41]

Während meiner Arbeit als Krankenschwester für Krebspatienten und auch später, als ich mich mit diesem Thema auseinandersetzte, hörte ich von den Patienten immer wieder, dass sie das Leben jetzt mehr zu schätzen wüssten als vor der Diagnose. Es erfüllte mich stets aufs Neue mit Staunen, wenn ich feststellte, dass diese Menschen, die zwar körperlich krank waren, jedoch im vollen Bewusstsein dessen, dass ihre Zeit auf Erden begrenzt war, Sinn und Freude in ihrem Dasein fanden. Und das traf wirklich auf alle meine Patienten zu, nicht nur auf einige Happy Few, die mit ihrer Situation umgehen konnten. Da ich diese Erfahrung immer wieder machte, vermag ich mich nicht mehr an einzelne Geschichten zu erinnern. Aber ich kann auf Aufzeichnungen zurückgreifen, die ich anfertigte, als ich mich damit befasste, wie Patienten im fortgeschrittenen Stadium von Krebs ihr Leben sahen. Da ich Parallelen erkannte zwischen den Menschen, die den nahen Tod vor Augen hatten, und uns, die wir so viel Leid, Tod und möglicherweise unser Aussterben erfahren, holte ich diese Transkripte wieder hervor.

Ich arbeitete mit Frauen, die einen bereits metastasierten Brustkrebs hatten und an einem Expressive-Writing-Kurs teilnahmen. Oder mit Männern und Frauen, die wegen eines Lymphoms oder einer Leukämie Stammzellen- respektive Knochenmarkstransplantate brauchten und die Achtsamkeitsmeditation erlernt hatten. Ich möchte Ihnen hier ein paar Aussagen vorstellen, die zeigen, wie viel Ehrfurcht aufkommt, wenn man sicher weiß, wie kostbar, zerbrechlich und vergänglich das Leben ist. Jeder Absatz stammt von einem anderen Menschen:

Aber jetzt hat man mir gesagt, dass meine Tage gezählt sind. Von diesem Augenblick an ist der Blick auf das Leben ein grundsätzlich anderer. In gewisser Weise ist dies ein Geschenk, weil man nun das Leben so führt, dass nur noch das wirklich Wichtige zählt.

Jeden Abend danke ich Gott für alles, was er mir gegeben hat, und dafür, dass er mir diesen anderen Blick auf das Leben ermöglicht. Ich war immer so zornig, wenn ich irgendwo warten musste oder im Verkehr feststeckte, und jetzt berührt mich das überhaupt nicht mehr. Ich kann nicht mehr verstehen, warum so viele Menschen sich über solche Kleinigkeiten aufregen. Ich pflanze Blumen und bewundere ihre Schönheit.

Es ist ein wunderschöner Tag. Die Wolken stehen hoch am Himmel, die leuchtend grünen Blätter zittern im Wind. Wir haben alle solches Glück, am Leben zu sein. Und das ist die Lektion, die ich hoffentlich meinen Kindern mitgeben kann: dass sie dieses Leben und die Schönheit in ihrem Umfeld schätzen lernen, die Freude, wenn wir einen Freund lächeln sehen, der unfassbar herrliche Anblick, wenn eine Kröte hüpft oder der Apfelbaum blüht.

Ich freue mich über jede Kleinigkeit, die sie [meine Kinder] für mich tun. Ich bin mir all dieser kleinen Nuancen viel stärker bewusst. Ich konzentriere mich viel intensiver darauf, was wichtig ist und was nicht. Vielleicht kann ich dieses Geschenk an meine Kinder weitergeben.

Der Krebs hat mir so viel über das Leben beigebracht. Ich habe erfahren, was wahre Freundschaft ist. Ich kann anderen nun meine Zuneigung zeigen, Menschen, denen dies etwas bedeutet.

Ich halte jeden Tag inne und suche mir etwas wirklich Schönes. Einen wunderbaren Japanischen Ahorn an einem ungewohnten Ort. Das wunderschöne Lächeln meines Sohnes.

Dass ich Krebs habe, hat mich in gewisser Weise zu einem besseren Menschen gemacht – spiritueller, aufmerksamer, was all die kleinen Dinge um mich herum angeht. Ich weiß jeden Tag zu schätzen. Aber es gibt auch Tage, an denen ich mir leidenschaftlich wünsche, der Krebs wäre nicht Teil meines Lebens. Dann denke ich an andere Menschen, die lebensbedrohliche Krankheiten haben. Ich bin nicht allein.

Mein Segen für heute ist: eine gute Selbsthilfegruppe von Freunden, eine Familie und eine Katze, die mich lieben, ein wunderschöner, sonniger Tag und ein allgemeines Wohlbefinden – all das ist wirklich ein Geschenk.

Ich mag es sehr, wenn ich neue Orte entdecke und deren Natur nachspüre – die Wälder, Felder, das Wasser, die Tiere. Das macht meine Seele frei. Der offene Nachthimmel, wenn ich in meiner Hängematte liege und die Sterne und die Fledermäuse beobachte, wie sie allmählich hervorkommen.

Erst neulich stand ich am Heizkörper und wollte gerade nach einem Buch greifen, als ich dachte: »Ach, ich stehe hier im Warmen. Ich bin zu Hause. Ist das nicht wunderbar?«

Wir haben … nicht mehr viel Zeit. Wir müssen sie nutzen, schmecken, spüren, riechen, sehen, hören. Das ist alles, was uns noch bleibt. Alles, was wir noch tun können.

Es gibt da eine schöne Geschichte über eine Erdbeere. Eine alte buddhistische Fabel, die man in verschiedenen Versionen findet. Wenn Sie sie noch nicht kennen, dann ist hier die meine:

»In einem fernen Land wanderte eine Frau durch die Wildnis, als sie aus dem Augenwinkel bemerkte, dass ihr ein Tiger folgte. Sie beschleunigte ihre Schritte. Der Tiger ebenfalls. Sie überlegte fieberhaft, was sie jetzt tun sollte, denn sie glaubte, irgendwann gehört zu haben, dass Menschen nie schneller sind als Tiger. Da fand sie sich plötzlich an einem Felsvorsprung wieder, unter ihr der Abgrund. Und der Tiger nicht weit. Allerdings sah sie, dass ganz in der Nähe ein Weinstock das Kliff überwucherte. Gerade noch rechtzeitig kletterte sie herab. Sie kletterte vorsichtig über den Weinstock nach unten, als ihr Blick einen zweiten Tiger erfasste – diesmal direkt unter ihr. Und er sah genauso hungrig und erschreckend aus wie der erste.

Sie sah hinauf und hinunter und fand, dass der Weg nach oben einladender aussah. Als sie begann, sich wieder hochzuarbeiten, entdeckte sie eine kleine Maus, die an der Weinranke nagte. Nun saß sie also nicht nur fest, sie würde auch mit Sicherheit sterben. Vor lauter Panik atmete sie tief durch und schloss die Augen. Als sie sie wieder öffnete, sah sie eine wilde Erdbeere direkt vor ihrer Nase. Sie hatte die Frucht vorher nicht bemerkt. Da war sie nun, groß und vollkommen reif. Die Frau pflückte die Erdbeere, und es war die süßeste und aromatischste, die sie je gegessen hatte. Und sie genoss jeden einzelnen Bissen.«

Zwischen welchen Tigern sitzen denn wir fest, während die Maus an unserer Lebenszeit nagt? Wir sorgen uns um die Vergangenheit – Scham, Reue, Selbstvorwürfe. Und wir machen uns Gedanken um die Zukunft – Planen, Sorgen, Ängste. Und die ganze Zeit über hängt die Gegenwart direkt vor unserer Nase, jedenfalls solange wir noch atmen. Groß und saftig, die unfassbare Tatsache, am Leben zu sein. Es liegt in der menschlichen Natur, wenn wir das nicht bemerken, weil wir uns dauernd mit den Tigern/Gedanken beschäftigen. Aber durch die Praxis der Achtsamkeit lernen wir, mehr Zeit in der Gegenwart zu verbringen. Nichts schärft das Bewusstsein dessen, was wir vor der Nase haben, was wirklich wichtig ist, stärker als das Wissen, dass unsere Tage gezählt sind.

Ich kann mich noch gut an die letzten Tage meiner Mutter erinnern, als ich im Bett neben ihr lag, neben diesem vom Krebs befallenen Körper. Ich streichelte ihre Haut. Ich wusste, es würde das letzte Mal sein, dass sie mit mir in diesem Körper zusammen war, einem Körper, den ich liebte. Ein Körper, der mich geboren hatte. Diese körperliche Verbindung, dieses Gefühl der Berührung, diesen Geruch, dieser Blick in ihre Augen, diese ihre Stimme – all das würde bald vergangen sein. Trotz der tiefen Trauer, trotz des Wissens, dass ich nichts tun konnte, um ihr die Schmerzen zu nehmen oder sie vorm Sterben zu bewahren, war dies einer jener Momente, die der Dichter und Umweltaktivist Wendell Berry so beschreibt: »Ich ruhe in der Gnade der Welt und bin frei.«[42] Der Tod machte diesen Augenblick kostbar, ja zu einem der wertvollsten Momente meines Lebens.

Tag für Tag sterben mehr Arten aus – sie werden nie mehr zurückkommen. Alte Bäume werden abgeholzt oder niedergebrannt. Tiere und Menschen sterben an Durst, an der rauchgeschwängerten Luft, an der Verschmutzung oder bei Überschwemmungen. Das Eis schmilzt. Das Wasser erwärmt sich. Der Meeresspiegel steigt. Ich habe oft das Gefühl, dass ich nichts tun kann, um sie zu schützen, zu retten, ihnen Leid oder das vorzeitige Sterben zu ersparen. Die Trauer frisst sich in meine Knochen. Und doch, wenn ich nach draußen gehe und still werde, finde ich den »Frieden der wilden Dinge«, der da ist. Ich sehe mich um. Ich schließe die Augen und lausche. Und ich spüre hinein in das Leben vor meiner Nase, rund um mich herum. Ich atme hinein. Ich sehe genauer hin und entdecke das Kaleidoskop im Zentrum einer Blüte. Ich schließe die Augen und schnuppere. Ein Vogel singt, ich lausche. Oder ich atme in einer klaren Nacht den silbernen Mond ein und strahle ob der Glühwürmchen. In diesen Augenblicken fühle ich mich ganz. Ich liebe die Welt, und sie muss nicht anders sein, als sie ist.

Was für eine wunderbare Welt!

Donella Meadows, die Systemtheoretikerin, die vor dreißig Jahren meine Krebspatientin war, sagte über Umweltaktivisten, dass sie nicht in der Lage seien, einen attraktiven Gegenentwurf zu entwickeln. Und tatsächlich drückt sich Ehrfurcht nicht immer in der Gegenwart aus. Das Resultat ist meiner Ansicht nach, dass die Leute nicht aktiv werden, eben weil sie fürchten, auf alles verzichten zu müssen, was ihnen im Leben Spaß macht. Sie fürchten die Konsequenzen, die ein mögliches Engagement für sie hätte, denn wie Donella sagt: Die meisten Menschen assoziieren Engagement für die Umwelt mit Verboten und Verordnungen. Wie war das noch mit dem alten Klischee? Umweltaktivisten sind schmutzig und muffeln, weil sie sich und ihre Kleider nicht oft genug waschen. Und wenn, dann verwenden sie umweltfreundliche Waschmittel, die nicht gut sind. Sie essen Sachen, die nicht gerade gut schmecken – meistens dunkelbraun und mit vielen Ballaststoffen. Außerdem stecken sie in wenig kleidsamen Gewändern aus kratzigen Stoffen, denn wie sie einem so gern unter die Nase reiben: Es gibt Wichtigeres als Mode. Irgendwelche obskuren Tierarten sind ihnen wichtiger als Menschen, und sie sind lupenreine Spaßbremsen. Wenn sie könnten, wie sie wollen, würden sie uns alles wegnehmen, was Spaß macht und Freiheit zelebriert. »Fast niemand stellt sich eine nachhaltige Welt so vor, dass es schön wäre, sie zu erleben.«[43] Was Donella uns stattdessen vorschlägt, ist eine Übung im »Envisioning«, im Schaffen von Visionen. Und in ihren Händen ist dies tatsächlich ein Instrument, um ehrfürchtig zu werden.

Zuerst die schlechten Neuigkeiten: In einem brillanten Vortrag zum Thema sagt Donella, dass der Feind des Envisioning der Zynismus ist, ein ganz eigener Feedback-Loop. (Und um die unendlich begeisternde Kraft Donellas zu spüren, würde ich empfehlen, dass Sie sich das Ganze selbst ansehen.[44]) Die Konsequenzen »unserer Kultur des Zynismus sind tragisch«. Aus Angst davor, enttäuscht oder ausgelacht zu werden, legen wir die Latte gleich niedriger. Wir konzentrieren uns auf das, was wir bekommen können, statt darauf, was wir uns tatsächlich wünschen. Und wenn wir diese abgespeckten Ziele dann erreichen, sagt der Zynismus uns, dies ist reiner Zufall. Verwirklichen wir sie jedoch nicht, dann nimmt der Zynismus das als Omen. Woraufhin wir noch weniger anstreben und noch weniger versuchen. »Je weniger wir erreichen, desto weniger versuchen wir es. Ohne Vision aber, das sagt schon die Bibel, gehen die Menschen unter.«

»Kinder sind natürliche Visionäre, bevor sie vom Zynismus erdrückt werden. Sie können Ihnen glasklar sagen, wie die Welt aussehen sollte. Es sollte keine Kriege geben, keine Umweltverschmutzung, keine Grausamkeit und keine hungernden Kinder. Stattdessen sollten wir mit Musik, Spaß, Schönheit und viel, viel Natur leben. Die Menschen sollten zuverlässig sein und die Erwachsenen weniger arbeiten. Es ist okay, schöne Dinge zu besitzen, aber es ist noch wichtiger, Liebe zu haben. Wenn die Kinder dann groß werden, lernen sie, dass diese Visionen ›kindisch‹ sind und nicht laut geäußert werden sollten. Aber jeder von uns hat diese großartigen Visionen, wenn er nicht zu tief verletzt wurde.«[45]

Ist es nicht das, was wir alle wollen, wenn wir ehrlich sind? Wenn wir aus dem zynischen Status quo erwachen und unsere Machtspielchen sein lassen? »Mir ist jedenfalls aufgefallen«, so Donella, »dass wir in den verschiedenen Disziplinen, Sprachen, Nationen und Kulturen vielleicht unterschiedliche Informationen haben, andere Modelle und Pläne zur Umsetzung, aber unsere Visionen sind erstaunlich ähnlich, wenn wir sie uns nur einzugestehen wagen.«

Greta ist mittlerweile offiziell erwachsen. Sie und der Dalai Lama haben sich kurz nach ihrem achtzehnten Geburtstag kennengelernt. Aber als Kind sprach sie nicht nur für ihre Altersgenossen und für die künftigen Generationen von Kindern und Enkeln, sondern auch für all die nicht zynischen Kinder, die wir einmal waren und vielleicht, tief drin, noch sind.

Rebecca Solnit sagte erst kürzlich, sie sehe Anzeichen dafür, dass die Botschaft der Umweltbewegung, ja vielleicht sogar die gesamte westliche Kultur, sich wandelt. »Ich habe erst kürzlich einen kleinen Fragebogen entdeckt, auf dem es hieß: ›Was bist du bereit für die Umwelt aufzugeben?‹ Aber jemand hat ihn umgeschrieben: ›Was bist du bereit für die Umwelt zu gewinnen?‹ Was sind wir zu tun bereit, damit die Industrie der fossilen Brennstoffe die Politik nicht korrumpiert? Damit die Luft uns nicht umbringt, sondern es wohltuend ist, sie zu atmen? Damit die Ökosysteme, von denen wir abhängig sind, gedeihen? Was sind wir bereit zu tun, damit – wie Rebecca es ausdrückt – »Energiesysteme ihre Leistung beziehungsweise Macht gleich verteilen, buchstäblich und im übertragenen Sinne«? »Vielleicht«, so überlegt sie weiter, »sind unsere Visionen unsere Superkraft und schenken uns Hoffnung für die Zukunft.«[46]

Oder wie Jonathan Rose fragt: »Geben Sie das Autofahren auf oder das Stehen im Verkehrsstau?« Und Stephanie Tade weiß aus ihrer Erfahrung um das Aufgeben des Alkoholkonsums, dass auch hier enorme Gewinne auf uns warten.

»Um der Skeptiker willen müssen wir sogleich einräumen«, so Donella, »dass wir nicht glauben, Visionen würden irgendetwas bewegen. Ohne Handeln sind Visionen nutzlos. Aber ein Handeln ohne Vision ist ohne Richtung und Kraft. Visionen sind absolut notwendig, um das Handeln zu lenken und zu motivieren. Mehr noch: Wenn Visionen von vielen geteilt und immer im Auge behalten werden, dann können sie *neue Systeme entstehen lassen.*«[47]

Zusammen mit anderen Systemtheoretikern sagt Donella: »Das meinen wir wörtlich. Innerhalb der Grenzen von Raum, Zeit, Materie und Energie können visionäre menschliche Absichten nicht nur neue Informationen, neue Rückkopplungen, neues Verhalten, neue Erkenntnisse und neue Techniken hervorbringen, sondern auch neue Institutionen und physische Strukturen schaffen und in den Menschen neue Kräfte freisetzen.«[48]

Im Jahr 2004 bekam Wangari Maathai als erste Umweltschützerin den Nobelpreis. In Erinnerung an den Bach, an dem sie als Kind spielte, den Bach neben dem heiligen Baum, sagte sie in ihrer Dankesrede: »Das norwegische Preiskomitee hat das wichtige Thema ›Umweltschutz‹ und dessen Verbindung mit Demokratie und Frieden auf die Tagesordnung der Welt gehoben. Die Herausforderung, vor der ich heute stehe, ist, diese Heimat der Kaulquappen zu erneuern und den Kindern diese Welt der Schönheit und des Staunens zurückzugeben.«

Wir alle sind Kinder der Erde, selbst die Zyniker, die über solche Empfindungen spötteln. Aber es ist mehr als ein Gefühl, es ist eine Tatsache. In welcher Welt wollen wir leben? Was sind wir bereit zu gewinnen? Was macht das Leben lebenswert – wert, dass man es bewahrt? Welche Vision wird uns inspirieren und unser Handeln antreiben?

TEIL IV

Handeln

Die Lage ist sehr ernst. Als wir während der industriellen Revolution begannen, die Ressourcen der Natur großräumig auszubeuten, blieb der Einfluss des Menschen kaum sichtbar. Heute, mit der stetig wachsenden Weltbevölkerung und unserer Konsumkultur, zeigen sich die kausalen Zusammenhänge deutlicher. Das Prinzip der wechselseitigen Abhängigkeit bewirkt, dass, sobald eine dieser Kausalketten in Gang gesetzt wird, ein Teufelskreis beginnt, der sich verselbstständigt, wenn es keine Umstände gibt, die ihm entgegenwirken. Wir müssen ernsthaft über diese neue Situation und unseren Lebensstil nachdenken. Wir müssen unsere Denk- und Lebensweise ändern. Wir müssen auf junge Wortführer wie dich hören, um der künftigen Generationen willen, aber auch für den Planeten.

Der Dalai Lama

Wir müssen eine soziale Bewegung gründen. Wir müssen die sozialen Normen verändern, denn wenn genug Leute den Wandel verlangen und dafür eintreten, dann erreichen wir eine kritische Masse. Dann können wir nicht mehr ignoriert werden. Daher müssen wir das tun.

Greta Thunberg

Kapitel 7

Der Beginn einer neuen Ära: Das »Zeitalter des Genug«

»Da war dieses große Muttertier, eine Lederschildkröte. Sie war an den Strand gekommen, um ihre Eier abzulegen«, erzählt Willa Blythe Baker. Meine Lehrerin und Freundin Willa berichtet von ihrer Costa-Rica-Reise, die sie vor Kurzem unternahm, um einen der Nationalparks zu besuchen. Die Schildkröte war schon wieder auf dem Weg zurück ins Meer, als Willa an einem fast menschenleeren Strand ankam. Aber jemand anders hatte das Ganze gefilmt und zeigte ihr das Video. »Was ich damals nicht wusste, war, dass die im Pazifik lebende Lederschildkröte in ihrem Bestand gefährdet ist. Ich habe also etwas ausgesprochen Seltenes gesehen. Das war ihre große Wiederkehr.« Eine trächtige Lederschildkröte kehrt an den Strand zurück, an dem sie 15 oder 25 Jahre zuvor geboren wurde, um ihre Eier in den Sand zu legen und sie mit ihren Brustflossen einzugraben. »Irgendwie weiß sie, wie das geht«, sagt Willa. »Es steckt tief in ihrer DNS. Und sie weiß, dass sie danach nicht mehr gebraucht wird. Sie taucht wieder ein ins Meer und kommt nicht mehr zurück. Die Sonne und der Sand brüten ihre Jungen aus.« Wenn die Eier platzen, finden sie ihren Weg ins nahe Wasser. Für Willa war dies wie eine Belehrung.

»Die Mutterschildkröte, die sich so viel Mühe gibt und Tausende Kilometer durch den Ozean schwimmt, um an ihren Geburtsort zurückzugelangen, sieht ihre Nachkommen nie. Sie weiß nichts über deren Zukunft. Aber sie weiß genau, was sie in diesem Moment zu tun hat. Und sie macht genau das Richtige, um ihren Jungen die besten Chancen zu sichern.« Willa meint, unsere Aufgabe sei es, jetzt (und immerdar) wie die Lederschildkröte in der Gegenwart zu bleiben, wohl wissend, dass es eine Zukunft gibt, allerdings nicht, wie diese aussieht. Es ist unsere Pflicht, in der Gegenwart zu verweilen und das Richtige zu tun.[1]

Anders als die Schildkröten verbringen wir Menschen einen Großteil unserer Zeit damit, uns zu fragen, was wir tun sollen. Das trifft vor allem auf jene zu, die kämpfen müssen, um ihre Grundbedürfnisse zu erfüllen, und auf diejenigen, die sich in der Ära der Individualisierung und Säkularisierung von traditionellen Lebensweisen gelöst haben. Wir haben das Gefühl, alles selbst austüfteln zu müssen. Was ist das Richtige? Wer weiß das schon? Was wir über die Klimakrise wissen, was uns eigentlich zum Handeln inspirieren sollte, lässt uns unter Umständen noch ratloser zurück. Also reden wir übers Aktivwerden. Greta und ihre Familie schreiben in dem gemeinsam verfassten Buch: »Wenn wir nicht handeln, wird die Hoffnung früher oder später ein Ende haben.«[2] Ich will Ihnen hier nicht sagen, dass Sie sich vegan ernähren sollen oder nie eine Flugreise buchen dürfen. (Auch wenn ich beides nicht ausschließen möchte.) Wir wissen nicht, wohin die Neugier auf das, was machbar ist, uns führt. Also überlegen wir doch, was in diesem Augenblick das Richtige wäre. Machen wir uns klar, wie viel Kraft und Glück es uns bescheren kann, wenn wir uns gemeinsam dem Besseren zuwenden, denn die Hoffnung und das Leben auf der Erde hängen davon ab.

Als ich einer Freundin von diesem Buch erzählte und auch davon, dass ich offen sein wollte für die Veränderungen, die es bei mir anstoßen könnte, protestierte sie: »Wir können nicht alle Greta Thunberg sein.« Natürlich ist das in gewisser Weise auch eine faule Ausrede, aber ein Körnchen Wahrheit liegt trotzdem darin. Wir können nicht alle Greta sein. Aber was *können* wir denn tun? Wer *können* wir sein? Für den Klimawandel gibt es nicht einen einzigen gangbaren Weg oder »die *eine* Lösung«. Ein sinnvoller Weg sieht so aus, dass jede(r) – also wir alle – sich auf dem Gebiet engagiert, das ihm/ihr liegt, auf dem er/sie gut ist, woran er/sie glaubt, und zwar wirklich, aufrichtig und von ganzem Herzen. Wie Greta sagt, müssen wir tun, was immer wir zustande bringen.[3] Ich würde hinzufügen, wir müssten uns fragen, was uns denn davon abhält. Da die Verhaltensforschung uns sagt, wir ändern uns eher, wenn wir entsprechende Möglichkeiten sehen, werden Sie in diesem Kapitel ein paar To-do-Listen finden. Sich in Sachen Klimakrise für das eigene Abenteuer entscheiden zu können, ist nicht nur möglich, es ist absolut notwendig. Niemand – keine Einzelperson und keine Gruppe – kann alles leisten, was getan werden muss. (Ein gut belegter Ansatz zur Änderung des eigenen Verhaltens ist zum Beispiel die »Motivierende Gesprächsführung« [»Motivational Interviewing«].[4] Dabei werden – wie hier – Handlungsalternativen aufgezeigt.)

Ich muss gestehen, dass ich vor diesem Kapitel mehr Bammel hatte, als dies beim Schreiben üblich ist. Das lag nicht nur am Druck, einen brillanten Abschluss zu finden. Ich wollte nicht naiv klingen und schon gar nicht so, *als würde mir die Klimakrise keine Sorgen bereiten.* Als wäre ihr beizukommen, indem man biologisch abbaubare Strohhalme nutzt und Wasser nicht in Einwegflaschen aus Plastik kauft. Dabei sind ganze Demokratien gefährdet, und die Erde läuft buchstäblich heiß. Auch kann das Reden über Wahlmöglichkeiten reichlich deplatziert wirken, wenn es von einer Person kommt, die ebendiese Optionen zur Genüge hat. Ich weiß, dass es weltweit viele Menschen gibt, die es sich nicht leisten können, in nichtverschmutzten Regionen zu leben. Sie werden beispielsweise durch Überschwemmungen oder Waldbrände aus ihrer Heimat vertrieben. Und dergleichen Beispiele gibt es noch mehr. Sich zu bemühen, am eigenen Denken beziehungsweise an der eigenen Einstellung etwas zu ändern, scheint auf den ersten Blick viel zu soft, um tatsächlich in der Welt etwas zu bewirken. Man setzt sich leicht dem Vorwurf aus, nur viel Blabla zu reden. Aber ich halte diese Gegensätze für unsinnig: Reden *versus* Handeln, Herz/Geist *versus* Welt, individuelle *versus* soziale oder politische Wirkung. Darüber möchte ich reden, bevor wir uns den Agenden zuwenden. Und da wir hier über einen ersten Blick längst hinausgegangen sind, hoffe ich, dass Sie auch jetzt bei mir bleiben.

Meine Freundin Roshi Joan Halifax weiß, wovon ich rede. »Es hat seinen Grund, dass viele Unternehmen den Fokus auf die Änderung des individuellen Verhaltens legen, zum Beispiel aufs Recyceln oder auf energiesparende Glühbirnen«, meint sie und steht dabei für die gesamte Klimabewegung. »Das soll nun nicht heißen, dass Recyceln oder energiesparende Glühbirnen nichts bringen. Aber aus demselben Grund unterstützen diese Unternehmen auch autokratische Regime in aller Welt. Sie wollen nicht, dass wir erkennen, wie sehr es einen grundlegenden Systemwandel braucht, ernsthafte institutionelle Reformen. Und unsere Regierungen müssten für jene Unternehmen, die von der Umweltverschmutzung profitieren, längst Prüfungen und Kontrollen einführen. Unternehmen wie diese wissen, dass lebendige Demokratien mit wachen, werteorientierten, mitfühlenden und engagierten Bürgern für sie eine Bedrohung sind. Daher liegt die Verantwortung letztlich beim menschlichen Herzen und Geist.«

Also lassen Sie uns darüber reden, was des Menschen Herz und Geist bewegen kann.

Die wechselseitige Verbundenheit erkennen

Ich las erst kürzlich einen Artikel über das Sunrise Movement, in dem sich junge Klimaaktivisten zusammengeschlossen haben (Slogan: »We are the climate revolution«). Der Journalist, der ihn geschrieben hat, ist auf dem Weg von New York nach Philadelphia,

wo er mit einigen Sunrise-Organisatoren reden will. Unterwegs ver-
heddert er sich geistig ständig in schlechtem Klimagewissen, angefangen mit der Fahrt im eigenen Auto. »Eigentlich würde ich den
Zug nehmen oder vielleicht sogar einen Bus«, schreibt er. »Aus dem
Fenster sehen, das langsame Wi-Fi ausprobieren, eine Stunde lang
dösen – und ehe man sich's versieht, ist man da und muss sich nicht
viel Gedanken über den eigenen CO_2-Fußabdruck machen. Aber
weil gerade Pandemie ist, fahre ich im Auto hin. Ein wunderschöner Tag, also lasse ich das Fenster herunter und spare Sprit, indem
ich auf die Klimaanlage verzichte. Andererseits erhöht sich dadurch
der Luftwiderstand, was meinen Spritverbrauch wohl steigert. Nun
ja, ich fahre ein Hybridauto! Vielleicht könnte ich die Kohlenstoffbilanz verbessern, indem ich einen Baum pflanze?«[5] Später scheinen
ihn die Sunrise-Aktivisten von seinem und ihrem Dilemma zu befreien. Als man eine Take-away-Speisekarte studiert und einige von
ihnen überlegen, ob sie etwas mit Fleisch bestellen, fängt der Journalist an, ähnliche Kohlenstoffberechnungen anzustellen. Doch da
unterbrechen ihn die jungen Leute mit einem Call-and-Response-
Chor: »Der größte Emissionstreiber ist … die politische Macht der
Fossilen-Brennstoff-Industrie, nicht das individuelle Verhalten!«

Aber das auf manche kleinkrämerisch wirkende Verhandeln,
in das dieser Journalist verfällt, ist sicher jedem vertraut, der sich
schon mal gefragt hat, was er denn nun wirklich gegen den Klimawandel tun kann. Natürlich haben die engagierten jungen Leute
recht damit, ihren Protest auf die Politik und die Lobbyisten der
Industrie zu konzentrieren. Und sich weniger darum zu kümmern,
ob der fleischgefüllte Burrito nun mit einem Plastikbesteck geliefert
wird. Doch aus der buddhistischen Perspektive der wechselseitigen
Verbundenheit ist die ganze Debatte über individuelles versus systemisches Handeln verfehlt. Je extremer sie wird, desto klarer geht
sie an einer ganz einfachen Wahrheit vorbei: Systeme bestehen aus
Individuen. Und Individuen werden von Systemen geprägt. Die
Einflussnahme funktioniert in beide Richtungen.

Karen O'Brien und Christine Wamsler sind beide Verhaltensforscherinnen, die uns die Konsequenzen der Interdependenz in weltlichen Begriffen erklären wollen. In ihrer Arbeit erforschen die beiden die Zusammenhänge zwischen persönlichem Wandel und gesellschaftlicher Veränderung, gerade im Hinblick auf Nachhaltigkeit. Karen erzählt, sie habe die Stoßrichtung ihrer Arbeit geändert, als ihr klar wurde, dass sich selbst nach Jahrzehnten der Klimaforschung nichts wirklich bewegte. Karen ist Professorin für Soziologie und Humangeografie an der Universität Oslo. Und sie sagt, ihre Forschung habe sich verschoben von der Konzentration auf den Klimawandel hin zum »Wandelteil« des Geschehens. Sie glaubt, dass die Verhaltensforschung einiges dazu beizutragen hat, wie sich die industrielle Wachstumsgesellschaft von ihren nicht nachhaltigen Lebensformen verabschieden kann. »Technische Probleme können durch Wissen, Know-how und Fachkenntnisse gelöst werden«, sagt Karen. »Und dieses Wissen, Know-how beziehungsweise die Fachkenntnisse resultieren aus dem, worin wir gut sind und worin wir Energie und Finanzmittel investieren. Aber Anpassungsprobleme sind ein anderer Problemtypus. Hier geht es um unsere innere Einstellung – unsere Überzeugungen, unsere Werte, unsere Weltsicht. Solche adaptiven Probleme können durchaus eine technische Dimension haben, aber wenn wir sie so behandeln, als wären sie rein technisch, werden wir scheitern.«

Daher entwickelte Karen einen ganzheitlicheren Ansatz, eine Theorie, die sie »sozialen Quantensprung« nennt.[6] Diese Theorie behandelt persönliche und kollektive Veränderungen, »innere« Einstellungen und »äußeres« Handeln, individuelle und gesellschaftliche Strukturen, Bottom-up- und Top-down-Ansätze, das *Ich* und *Wir* als gleichzeitig und wechselseitig verbunden, nicht als Gegensatzpaare oder separate Einflussbereiche. Karen meint, Fraktale seien für die Skalierung des sozialen Wandels das beste Sinnbild. »Wir kennen sie aus der Natur. Wir können sie in Algebra und Geometrie selbst erzeugen. Der Unterschied ist, dass soziale, kulturelle und menschliche Fraktale Werte enthalten.« Und diese Werte können, wenn sie unser Handeln leiten, »auf allen Ebenen Veränderungen bewirken«.[7] Karen nennt selbst Werte wie »Mut, Großzügigkeit, Transparenz, Bescheidenheit, Humor und Mitgefühl«. Damit zitiert sie, was eine politische Bewegung namens *The Alternative UK* als ihren Wertekanon proklamiert. Diese Werte »werden nicht nur zu bestimmten Gelegenheiten hervorgeholt«, heißt es dort. Vielmehr beeinflussen sie unseren Alltag durch die Art, »wie wir denken, sprechen und handeln«. Das zeigt sich in Sprache, Verhalten, Strategien und Beziehungen und reicht vom einfachen E-Mail-Thread bis hin zu einer geplanten Kampagne.[8]

Wer wir sind und wie wir uns zeigen – jeden Tag, jeden Augenblick, hier und jetzt, allem und jedem gegenüber –, das ist der Punkt, auf den es ankommt. »Wenn du dich selbst als Quantenfraktal siehst, das durch Sprache, Sinn, Bewusstsein und den geteilten Kontext unseres Planeten mit anderen Fraktalen verschränkt ist«, erklärt Karen, »dann erkennst du, dass du deine Familie und deine Freunde beeinflusst, dein persönliches Netzwerk, deine Gemeinschaft – bis hinauf zur globalen Ebene.« Kurz gesagt: »Du zählst mehr, als du denkst.« (Das ist, übersetzt, der Titel des Buchs, das sie darüber geschrieben hat.) Denn »die Zukunft ist von uns abhängig. Wir schaffen sie individuell und kollektiv durch unsere Ideen, Überzeugungen und Handlungen.«[9]

Christine Wamsler ist ebenfalls der Ansicht, dass »systemischer Wandel und persönliche Veränderung zutiefst miteinander verwoben sind«. Sie ist Professorin für Sustainability Science an der Universität Lund in Schweden. Auch in ihrer Arbeit verzichtet sie auf die traditionelle Trennung beziehungsweise Unterscheidung zwischen »inneren« und »äußeren« Dimensionen des Wandels. Sie sieht ebenfalls großes Potenzial darin, die »Einstellung« der Menschen in den Fokus zu nehmen, also »Überzeugungen, Werte, Weltanschauungen und die damit verbundenen Ungleichheiten«, welche die Nachhaltigkeitsforschung so lange vernachlässigt hat.

»Wir wissen heute, dass der Klimawandel und andere Nachhaltig-
keitsherausforderungen tatsächlich menschliche Krisen sind«, sagt
Christine. »Das ist die Kehrseite des menschlichen Narrativs vom
Getrenntsein, von der Spaltung, die davon ausgeht, dass wir alle
voneinander getrennt und dem Rest der Natur überlegen sind.«
Angesichts dieser Tatsache muss das Engagement gegen den Klimawandel auf einer Bewusstseinsveränderung aufbauen, einer Veränderung »in der Art, wie wir uns selbst und die Welt sehen, andere
Geschöpfe, die Natur und künftige Generationen«. Oder wie die
Umweltaktivistin Wangari Maathai sagt: »Du hebst dein Bewusstsein auf eine Ebene, auf der du das Gefühl hast, das Richtige tun zu
müssen, weil es das einzig Richtige ist.«[10]

Christine führt mir das sogenannte »Eisbergmodell« des Sys-
temdenkens vor. »Der sichtbare Teil des Eisbergs, der sich über
die Meeresoberfläche erhebt, das sind die Ereignisse und Krisen,
die unsere Welt heute erlebt. Aber gut 90 Prozent des Eisbergs, der
Großteil also, ist nicht zu sehen. Um dieses Bild auf den Menschen
anzuwenden: Was unter der Oberfläche liegt, sind unsere unbe-
wussten Verhaltensmuster, unsere sozialen Strukturen und Einstellungen, die für die Ereignisse verantwortlich sind, die unsere Welt
prägen.« Christine meint des Weiteren: Dieses Modell »zeigt sehr
eindrücklich, dass die Fähigkeit, über unsere Einstellungen nachzudenken und möglicherweise ein neues Paradigma zu übernehmen, eine der wichtigsten Möglichkeiten ist, Nachhaltigkeitsresul-
tate dramatisch zu verändern«. Das Eisbergmodell macht deutlich,
dass wir auf jeder Ebene für mehr Nachhaltigkeit sorgen können –
Ereignisse, Verhalten, Systeme und Überzeugungen. Und dass es
ein Fehler wäre, auch nur eine zu übersehen. »Wenn wir nur auf
einer Ebene arbeiten und die anderen ausschließen, werden wir
den Wandel, den wir uns wünschen, nicht herbeiführen können.«

Es gibt eine bekannte buddhistische Geschichte über einen Papagei,
die gut hierher passt. Sie gehört zu den Jataka-Legenden, Erzählun-

gen über die früheren Leben des Buddha, und wurde in jüngerer Zeit von dem Zen-Lehrer Rafe Martin verbreitet, weil er sie im Zusammenhang mit dem Klimawandel für bedeutsam hält.

Es folgt meine Nacherzählung von Rafes Version: »Ein mutiger kleiner Papagei lebte zufrieden in seinem Wald, bis dieser plötzlich in Flammen stand. Als Vogel konnte er sich auf der anderen Seite eines Flusses in Sicherheit bringen. Doch als er über den brennenden Wald flog, sah er, dass viele Tiere vom Feuer eingeschlossen waren und nicht überleben würden. Er fragte sich, was er da wohl tun könne. Alles, was ihm einfiel, war, zum Fluss zu fliegen, seine Flügel einzutauchen und ein paar Tropfen Wasser auf die Flammen zu verspritzen. Wieder und wieder.

Einige Götter schwebten über ihren Palästen in den Wolken und machten sich über den Papagei und seine scheinbar so sinnlosen Bemühungen lustig. Eine der Göttinnen aber ließ sich von der Tapferkeit und Entschlossenheit des kleinen Tieres zu Tränen rühren, gerade weil sein Tun so wenig nutzte. Sie weinte und weinte, und ihre Tränen löschten das Feuer.«

Was ich aus dieser Geschichte mitnehme, ist nicht, dass der Papagei ganz allein alle Tiere rettete. Oder dass kein Grund zur Beunruhigung besteht, weil am Ende schon eine höhere Macht eingreifen und uns retten wird. Ich habe daraus vielmehr gelernt, dass beides zusammengehört. Eine ähnliche Geschichte, die ohne Götter auskommt, findet sich in Gretas Buch *Our House Is On Fire*. Auf ebenjenen Einwand, dass unser individuelles Handeln ja doch nichts bringe, antworten Greta und ihre Familie: »Dann können wir auch aufhören, Steuern zu bezahlen, weil ›mein Beitrag ja so klein ist, dass er im Großen und Ganzen gar nichts ausmacht. Es wäre besser, ich würde ihn für etwas investieren, was mir und meiner Familie wirklich etwas bringt. Alles andere ist nur Gutmenschentum.‹«[11] Oder nehmen wir nur mal das Fliegen, das Greta, ihre Mutter, ihr Vater und ihre Schwester für sich ablehnen. »Auf dem Boden zu bleiben lässt die Wasseroberfläche sich kräuseln.

Und diese Wellen im Wasser zu belassen, ist das Beste, was wir im Moment tun können«, meint Gretas Mutter. »Eine Freundin fragte mich kürzlich, welche Flüge unnötig seien. ›Die meinen‹, antworte ich. So unnötig wie mein Shoppen und mein Fleischverzehr. Und nein, niemand geht davon aus, dass es damit schon genug ist. Niemand glaubt, dass die Macht der Konsumenten die Lösung ist. Aber wenn mein mikroskopisch kleiner Beitrag die Lösung der Klimakrise irgendwie fördert, dann bin ich dabei.«[12]

Rebecca Solnit erinnert sich, wie sie bei den Protesten zur Pariser UN-Klimakonferenz 2015 an einem Vortrag des Klimajournalisten Bill McKibben teilnahm. Als der tausendste Zuhörer schließlich fragte: »Was kann ich denn als Einzelperson tun?«, antwortete McKibben: »Hör auf, eine Einzelperson zu sein.« Und Rebecca fügt hinzu: »Finde deinen Stamm.«

Dekila Chungyalpa ist eine gute Freundin und Kollegin. Auch sie organisiert immer wieder Zusammenkünfte zum Thema »Klimawandel«. Sie selbst hat Forstwissenschaft und Ökologie studiert, aber ihre eigentliche Karriere nahm erst dann Fahrt auf, als sie entdeckte, dass religiöse Gemeinschaften ein verstärktes Potenzial für Veränderungen besitzen. Sie haben ihre Führer gefunden, und diese sind in der Lage, den Mitgliedern zu kommunizieren, welche Auswirkungen der Klimawandel auf sie hat. Dekila ist selbst Buddhistin tibetischer Prägung und kam in Nordindien zur Welt. Später ging sie zum Studium in die Vereinigten Staaten und blieb dort. Heute arbeitet sie mit religiösen Führern aus aller Welt zusammen, um deren Anhänger und ihre sozialen Netzwerke für mehr Klimagerechtigkeit zu mobilisieren.

Irgendwann wurde sie zurück nach Indien gerufen, um buddhistischen Mönchen die wissenschaftlichen »Grundlagen« von Klima- und Umweltthemen zu vermitteln. »Die zwölf Jahre, die ich mit religiösen Führern in aller Welt zusammengearbeitet habe, lehrten mich vor allem eines: Man sollte sie nie unterschätzen. Ich dachte wirklich, sie würden das Ganze ablehnen. Und die wissenschaftliche Seite würde ›ihr Begriffsvermögen‹ und ›ihre Einsicht‹ übersteigen. Weit gefehlt. Sie haben nicht nur sofort begriffen, sondern mir noch etwas beigebracht.«

Dekila beschreibt die Momente, wenn »das Gespräch plötzlich umschlug und ein Khenpo oder ein Lama aufstand und zu mir sagte: ›Ich möchte dir etwas über wechselseitige Abhängigkeit erklären.‹« Ihre Nachhilfestunden entfalteten »eine unglaubliche Energie«. Was sie für ein kurzfristiges Projekt gehalten hatte, breitete schnell die Flügel aus. »Die Mönche und Nonnen initiierten bald ihre eigenen Projekte. Und nun haben wir da diese ökologisch-klösterliche Bewegung namens Khoryug, der sich über fünfzig Mönchs- und Nonnenklöster im Himalaja angeschlossen haben, selbst in Tibet, um Umweltprojekte durchzuführen.« Projekte wie die Wiederaufforstung mit einheimischen Bäumen, Regenwassergewinnung für sauberes Trinkwasser, Solarküchen, Vorkehrungen für Naturkatastrophen oder die Umwandlung des klösterlichen Blumengartens in einen organisch-biologischen Küchengarten. Dazu kam noch die Rekultivierung des Wassers.

Gerade dieser letzte Punkt demonstriert sehr eindrücklich, welche Macht der Quantenwandel hat. »Ich möchte nur kurz zeigen, wo die tibetische Gemeinde und die Gemeinden des Himalajas lokalisiert sind«, sagte Dekila. Sie spricht über das Hochland von Tibet, wo so viele Flüsse Asiens entspringen. »Von Westen nach Osten sind das: der Indus, der Ganges, der Brahmaputra, dazu der Irawadi, der Salween, der Mekong, der Yangtse und der Gelbe Fluss. Alles, was auf dem tibetischen Hochland passiert, beeinflusst die Völker in den Flusstälern. Das sind mehr als eine Milliarde Menschen, die von dem Wasser abhängig sind, das vom tibetischen Hochplateau kommt.« Wenn also eine kleine Gemeinde von Mönchen und Nonnen sich um die Wiederherstellung der Quellen bemüht, hat das weitreichende Auswirkungen. Dekila weist auch darauf hin, dass ihr Handeln sich nicht nur durch den geografischen

Einfluss vervielfacht. Diese speziellen Menschen entfalten als Führer ihrer Gemeinden auch einen enormen kulturellen Effekt. Das Beispiel von Mönchen und Nonnen in buddhistischen Gemeinden beeinflusst die Entscheidungsfindung in den Haushalten der Menschen ebenso wie auf der politischen Ebene. Dekila erzählt, dass ihr dies bei der Arbeit mit religiösen Führern häufig begegne und dass es die Arbeit mit ihnen so ausgesprochen befriedigend macht.

Auf dem Papier können wir die Gesellschaften aufteilen in Konzerne und Menschen oder »das eine Prozent« und »der Rest«. In der Realität aber existieren diese Trennlinien nicht. Die Leiterin einer Werbeagentur und ihr Assistent arbeiten häufig im gleichen Haus. Es stimmt schon, die Chefin hat vielleicht ein großes Haus in einem Vorort und ein Ferienhaus auf dem Land. Ihr täglicher Weg zur Arbeit im SUV, ihre häufigen Geschäftsreisen, tollen Urlaubstrips et cetera tragen sicher mehr zur Klimakrise bei als der Lebensstil ihres »Junior«, der sich all das nicht leisten kann. Aber sie gehören beide derselben Kultur an. Konzerne bestehen letztlich aus Menschen. Und der Assistent rackert sich vielleicht ab, um zumindest ansatzweise so zu leben wie seine Chefin. Das soll nun nicht heißen, dass es keine Klassenunterschiede und Machtgefälle gibt. Ich weiß nur nicht, wie sich die Normen und Werte, die das Verhalten des einen Prozents prägen, ändern sollen, wenn nicht durch Druck vonseiten der restlichen 99. Ein Druck, der nicht nur durch Bewusstheit entsteht, sondern aus dem lebenden, verkörperten Beispiel. Wenn nicht wir alle andere Dinge wertschätzen, wie sollen sie dann begreifen, dass Geld, Macht, Wachstum, Ruhm und Luxuskonsum nicht bedeuten, auf der Gewinnerstraße des Lebens zu sein? Dass ihnen die tieferen, bedeutsameren Erfahrungen von Verbundenheit und Sinn entgehen, wenn sie nicht an der Kultur des Genug teilhaben?

Gretas Vater Svante Thunberg fährt von London nach Hause: »Später am Abend stellt er sich an der Ausfahrt Hamburg Süd bei Mc-

Donald's um einen Kaffee an. Er erzählt einem Mann in gebrochenem Deutsch, dass er mit seinem Elektroauto von London nach Stockholm fährt, weil er wegen des Klimas nicht mehr fliegt. Der Mann versteht zwar, was Svante sagt, aber er versteht absolut nicht, was er meint. Und so bricht Svante auf diesem riesigen Parkplatz, zwischen all den Lastwagen, Autobahnen und BMWs, zum zweiten Mal in fünfzehn Jahren in Tränen aus. Weil ihm klar ist, dass es nicht zählt, wie viel Elektroautos wir kaufen. Es zählt nicht, wie viel Solarpaneele wir aufs Dach montieren. Es ist nicht wichtig, wie sehr wir uns gegenseitig ermutigen und inspirieren. Und auch nicht, wie oft wir am Boden bleiben und auf das Privileg des Fliegens verzichten, denn was wir brauchen, ist nichts weniger als eine Revolution. Die größte in der Geschichte der Menschheit. Und diese muss sich jetzt erheben. Aber sie ist nirgends in Sicht. Fünf Minuten lang steht er da, bis er merkt, dass kein Mensch mit dem Gedanken ans Aufgeben wirklich leben kann. Und dass sich nichts ändern wird, wenn er an einer deutschen Tankstelle in Tränen ausbricht. Alles, was er tun kann, ist weiterfahren. Nach Jütland. Nach Malmö. Hinein in die Morgendämmerung.«[13]

Wenn ich mich klein und einem gnadenlosen System hilflos ausgeliefert fühle, versuche ich, mir ins Gedächtnis zu rufen, was Karen, Christine, Bill, Rebecca, Dekila, Greta und ihre Familie zu sagen haben. Dass die sich kräuselnde Wasseroberfläche, die Fraktale des Wandels – und Götter, ob Sie nun daran glauben und danach handeln oder nicht – groß genug sind, um einen Unterschied zu machen. Und dieses Kräuseln kommt von Ihnen und mir, auch wenn wir nicht sagen können, wohin sich die winzigen Wellen bewegen. Wir wissen nicht, was passieren wird, wenn wir uns öffnen und den Klimawandel zu unserem Thema machen. Wir wissen nicht, wen wir kennenlernen, wenn wir zum Naturkostladen gehen. Wir wissen nicht, welche Wirkung es hervorruft, wenn wir im nächsten Gemeindebrief über den Klimawandel schreiben, an einer Klimademo teilnehmen oder an einer Stadtratssitzung. Wir wissen nicht, wer die Wahl gewinnen wird, wenn wir wählen gehen. Ich weiß nicht, ob irgendjemand dieses Buch lesen wird. Wir wissen nicht, wohin diese Debatte geht. Wir wissen nicht, was passiert, wenn »wir mit dem Busfahrer reden«, wie Wangari gern sagte, wenn wir das Gefühl haben, dass unser Bus in die falsche Richtung fährt. Wir müssen uns einfach in Zuversicht üben.

Wenn ich mich klein fühle, kann ich über die Tatsache nachdenken, dass ich einer von nahezu acht Milliarden Menschen auf diesem Planeten bin. Das geologische Zeitalter, in dem wir leben, wird das »Anthropozän« genannt – in Anerkennung der Tatsache, dass der Mensch zum ersten Mal in der Geschichte der dominante Einflussfaktor auf diesem Planeten ist (gr. *ánthrōpos* [Mensch] und *kainós* [neu]). Ist es nicht Ironie des Schicksals, wenn wir uns ausgerechnet jetzt Gedanken darüber machen müssen, dass wir vielleicht nicht genug tun können? Wenn man das, was ich tun kann, mit acht Milliarden multipliziert, hört sich das doch richtig gut an. Statt zu sagen: »Es macht ja doch keinen Unterschied, wenn ich diese kleine Maßnahme ergreife«, kann ich tun, was in meinen Möglichkeiten steht, und mich dann fragen: »Was könnte ich sonst noch unternehmen?«

Wenn ich mich klein fühle, kann ich daran denken, dass Greta zu Anfang ja auch nicht wusste, was passieren würde. Sie wusste nicht, dass sie sozusagen »groß rauskäme«. Sie war ein fünfzehnjähriges Mädchen mit der für Gleichaltrige üblichen Follower-Gemeinde auf Twitter, als sie ihrem Gewissen folgte und sich mit ihrem Pappschild, das die Aufschrift »Skolstrejk för klimatet« (»Schulstreik für das Klima«) trug, und ihrem Smartphone vor den schwedischen Reichstag setzte. Wie die hämischen Götter in der Geschichte vom Papagei deuteten viele mit dem Finger auf sie und lachten, aber sie ließ sich davon nicht beeinflussen. Sie war dieser tapfere, kleine Papagei. Und wir können das auch sein.

»Wir können eine Krisensituation nicht lösen, wenn wir sie nicht als Krisensituation behandeln«, sagt Gretas Mutter Malena

Ernman. »Jeder Mensch, der je Zeuge eines Unfalls wurde, weiß, was ich meine. In einer Krise entfalten wir Superkräfte. Wir heben Autos hoch, kämpfen in Weltkriegen und klettern in brennende Häuser und wieder heraus. Es muss nur jemand auf den Bürgersteig stürzen, und sofort bildet sich eine Schlange von Menschen, die helfen wollen. Es ist die Krise selbst, welche die Lösung für die Krise in sich trägt. Denn in einer Krise ändern wir unsere Gewohnheiten und unser Verhalten. In einer Krise sind wir zu allem fähig.«[14]

Was können wir tun?
Die Eine-Menschheit-Praxis

Von Seiner Heiligkeit dem Dalai Lama

In meiner eigenen Praxis finde ich es sehr hilfreich, täglich eine altruistische Einstellung zu kultivieren. Das lädt meine inneren Batterien auf. Jeden Morgen, wenn ich aufstehe, erinnere ich mich daran, dass ich einer von vielen bin. Einer unter unzähligen Mitmenschen auf dieser Erde. Wir sind alle gleich – jeder Einzelne von uns. Wir alle wünschen uns Glück und wollen nicht leiden. Als soziale Wesen suchen wir die Bindung zu anderen Menschen und finden Freude an unseren Beziehungen. Unser Wohlbefinden ist eng verknüpft mit dem der anderen. Tatsächlich gibt es so etwas wie »Eigeninteresse« nicht, das von anderen unabhängig wäre. Um mich daran zu erinnern, denke ich über bestimmte Passagen aus den Werken alter indischer Meister nach, die erkannt haben, dass wir, wenn wir diese grundlegende Wahrheit der wechselseitigen Verbundenheit außer Acht lassen und uns zu sehr auf uns selbst konzentrieren, die Samen für Leid legen. Wenn wir uns aber unseren Mitwesen zuwenden, uns um sie kümmern, dann stoßen wir das Tor zum eigenen Wohlergehen weit auf. Im Besonderen rezitiere ich die folgenden Verse von Shantideva, einem großen buddhistischen Lehrer aus dem 8. Jahrhundert.

Was für Leid es auf der Welt auch immer geben mag,
es rührt durchweg aus Selbstsucht.
Welches Glück es auf der Welt auch immer geben mag,
es wurzelt darin, dass wir anderen Glück wünschen.

Was gäbe es da noch mehr zu sagen?
Richtet euren Blick nur auf diese beiden verschiedenen
Menschentypen:
die kindischen, die stets nur nach eigenem Wohl streben,
und den Buddha, der nur das Wohl der anderen im Sinn hat.

Wenn wir also nicht unser Augenmerk anders ausrichten,
vom Wohlbefinden für uns selbst auf das Wohlbefinden anderer
oder gar auf das Erreichen der Buddhaschaft,
dann werden wir keine wahre Freude im Leben erfahren.

Sobald wir gründlich nachdenken und die psychologische Seite der Selbstbezogenheit beziehungsweise der Bezogenheit auf andere untersuchen, werden wir erkennen, dass viele unserer Ängste und Belastungen ihre Wurzeln in Ersterer haben. Die Konzentration auf die eigene Person macht uns angespannt. Unser Selbstgefühl, unser Ego wird brüchig, sodass wir angesichts einer Herausforderung überreagieren. Können wir jedoch unser Herz nur ein klein wenig öffnen und uns auf unsere Mitgeschöpfe ausrichten, dann macht diese einfache Veränderung unser Herz weiter und meiner Ansicht nach auch mutiger. In der Abwesenheit des belastenden

Mühens um uns selbst liegt eine tiefe Freiheit. Wir werden uns viel entspannter fühlen. Auch wenn wir erkennen, dass wir mit anderen unsere Menschlichkeit teilen, fühlen wir uns gleich weniger einsam und stärker verbunden. Wollen wir also wirklich langfristiges Wohlergehen erlangen, dann müssen wir unser Herz öffnen und mehr auf andere zugehen. Und wenn wir ernsthaft an der Welt und ihren Lebewesen interessiert sind, sollte Mitgefühl im Mittelpunkt unserer Weltsicht und unseres Umgangs mit ihr stehen.

Aus Gründen wie diesen legt die buddhistische Tradition so großen Wert auf die Entwicklung von Mitgefühl, auf das altruistische Erwecken von Herz und Geist. Diese Praxis wird traditionell *bodhicitta* genannt, und ich übe sie jeden Morgen.

Die Lehre, dass die Ausrichtung auf das Wohl unserer Mitgeschöpfe der Schlüssel zu mehr Freude ist, finde ich zutiefst sinnvoll und inspirierend. Und sie ist auch in meinem persönlichen Leben von einer tiefen Wahrheit.

Die Erkenntnis, dass wir Teil der Natur sind

Dekila lebt heute in Wisconsin. Seit sie an der University of Wisconsin in Madison die Loka Initiative gegründet hat, ist das ihr Heimatstandort. Geboren wurde sie allerdings in Sikkim, einem kleinen Staat im äußersten Norden Indiens. Im Atlas so klein wie die Fingerspitze eines Babys, quetscht sich das Land zwischen Bhutan im Osten und Nepal im Westen. Sikkim grenzt außerdem an Tibet. »Als ich zur Welt kam«, erzählt Dekila, »war Sikkim noch ein eigenständiges Königreich.« Sie wuchs in einer Familie auf, in welcher der Buddhismus tibetischer Prägung großgeschrieben wurde. Ihre Mutter ging mit acht oder neun Jahren ins Nonnenkloster, um es ihrer Großmutter gleichzutun. »Unsere Gemeinde nennt sich *bhutia*. Das heißt: ›aus Tibet‹. Das ist eine von drei indigenen Gemeinschaften in Sikkim.«

Der dritthöchste Berg der Welt liegt in Sikkim, aber möglicherweise haben Sie von ihm noch nie gehört. Der Kangchendzönga ist nicht annähernd so berühmt wie der Mount Everest oder der K2. In Dekilas Augen hat das seinen Grund. »Die indigenen Völker von Sikkim haben sich immer gegen die Besteigung des Berges gewehrt, obwohl es viele lukrative Angebote gab. Wir wollten nicht, dass der Berg bestiegen wird.« Warum nicht? Weil, wie Dekila sagt, »unsere Identität eng mit dem Land verbunden ist. Wir sehen die Natur als heiliges und lebendiges Wesen.« Ähnlich den Völkern, die, wie Kyle Whyte erzählte, um die Great Lakes herum wilden Reis anbauen, und vergleichbar der Beziehung zum »Baum Gottes«, mit dem Wangari im ländlichen Kenia aufwuchs, sehen die indigenen Völker Sikkims ihre Verbindung mit dem Kangchendzönga und der Natur im Allgemeinen als eine der wechselseitigen Verbundenheit, ja der Verwandtschaft. Dekila meint, dies führe dazu, »dass man die Biodiversität schützt, die Natur und alle anderen nichtmenschlichen Arten. Ich habe dieses Grundprinzip der Interdependenz immer gelebt. Meine Mutter hat mir beigebracht, dass selbst die Luft, die ich atme, von außen kommt und daher ein Geschenk ist. Nichts, worauf ich ein Anrecht hätte. Es war etwas, wofür ich dankbar sein sollte. Diese tiefe Liebe zur Natur, deren Verehrung, wurde schon den Kindern beigebracht.« Das ist wohl auch der Grund, warum, wie wir bereits gehört haben, die 370 Millionen Indigenen weltweit zwar nur 5 Prozent der Bevölkerung stellen, aber 80 Prozent der globalen Biodiversität bewahren.[15]

Wie das Gegensatzpaar Individuum versus Gesellschaft ist auch die Polarität von Mensch und Natur eine grundfalsche Vorstellung. Leider eine mit schwerwiegenden Konsequenzen. Die Natur lädt uns zur Partnerschaft ein, sobald wir auch nur einatmen. Die Erde will mit uns zusammenarbeiten. Was mir die Gespräche mit Dekila, Kyle, Wangari, Lyla June, Vandana Shiva und vielen anderen gezeigt haben, ist: Wir können die Einladung der Erde annehmen, uns anhören, was sie uns zu sagen hat, und uns klarmachen, dass wir ein Teil der Natur sind, ganz egal, wo wir leben. Unsere eingebildete Trennung von der Natur macht die industrielle Wachstumsgesellschaft überhaupt erst möglich – ein adaptives Problem, das nicht mit technischen Mitteln gelöst werden kann, denn wie Karen uns sagte, hängt die Lösung für Anpassungsprobleme von unseren Werten und Überzeugungen ab.

»Ich scherze ja oft, dass der Mond und die Sterne wunderbar aussehen«, ergänzt der Dalai Lama, »aber dass wir nicht glücklich wären, wenn wir dort leben müssten. Dieser unser blauer Planet ist ein wundervoller Ort zum Leben. Sein Leben ist unser Leben, seine Zukunft ist auch die unsere.«[16] Wie würde diese Zukunft aussehen, wenn wir das tatsächlich glaubten? Was wäre, wenn wir dieses Bewusstsein in unseren Alltag einbrächten und es unsere Kinder lehrten?

Und wir müssen keineswegs in freier Natur campen oder einen Nationalpark durchstreifen, um zu merken, dass wir ein Teil der Natur sind. Wenn wir das Gefühl haben, dass die Natur nicht in und um uns ist, dann spricht aus uns der Geist des Getrenntseins. Atmen ist eine Möglichkeit, wie wir uns selbst in Beziehung zu den Elementen erleben können. Wir müssen noch nicht mal richtig meditieren, um diesen Lebensfaden zu spüren, dieses intime Geben und Nehmen, das im Atem liegt. Wenn Sie das Atmen als etwas Selbstverständliches betrachten, dann halten Sie doch mal 30 Sekunden die Luft an! Oder richten Sie Ihren Blick auf eine Grünpflanze, und machen Sie sich bewusst, dass Sie beide im wechselnden Rhythmus miteinander atmen. Als würden Sie tanzen.

Lyla June sagt, auch das Essen sei ein Weg, um diese wechselseitige Verbundenheit zu spüren, zumindest dann, wenn wir es auf achtsame Weise tun. »Der englische Begriff *food* ist ein Substantiv. Er bezeichnet ein Objekt, etwas Statisches und Lebloses. In unseren Sprachen leitet sich das ›Essen‹ von einem Verb ab. Für uns ist das

Essen ein lebendiger, dynamischer Prozess, ein beständiges Fließen. Als Indigene denkt man beim Verzehr einer Marone nicht nur an die Marone. Man denkt auch an die Ahnen, die den Kastanienbaum vor sechzig Jahren gepflanzt haben, im Rahmen einer Zeremonie, die mit Liedern gefeiert wurde.

Man denkt daran, wie man den Boden rund um den Baum abbrannte, damit der Bewuchs nicht zu dicht wurde und Nährstoffe in die Erde gelangten. Man räucherte sozusagen um den Baum herum. Das ist eine ganz eigene Zeremonie.

Wenn du diesen Baum betrachtest, dann denkst du an den Regen, der kam. An das Myzel, das die Erde rund um den Kastanienbaum durchzieht und nährt. Du denkst daran, wie die Leute in den Wald gehen, um die Kastanien zu sammeln, als Gemeinschaft. Du denkst daran, wie sie geschält werden, wie sie vermahlen und weiterverarbeitet werden. Du denkst daran, wie sie mit anderen Nahrungsmitteln vermischt werden, um Superfoods zu schaffen. Du denkst an den Geist der Kastanie und siehst sie als deine Mutter an. Du denkst daran, wie deine Gemeinschaft Kastanienwälder pflanzte, jeden Baum mit reichlich Abstand von den anderen, sodass sich eine Krankheit nicht ausbreiten konnte. So hielten wir sie gesund. Und du denkst an die rund um den Baum wachsenden Pflanzen, die Brüder und Schwestern der Kastanie sind.«[17]

Wenn wir unserem Kind auf dem Rücksitz dahingegen eine Packung »Cheerios«-Haferringe geben, denken wir an nichts dergleichen. Wir bringen ihm auch nicht bei, wo sein Platz in der Natur ist. Und das ist durchaus von Bedeutung, wie Rex Weyler, Mitgründer von Greenpeace, sagt. Denn in seinen Augen leiden wir als Spezies unter einem »ökologischen Trauma«[18] der Vereinsamung. Wenn wir uns als getrennt von den Quellen unserer Nahrungsmittel betrachten, dann stört uns die Wahrheit über tierquälerische Massenhaltung und industrielle Landwirtschaft nicht. Wie Greta und ihre Familie unterstreichen, hat der Mythos des Getrenntseins, diese Illusion der menschlichen Unabhängigkeit von der Natur, in der industriellen Wachstumsgesellschaft »einen übermäßigen wirtschaftlichen Wert«.[19] Mächtige Interessengruppen schreiben diesen Mythos fort. Es ist also ein radikaler Akt, zu jener Wahrheit zu erwachen, dass wir ein Teil der Natur sind. Somit wird es also durchaus von Bedeutung sein, ob Sie bereit sind und bleiben, biologisch-organische Waren zu kaufen und sich für die Durchsetzung bestimmter Regeln zur Bewirtschaftung des Landes einzusetzen. Es ist wichtig, dass Sie Ihre Umgebung als Wassereinzugsgebiet sehen, in dem Nahrung angebaut wird, und herausfinden, wer dies auf eine Weise tut, dass sie ihm beziehungsweise ihr vertrauen können.

»Viele von uns sehnen sich nach der Natur, als existiere sie irgendwo anders«, meint Sebene Selassie. »Draußen auf dem Land oder auf dem Gipfel eines Berges. Die Natur, das ist der Strand oder vielleicht gerade noch der Park. Nicht der schmutzige Gehsteig in meinem Viertel.« Nein, sagt sie. »Der Knackpunkt ist: *Wir* sind die Natur.« Sie erläutert: »Ich erlebe das Wasserelement, wenn ich meinen Teekessel fülle. Feuer, wenn ich den Backofen anmache. Luft, wenn ich das Fenster öffne und die Brise fühle, die hereinweht. Und Erde in dem Holzboden unter meinen Füßen. Wenn ich zu feurig drauf bin, kann ich mich mit der Feuchtigkeit des Wassers umgeben. Teile meiner selbst (mein Atem, meine Hautzellen, meine Körperwärme, meine Tränen) mischen sich mit dem Rest der Natur. Ich bin Natur. Ich gehöre zu alldem dazu. Und Sie auch. Auch Sie gehören dazu.«[20]

Ja, wir sind die Natur! Wie ich aufgrund meiner Ausbildung als Krankenschwester und meiner Beschäftigung mit Psychoimmunologie weiß, ist es keine Frage des Lebensstils oder der Kultur, sich als Teil der Natur zu fühlen. Es ist einfach eine Tatsache. Jede Zelle, jedes Organ und Gewebe in unserem Körper, sämtliche Flüssigkeiten in uns, all das besteht aus natürlichen Elementen. Und diese Elemente – die Luft, die wir atmen, das Wasser, das wir trinken, die Nährstoffe in unserem Essen, ja selbst das Sonnenlicht – sind entscheidend für unsere Gesundheit und unser Überleben. Für unser Sein. Wenn wir darüber nachdenken, wird schnell klar, dass es keine Entscheidung ist, sich als Teil der Natur zu fühlen, denn das *sind* wir ganz einfach. Die Frage ist nur, wie wir diese Teilhabe leben: respektvoll, gütig, intelligent und auf Gegenseitigkeit angelegt? Oder rücksichtslos und ausbeuterisch? Nachhaltig oder nicht?

Der Dalai Lama meint dazu: »Eine gründliche Prüfung sagt uns, dass der menschliche Geist, das menschliche Herz und die Umwelt untrennbar miteinander verknüpft sind. In diesem Sinne trägt die Umwelterziehung dazu bei, dass wir jene Einsicht und Liebe entwickeln, die wir brauchen, um die seit jeher beste Chance auf Frieden und dauerhafte Koexistenz zu nutzen.«[21] Während ich dieses Kapitel schrieb, machte ich mir Sorgen, ob die Idee von der »Rückkehr zur Natur« nicht zu kitschig und weit hergeholt klingen würde. Aber so, wie der Dalai Lama es formuliert, klingt es gar nicht naiv.

Was können wir tun?
Sich morgens mit der Erde verbinden

Eine Übung von Lyla June

»Zeremonien sind unsere Art, uns ans Erinnern zu erinnern.« Das schärfte mir mein Mentor Dr. Gregory Cajete von der Santa Clara Pueblo Indigenous Nation ein. Alles, was wir in den indigenen Kulturen tun, ist ganz allgemein gesagt ein Gebet. Wir haben Gebet und »Nichtgebet« einfach nie getrennt. Als die Anthropologen kamen, um mein Volk zu studieren, dachten sie zuerst, wir hätten keine Religion. Aber die Wahrheit ist, dass die Zeremonie nie aufhört. Wir sind immer dabei, die Zeremonie des Lebens, des Seins durchzuführen.

Wenn du keine Zeremonie mehr hast, weil die britische Armee sie deinen Urahnen vor mehreren Hundert Jahren stahl, weil die römische Armee sie deinen Vorfahren vor zweitausend Jahren nahm oder weil die amerikanische Sklaverei sie deinen Ahnen vor wenigen Jahrhunderten raubte, wenn du also keine Zeremonie mehr hast, um dich regelmäßig an deine Verbundenheit mit der Erde, dem Himmel, den Sternen, deinen Mitmenschen, Mitgeschöpfen und Geistwesen zu erinnern, dann kannst du Folgendes tun: Wende dich an die Erde, und schenke ihr morgens etwas. Das jedenfalls macht mein Volk, um sich daran zu erinnern, wer wir sind und was Tag für Tag unsere Gebete ausmacht.

Wähle etwas aus, was für dich wertvoll ist und mit der Natur zu tun hat: eine Pflanze, etwas zu essen, ein Stein oder irgendetwas anderes. Ob du nun von Turtle Island (das heißt Amerika) stammst oder aus Afrika, Europa, Asien, Australien oder von den pazifischen Inseln kommst: Wir alle kennen Objekte oder Elemente, die uns heilen können und uns mit unseren Ahnen verbinden. Die Rote Kugelmalve zum Beispiel wächst nur im Südwesten, wo mein Volk der Diné zu Hause war und ist. Aber du kannst alles Mögliche auswählen.

Bevor du deinen Tag beginnst, wende dich nach Osten, wo die Sonne aufgeht.

Stell deine Kostbarkeit vor dich hin, und schenk sie der Erde. Sprich dein Gebet (deine Wünsche) für den Tag. Lade deine Ahnen zu dir ein. Lade die guten Geister ein, auf dass sie dich begleiten mögen. Die Geister, die dir helfen wollen.

Ehre dich selbst, die Erde, die Geister und den großen Schöpfer – oder die Lebenskräfte, das unerforschliche Mysterium, Gott, die Götter oder das, was die Erde deiner Ansicht nach zu mehr macht, als das bloße Auge sehen kann.

> Ich stelle mir diese Praxis, diese Zeremonie, vor wie ein Band, das die Perlen unseres Lebens zusammenhält. Wenn du sie jeden Tag durchführen kannst: großartig! Aber selbst wenn du es nur einmal die Woche oder einmal im Monat schaffst, dann hilft es dir, dich zu erinnern. Ich bete, es möge dir helfen, das Beste zu geben und zu empfangen – das Sonnenlicht, die Vögel, die Frucht der Freude, die Frucht des Lebens, die Antwort auf all deine Gebete, worum auch immer es dabei geht.

Wie wir in die Debatte einsteigen

»Durch Aufmerksamkeitsakte entscheiden wir, wen wir hören, wen wir sehen und wer in unserer Welt Handlungsmacht hat. So bereitet die Aufmerksamkeit den Boden nicht nur für die Liebe, sondern auch für Ethik.«[22] Und ich möchte hinzufügen: fürs Handeln. Da Gespräche unsere Aufmerksamkeit lenken, ist, den Dialog aufzunehmen, eine Form, etwas für das Klima zu tun. In einer Kritik von Jonathan Safran Foers Buch *Wir sind das Klima!* schreibt die Klimajournalistin Kate Aronoff: »Wenn die Welt es schafft, die Katastrophe zu verhindern, dann geht das auf eine kritische Masse sozialer Bewegungen zurück und auf die gewählten Politiker, von denen sie Rechenschaft fordern und sich so ihre Macht zurückholen. Kein angsterfülltes Frühstück oder Mittagessen wird das je schaffen.«[23] Ich kann akzeptieren, dass all das Gerede ohne Handeln zu nichts führt, aber ich sehe beides nicht im Gegensatz zueinander. Das Reden reicht vielleicht nicht aus, aber es ist nötig, damit es überhaupt zum Handeln kommt. Menschen, die etwas gegen den Klimawandel unternehmen, reden nun mal auch darüber. Und ich glaube, das Gegenteil stimmt ebenfalls: Menschen, die nicht darüber reden, engagieren sich gewöhnlich auch nicht.

Ed Maibach ist Spezialist für öffentliche Gesundheit und die Kommunikation über den Klimawandel. Er hat genug Daten gesammelt, um fünf entscheidende Mechanismen zu benennen, welche die öffentliche Willensbildung beeinflussen. Erstens können wir »die Anzahl der Menschen erhöhen, die sehen, dass ihre Gemeinde schon Schäden erleidet«. Zweitens können wir »die Anzahl der Menschen erhöhen, die begreifen, dass es in der Theorie bereits sinnvolle Lösungen gibt«. Drittens ist es nötig, »die Anzahl der Menschen zu erhöhen, die Hoffnung haben, statt hoffnungslos zuzuschauen«. Viertens sollten wir »die Anzahl der Menschen erhöhen, die öffentlich ihre Sorgen und Hoffnungen ausdrücken. Ich nenne das ›Offenbarung‹. Ich bin nicht sicher, ob dies der beste Begriff dafür ist. Aber wir wissen, dass Menschen, die über dieses Thema reden, über ihre Sorgen und Hoffnungen, nicht nur eher zum Handeln bereit sind, sondern auch *ihre skeptischen Freunde und Angehörigen überzeugen*, dass dieses Problem ihrer Aufmerksamkeit wert ist [Hervorhebung von mir].« Und schließlich, meint Ed, »müssen wir den Anteil der Menschen erhöhen, die davon ausgehen, dass wir dieses Problem gemeinsam lösen können. Wir brauchen ein Gefühl kollektiver Wirkmächtigkeit.« Alle fünf Punkte hängen also von unserer Kommunikation ab.

Meiner Ansicht nach gibt es nur einen Weg, ins Gespräch über die Klimakrise einzusteigen. Ich dachte früher, dass man ständig todernste Zeitschriftenartikel lesen muss oder die IPCC-Berichte. Dass ich Dokumentarfilme ansehen müsste, vor denen ich regelrecht Angst hatte. Allein die Schlagzeilen lösten in mir den innigen Wunsch aus, wegzulaufen und den Kopf in den Sand zu stecken. Dann merkte ich, dass der beste Weg in die Debatte derjenige ist, den Sie selbst wählen. Also möchte ich ein paar Ansätze vorstellen, die sich für mich als richtig erwiesen haben, und einige, die mir andere Menschen mit auf den Weg gaben.

Informieren Sie sich. Es ist nötig, sich zu informieren, aber wir brauchen nicht alle Fakten zu kennen, um aktiv zu werden. Das sollten wir keinesfalls verwechseln. Wir müssen nicht alle zu Experten werden. Sie werden ohnehin immer mehr an Informationen ansammeln, weil Sie sich stets stärker für das Thema interessieren werden. Andererseits wissen wir nicht, welche Möglichkeiten wir haben, wenn wir nicht vorher das ein oder andere recherchieren. Dieses Buch will eine solche Pforte sein, die Ihnen den Einstieg in die Debatte ermöglicht! Die To-do-Listen weiter unten bringen Sie weiter, ebenso wie die Lektüretipps im Anhang. Sicher wird nicht jede(r) von dem Gespräch zwischen Greta Thunberg und dem Dalai Lama inspiriert. Für viele Menschen ist das einfach »zu buddhistisch«. Ein sehr bodenständiger Hundetrainer in meinem Bekanntenkreis fragte mich mit gerunzelter Stirn, was denn der Klimawandel mit Spiritualität zu tun hat. Aber es gibt ja genügend andere Bücher. Der Trick ist, nichts erzwingen zu wollen. Wenn *Das 6. Sterben* oder *Die unbewohnbare Erde* Ihnen zu sehr nach Panikmache klingen (obwohl es sich in beiden Fällen um ausgezeichnete Bücher handelt), dann greifen Sie zu etwas anderem. Es gibt Bücher wie *Drawdown. Der Plan: Wie wir die Erderwärmung umkehren können* oder *All We Can Save* (auf Englisch). Bücher, die gut informieren, Sie aber nicht schon niederschmettern, bevor Sie überhaupt darin geblättert haben. Information muss nicht bitter schmecken wie Medizin.

Andere Leute werden schon von der bloßen Vorstellung abgeschreckt, ein ganzes Buch zu lesen. Das ist okay, denn es gibt andere Möglichkeiten. Meiner Ansicht nach kann jeder in diese Debatte einsteigen, wenn er nur ein wenig herumstöbert. Sollten Sie jemanden kennen, der solche Bücher nicht lesen möchte, dann können Sie dieser Person andere Informationsquellen empfehlen. Für mich waren die Podcasts eine echte Entdeckung.

Heute lasse ich Artikel über den Klimawandel nicht mehr links liegen. Ich bin informiert genug, um darauf nicht mehr mit Angst zu reagieren. Ich habe Menschen kennengelernt, die mir ihre Bewältigungsstrategien verrieten, und weiß nun, dass ich mit diesen Informationen nicht allein dastehe. Aber es ist einfach unglaublich ansprechend, wenn Menschen über dieses Thema miteinander reden. Nicht in Gestalt eines Vortrags oder einer anderen Art der formalen Präsentation. Vielmehr in Form eines »Drahts«, der zwischen zwei Menschen entsteht. Podcasts führen sehr gut in den Sachstand ein, ohne dass dabei der Zwang aufkommt, »etwas Gescheites« sagen zu müssen. Außerdem können Sie andere Aufgaben ausführen, während Sie zuhören: kochen, gärtnern, die Wäsche sortieren. Mit Podcasts müssen Sie nicht kostbare Lebenszeit »opfern«, um etwas über den Klimawandel zu erfahren.

In der Rückschau ist mir klar geworden, dass die Angst, die mich davon abhielt, mich über den Klimawandel zu informieren, ein eigener Feedback-Loop der Unwissenheit, Angst und Isolation war. Aber auch dieser lässt sich umkehren, individuell ebenso wie kollektiv. Je mehr Menschen sich in diese Debatte einbringen, desto mehr Möglichkeiten werden wir finden, darüber zu reden. Und desto mehr Leute werden das Gefühl haben, daran teilhaben und sie selbst sein zu können. Je mehr in diese Debatte einsteigen, desto vielfältiger, inklusiver und diverser wird das Bild vom »Umweltschützer« werden. Je mehr mitdiskutieren, desto mehr Möglichkeiten werden wir finden, miteinander zu reden und uns auszudrücken. 2021 kam der Film *Don't Look Up* in die Kinos, eine Persiflage auf die Klimawandel-Leugner. Je mehr wir werden, desto mehr Menschen werden wir ansprechen können.

Meine liebe Freundin und Kollegin Bobbi Patterson ist emeritierte Professorin für Pädagogik an der Emory University. Ihre Arbeit befasste sich mit effektivem Lehren und Lernen an der Universität und mit kontemplativen Lehrstilen beziehungsweise Lernstrategien, die auf eine ethische Entscheidungsfindung hinauslaufen. Bobbi meint, ein großartiger Weg, mit dem Lernen zu beginnen, ist es, etwas über den Ort in Erfahrung zu bringen, an dem wir leben. »Orte erfordern Präsenz«, sagt sie. »Sie rufen uns zum Handeln auf, und dabei erfahren wir etwas über die Strukturen und die Macht dieser Orte.« Wir können über die Geschichte und das ökologische Erbe unseres Wohnorts nachdenken – seine geologische Geschichte, seine Pflanzen und Tiere. Und über die Geschichte jener Menschen, die dort lebten. Wie haben sie die aktuelle Wirklichkeit geprägt? Ich kann mich fragen, wer ich heute an diesem Ort bin. Wie kann ich meine Zugehörigkeit zu diesem Land stärken und das Gefühl, dass es mir nur anvertraut ist? Was sagen mir dieses Zugehörigkeitsgefühl und die Geschichten darüber, wo dieser Ort Heilung braucht? Bobbi meint dazu: »Orte und ihre Geschichte ernst zu nehmen, ist ein grundlegender Schritt zur Heilung unseres Planeten.« Sie schlägt vor, lokal Gruppen zu bilden, die sich mit diesem Thema befassen. Das erinnert mich an Greta und ihren Vater, die in die Berge nördlich von Schweden reisten, um mit eigenen Augen zu sehen, was die Erderwärmung dort anrichtet. Diese Reise wird in *Our House Is On Fire* sehr anschaulich erzählt. Auch der Dalai Lama bemüht sich um den ökologischen Schutz seiner Heimat Tibet.

Wie Karen O'Brien und Christine Wamsler sagten, sind die Fakten über die Lage »da draußen« nicht das einzige Wissen, das wir für die Debatte und unser Handeln brauchen. Es hilft auch, uns selbst zu kennen, um die Handlungsoptionen zu finden, die für uns am natürlichsten und selbstverständlichsten sind. Wo liegen unsere Stärken? Was kann speziell ich dazu beitragen? Was ist mir wichtig? Wo kann ich mein Bestes geben? Ist es möglich, dass das Gefühl dafür, wer ich bin und was ich tun kann, nicht so fest und starr sein muss, wie ich denke? Und ganz wichtig: Was hält mich davon ab, das zu tun, was ich tun möchte? Wenn mich Schuldgefühle, Angst oder das Gefühl des Getrenntseins lähmen, wie kann ich damit umgehen? Was würde diese Empfindungen abschwächen? Falls Sie im Internet zwanghaft Produkte kaufen, von denen Sie wissen, dass Sie sie nicht *brauchen*: Worum geht es da? Wenn

Ihr Unternehmen Schäden anrichtet, was hindert es daran, dies künftig nicht mehr zu tun?

Wir können uns diese Fragen individuell oder kollektiv stellen. Die Verhaltensforschung sagt uns, dass die Menschen viel zu viel über Incentives beziehungsweise Verbote nachdenken, wenn es darum geht, Widerstände zu überwinden. Dabei wäre es häufig sinnvoller, den Reibungswiderstand zu verringern beziehungsweise »die Hindernisse, die wir nicht sehen«.[24] Was steht Ihnen im Weg? Mangelndes Wissen über die Klimakrise? Fehlendes Vertrauen in die Fähigkeit des Menschen, sich zu ändern? Oder fehlender Wille, sich mit dem Problem überhaupt zu beschäftigen?

Die Kommunikationsexperten, die hier bislang zu Wort kamen, machten mich darauf aufmerksam, dass wir nicht nur uns selbst kennen sollten, sondern auch die Menschen, mit denen wir sprechen. Christiana Figueres, die das Klimaabkommen von Paris auszuhandeln half, meint, in ihren Augen gehe es darum, Fragen zu stellen, nicht andere zu verurteilen. »Ich weiß nicht, warum ein Mensch weiterhin Fleisch isst«, sagt sie. »Ich weiß es einfach nicht. Also nähere ich mich der Frage mit aufrichtigem Interesse. Neugierde, wenn Sie so wollen. Sag mir, was in dir abläuft, bevor du Fleisch isst, während du Fleisch isst und danach. Lass mich teilhaben an deiner Wirklichkeit.« Wenn Ihre FreundInnen vor Ort nicht über den Klimawandel reden wollen, finden Sie heraus, was ihnen wichtig ist, und ziehen Sie von dort aus die Verbindung zu Lösungen für die Klimakrise. *Und das, ohne den Begriff »Klimawandel« auch nur zu gebrauchen!* Christiana nennt dies »kontextbezogene Kommunikation«. »Es ist entscheidend zu begreifen, was Ihrem Visavis wichtig ist. Versetzen Sie sich also in seine Lage.« Oder in die eines ganzen Landes.

»Nehmen wir nur mal Saudi-Arabien«, nennt sie ein Beispiel. »Die einzige Quelle seines Reichtums ist der Export von Erdöl und Gas. Das Land ist total davon abhängig. Sie können sich wohl vorstellen, dass die Idee, auf beides zu verzichten, eine ernsthafte Bedrohung für das Land darstellt. Mir war klar, das ist die Wirklichkeit dieses Landes. Dafür können die Leute nichts. Ich kann sie nicht dafür verantwortlich machen, dass sie diese enormen Bodenschätze unter ihren Füßen haben. Es ist nun mal so. Dort starben vor Millionen Jahren unglaublich viele Dinosaurier. Und dann wurde das ganze Öl entdeckt. Ich kann sie also nicht für die Vergangenheit verantwortlich machen, für die Zukunft aber schon. Wenn ich mit den Vertretern des Landes sprach, redete ich immer über die Zukunft, nie über die Vergangenheit. Darüber, wie sie sich in zehn oder zwanzig Jahren sehen. Ja, sie haben mit Erdöl und Erdgas viel Geld gemacht, aber ob ihnen das in zwanzig Jahren noch genauso wichtig ist? Sie leben heute schon in einer der heißesten Regionen des Planeten. Und wenn wir so weitermachen wie bisher, wird Saudi-Arabien bald unbewohnbar sein. Wo soll in zwanzig Jahren das Wasser herkommen? Und die Nahrungsmittel?« Christiana erzählt, man hatte darüber durchaus mit ihr reden wollen. Wenn man mit den Leuten über diese Angelegenheit sprechen möchte, dann gilt es, sie nicht mit Schuldgefühlen zu belasten. Wir sollten sie vielmehr einladen, sich »die Zukunft auszumalen, die sie für ihre Kinder, ihre Enkel und die Generationen danach sehen. Was schaffen sie für die Menschen der Zukunft? Im Moment leben wir alle verschiedene Wirklichkeiten, aber am Ende sieht die Zukunft für uns alle gleich aus, weil wir zusammen auf diesem winzigen Planeten wohnen.« – »... am Ende sieht die Zukunft für uns alle gleich aus«: eine großartige Idee!

Katharine Hayhoe, die christliche Klimaaktivistin, die wir bereits kennengelernt haben, stimmt Christiana zu. »Die wichtigste Erkenntnis ist doch, dass jeder von uns schon alle Gründe hat, die er braucht, um sich zu kümmern. Das mögen andere sein als unsere, aber das ist in Ordnung. Wenn wir Menschen auf dieser Erde leben, wenn wir gern in der freien Natur sind, wenn wir zum Rotary Club gehören, wenn wir Gläubige einer Weltreligion sind, zu deren Grundsätzen der Schutz der Erde beziehungsweise anderer Geschöpfe darauf gehört, dann haben wir allen Grund, uns um den Klimawandel zu kümmern. Sobald wir also mit Menschen über den Klimawandel sprechen, müssen wir sie nicht gemäß unseren Gründen missionieren. Sie werden die Grundwerte eines Menschen nicht mehr ändern, wenn er die Kindheitsjahre hinter sich hat. Nein, das Ganze ist letztlich viel einfacher. Finden Sie heraus, was diesem Menschen wichtig ist, denn der Klimawandel wird alle Aspekte des Lebens verändern, die uns etwas bedeuten.« Dann müsse man nur noch die Verbindung herstellen zwischen dem, was den Leuten am Herzen liegt, und dem, welche Folgen der Klimawandel dafür hat. Schon könne man über konstruktive Lösungen sprechen. Und das sind häufig Maßnahmen, die anderswo bereits ergriffen werden.

Wenn Greta also sagt, die Klimakrise sei alles, worüber wir uns unterhalten sollten, dann müssen wir gar nicht so viele Informationen parat haben. Wir können reden über das, was wir bereits jetzt wertschätzen. Wir können uns darüber unterhalten, wie wir einander helfen können und was wir gemeinsam tun möchten. Und das ist dann genug, denn alles, was uns wichtig ist, hat tatsächlich mit dem Klimawandel zu tun.

Jenny Odell weist auf einen weiteren Punkt hin: In diesem Zeitalter der Likes, Follower und Retweets ist es die Qualität, nicht die Quantität, die entscheidet. Sie bringt dieses Beispiel (obwohl sie zugesteht, dass es vielleicht ein bisschen sehr speziell ist): »Wenn Sie ein Internet-Magazin auflegen und es nur an zwanzig Leute schicken, diese aber ernsthaft miteinander und mit anderen Menschen darüber reden, vielleicht sogar darauf reagieren – dann haben Sie etwas Großartiges geschafft. Das entfaltet eine enorme Zugkraft. So kann man Einfluss auch messen. Ich weiß nicht, wie man das nennt, aber für mich fühlt sich das großartig an. Ich interessiere mich dann dafür und langweile mich mit dem anderen Kram.« Der »andere Kram« meint die sozialen Medien.

Jenny schildert uns diese verschiedenen Formen der Aufmerksamkeit als Feedback-Loops. In unserer Isolation, Einsamkeit und Angst suchen wir in den sozialen Medien nach Gesellschaft. »Sie wollen eine gewisse Verbundenheit spüren, sich geschätzt, gesehen und anerkannt fühlen. Aber das bekommen Sie nicht.« Was wir stattdessen erhalten, macht uns noch mehr Angst und isoliert uns stärker als zuvor. Das würden jüngere Studien zeigen, wie Jenny meint. Also suchen wir noch intensiver nach Verbundenheit. Und solange wir dies in den sozialen Medien tun, etabliert sich ein Teufelskreis. Den wir durchbrechen können. Legen Sie das Handy weg, und richten Sie Ihre Aufmerksamkeit auf etwas anderes. Und schon kehrt sich die Rückkopplungsschleife um. »Sie finden andere Quellen, die Ihnen das Gefühl von Zugehörigkeit und Sinn schenken. Die Ihnen das Gefühl geben, akzeptiert zu werden. Und das lässt Sie stabiler werden. Weil Sie aber jetzt diese Stabilität haben, suchen Sie nicht mehr in den sozialen Medien danach.« Jenny Odell schreibt, dass ihre Aufmerksamkeit frei für anderes wurde, als sie aufhörte, ständig die neuesten Feeds in den sozialen Medien zu studieren: frei, Vögel zu beobachten, Bücher zu schreiben oder Treffen zu organisieren.[25]

Erstellen Sie Ihre To-do-Liste

Ich fühle mich nicht qualifiziert genug, um alle Tipps fürs Aktivwerden in eine ellenlange Masterliste zu kopieren. Denn zum einen gibt es viele Ansätze, die wir verfolgen können, und kein Mensch kann das alles bewerkstelligen. Zum anderen fällt es uns vielleicht leichter, uns für eine Möglichkeit zu entscheiden und sie umzusetzen, wenn uns eine überschaubare Zahl von Optionen zur Wahl steht. Paul Hawken schreibt dazu: »Da es so große Unterschiede zwischen Menschen, Kulturen, Einkommen und Wissen gibt, gibt es keine gemeinsame oder richtige Checkliste. Die ›Top-10-Strategien‹ gegen den Klimawandel sind eine Fiktion. Die wirklichen Top 10 bestehen aus dem, was *Sie* machen können, wollen und werden.«[26] In diesem Sinne möchte ich Ihnen hier eine Reihe von To-do-Listen hochqualifizierter Menschen vorstellen, zu denen auch Paul Hawken gehört. Und die Handlungsmöglichkeiten umfassen so unterschiedliche Maßnahmen wie »Eine Gruppe Gleichgesinnter suchen« oder »Unmengen von Bäumen pflanzen«.

Die 5-Punkte-Liste. Eine 2017 in *Environmental Research Letters* publizierte Studie aus Kanada nannte fünf Punkte, die uns am meisten CO_2 einsparen helfen.[27] Kurz zusammengefasst nennt die Studie folgende To-dos:

- weniger fahren,
- weniger fliegen,
- weniger Kinder haben,
- weniger Fleisch essen und
- dafür sorgen, dass Teenager über diese Zusammenhänge Bescheid wissen.

»Weniger Kinder haben« ist natürlich eine kontrovers zu diskutierende Empfehlung.[28] Bei dieser Studie bezieht sie sich auf die entwickelten Länder, in denen jedes Kind durchschnittlich 58,6 Tonnen CO_2 zum Kohlenstofffußabdruck der Familie beiträgt. Familien in entwickelten Ländern haben weniger Kinder als die in den Entwicklungsländern, doch deren CO_2-Fußabdruck ist höher. Die Autorin und Aktivistin Genevieve Guenther nennt diesen Rat der Studie »menschenfeindlich« und »falsch«. Schließlich gehe es um Konsum, nicht um die Kinder selbst. In einem Podcast mit Genevieve sagt der Klimajournalist David Wallace-Wells: »Wenn wir es schaffen, unsere Wirtschaft zu dekarbonisieren, was technisch und politisch mittlerweile möglich ist, dann reden wir hier ohnehin über unsichtbare CO_2-Fußabdrücke.«[29] Och, kleine unsichtbare Baby-CO_2-Fußabdrücke ... Aber so weit sind wir eben noch nicht. Und ich kann auch der Einschätzung als »menschenfeindlich« nicht zustimmen. Sollten wir unseren Einfluss auf den Planeten nicht zum Teil der Familienplanung machen? Wäre es vor dem Hintergrund der wechselseitigen Abhängigkeit von unserer Spezies nicht kurzsichtig oder sogar narzisstisch, *nicht* darüber nachzudenken? Aber lassen wir den CO_2-Fußabdruck in entwickelten Ländern mal beiseite: Es gibt nämlich bereits Orte im globalen Norden und Süden des Planeten, die große Familien nicht mehr ernähren können, selbst wenn deren CO_2-Fußabdruck gering wäre.[30] Meiner Ansicht nach sollte niemand anderen vorschreiben, wie viele Kinder sie haben dürfen. Aber die Menschen in aller Welt sollten die Möglichkeit haben, eine gut informierte Entscheidung zu treffen.

Paul Hawkens Regenerationsprinzip und Aufgabenliste. Paul meint, wir müssten dreierlei ins Auge fassen, um die globale Erwärmung zu stoppen: »Zuerst müssen wir die Emissionen aus der Verbrennung fossiler Brennstoffe reduzieren beziehungsweise ausschalten. Zweitens müssten wir den Kohlenstoff zurück in die Erde bringen durch Fotosynthese in Graslandflächen, Wäldern, landwirtschaftlich genutztem Grund, Mangrovenwäldern und Feuchtgebieten. Drittens müssen wir den Kohlenstoff hier auf der Erde behalten.«[31] Wie wir das anstellen? In seinem Buch *Regeneration* liefert er eine Checkliste, die wir auf alles anwenden können: »auf allen Ebenen der Aktivität – Menschen, Häuser, Gruppen, Unternehmen, Gemeinden, Städte und auch auf Länder«. Hier eine Liste von Fragen, die unser tägliches Handeln leiten kann (»Das oberste Grundprinzip ist die Regeneration; alles andere ist eine Konsequenz seiner Anwendung«):

- Schafft unser Tun mehr Leben, oder reduziert es dieses?
- Heilt unser Tun die Zukunft, oder stiehlt es sie vielmehr?
- Fördert unser Tun menschliches Wohlbefinden, oder verringert es dieses?

- Verhindert unser Tun Krankheit, oder profitiert es sogar davon?
- Schafft unser Tun Existenzgrundlagen, oder zerstört es diese?
- Saniert unser Tun das Land, oder beutet es dieses vielmehr aus?
- Verstärkt unser Tun die globale Erwärmung, oder verringert es sie?
- Nützt unser Tun den menschlichen Bedürfnissen, oder ruft es menschliches Begehren hervor?
- Reduziert unser Tun die Armut, oder dehnt es sie weiter aus?
- Fördert unser Tun grundlegende Menschenrechte, oder leugnet es sie?
- Verstärkt unser Tun die Würde der Arbeit, oder setzt es die Arbeitenden herab?
- Kurz gesagt: Ist unser Tun regenerativ oder extraktiv (ausbeuterisch)?

Des Weiteren empfiehlt Paul Menschen, Gruppierungen und Institutionen, sich »Aufgabenlisten« zu stellen, die Strategien enthalten, welche man innerhalb eines bestimmten Zeitrahmens durchführt, sei es eine Woche, ein Monat, ein Jahr oder fünf Jahre. Auf der Webseite zur Regeneration finden Sie (in englischer Sprache) ein Arbeitsblatt, das Ihnen helfen soll, Ihre eigene »Punch List« zu erstellen: www.regeneration.org/punchlist.[32]

Die To-do-Liste von Ayana Elizabeth Johnson und Katharine K. Wilkinson. Diese Liste stammt aus der Anthologie *All We Can Save.* Es handelt sich dabei um die poetischen Kapitelüberschriften, die Ayana (Meeresbiologin, Umweltstrategin und Politikexpertin) und Katharine (Schriftstellerin, Aktivisten und Mitbegründerin von *The All We Can Save Project*) den einzelnen Handlungsschritten mitgegeben haben:[33]

Der Beginn

1. Die Wurzeln
Eine Berufung, ein Willkommen, ein Ort zum Erden,
die Grundlagen indigener Weisheit, die Weisheit der
lebenden Systeme der Erde, Verbundenheit, Emergenz,
Gerechtigkeit und Regeneration.

2. Sich engagieren
Strategie, Teilhabe, das Gemeingut; die Instrumente der
Gesetzgebung und der Durchsetzung derselben; wie wir
die Mächtigen zur Verantwortung ziehen können und die
Regeln so umschreiben, dass sie allen dienen.

3. Neu ausrichten
Sprache und Geschichte, Kreativität und Kultur, die Mittel, mit denen wir Sinn erzeugen; die Wahrheit sagen – sie
ausweiten, umkehren und neu befeuern; Imagination,
Entwicklung; das Festhalten an unserer Menschlichkeit.

4. Umformen
Probleme, die aus den Strukturen stammen: Städte,
Transportmittel, Infrastruktur, Kapitalismus; Küsten-
linien und Landschaften, in denen Mensch und Natur
aufeinandertreffen; vieles, was neu gedacht, umgewidmet,
anders angepackt werden muss.

5. Dranbleiben
Zum Teufel, wenn diese Arbeit nicht hart ist, unsere Aufgabe gewaltig; das Feuer des Aktivismus – an der Front,
im Bauch; Eintreten für Gerechtigkeit, Gesundheit, für
das Heilige; wir müssen das nicht allein schaffen.

6. Fühlen
Erwachen, Bewusstsein, Hinschauen; das gebrochene
Herz; Seelen voller Angst; wir können das nicht übergehen: der Kampf, die Trauer, die Wut, die Heilung; eine
wilde Liebe zu dem Planeten, den wir Heimat nennen.

7. Nähren
Boden, Nahrung, Wasser, der Himmel – untrennbar; die
Grundlagen unserer Lebendigkeit; Zusammenarbeiten
mit der Natur, sie unterstützen; Mikroben, Bauern, Fotosynthese.

8. Aufstehen
Generationen, die wachsen, geben und sich versammeln;
Gemeinschaft nähren, den Wandel anstoßen; für eine
Zukunft, die uns alle hält; das ist unsere Lebensaufgabe.

Und weiter.

Catherine Ingrams To-do-Liste. Catherine hat sich der Debatte in
Kapitel 5 angeschlossen, in dem es um das gebrochene Klimaherz
ging. Dies ist eine Zusammenfassung der Punkte, die sie in ihrem
Artikel »Facing Extinction« anspricht.[34] Trotz ihrer eher düsteren
Prognose geht Catherine keineswegs davon aus, dass wir nichts
mehr tun können – ganz im Gegenteil:

- *Es ist an der Zeit, dich dem zu widmen, was du sehr gern magst,*
  vielleicht auf eine neue und tiefgründigere Weise. Deiner Familie und deinem Freundeskreis, deinen tierischen Kumpanen, den
  Pflanzen um dich herum.
- *Finde deine Community (oder schaff dir eine).* Menschen in aller Welt erwachen und diskutieren über dieses Thema. Die *Extinction Rebellion* begann in Großbritannien, hat aber seitdem

Gruppen in vielen europäischen, amerikanischen und australischen Städten. Es gibt auch Facebook-Gruppen, die sich mit dem Thema »Aussterben« beschäftigen: Near Term Human Extinction Support oder Faster Than Previously Expected. Aber natürlich kannst du dich auch aktiven Gruppen an deinem Wohnort anschließen.

- *Finde deine Ruhe.* Achte darauf, wohin du deine Aufmerksamkeit lenkst, und übe dich in Aktivitäten, welche die Ruhe in deinem Leben verstärken – Spazierengehen in der freien Natur, ein schönes Essen mit deinen Lieben, lesen, Musik hören, tanzen, schwimmen. Was auch immer »dein Ding« ist, es hat jeden Tag Vorrang.

- *Lass deine düsteren Visionen von der Zukunft los, und achte darauf, in welchem Umfang du erschreckende Informationen aufnimmst.* Auch wenn diese verstörenden Bilder sich in deiner Vorstellung immer wieder melden, so solltest du dich trotzdem nicht allzu sehr darauf fokussieren. Manchmal ist ein »Informationsfasten« angesagt, damit dein gestresster Geist Ruhe findet.

- *Mach dich nützlich.* Was auch immer uns in Zukunft erwartet, du wirst dich besser fühlen, wenn du deine Gaben einsetzt, und zwar so, wie es sich für dich gut und richtig anfühlt – ob im persönlichen Leben, mit Familie und im Freundeskreis oder in einer größeren Gemeinschaft. Und du musst nicht Buch darüber führen, ob dein Handeln sich eines Tages auszahlt.

- *Sei dankbar.* Zu keiner Epoche im Laufe der Geschichte war uns Langlebigkeit garantiert. Wie viel Zeit wir auch immer haben mögen, wir sind Glückspilze. Wir können das Leben erfahren, obwohl die Chancen dafür ursprünglich schlecht standen. Wenn wir daran denken, wie oft unsere Vorfahren nur um Haaresbreite überlebt haben, gerade so lange, dass sie sich fortpflanzen konnten, *und das in jeder einzelnen Generation*, dann wird uns schnell klar, wie kostbar dieses Leben ist. Und dass Dankbarkeit die einzig angemessene Reaktion darauf sein kann.

- *Hör auf, gegen die Evolution zu kämpfen.* Die gewinnt nämlich immer. Die Geschichte über den einen menschlichen Fehltritt, den imaginären Punkt, an dem wir einen anderen Weg hätten einschlagen können, ist eine sinnlose geistige Übung. Unsere Evolution geschah in Quintillionen von Erdumdrehungen, vor dem Hintergrund winziger biologischer Anpassungen, unterschiedlicher Überlebensnotwendigkeiten und menschlicher Wünsche. Wir sind genau an dem Punkt, auf den wir seit Ewigkeiten zusteuern.

Donella Meadows To-do-Liste. In *Die Grenzen des Wachstums* benennen Donella und ihre Kollegen viele Schritte, die zu einer nachhaltigen Welt führen. Ich habe sie zu einer kurzen Liste zusammengefasst. »Jeder Mensch muss in diesem Gesamtprozess seine eigene Rolle finden«, schreiben sie, um uns zu ermutigen. »Wir maßen uns nicht an, irgendjemandem außer uns selbst eine spezifische Rolle vorzuschreiben. Aber wir möchten doch einen Vorschlag machen: Was immer Sie tun, tun Sie es mit zurückhaltender Bescheidenheit. Nicht wie eine unumstößliche Vorgehensweise, sondern als Experiment. Versuchen Sie, aus Ihrem Handeln – gleichgültig, was Sie tun – zu lernen«:[35]

- Neue Unternehmen müssen entstehen, alte müssen umstrukturiert werden, um ihren ökologischen Fußabdruck zu verringern.
- Das Land muss geschützt werden, Nationalparks vor allem. Die Energiesysteme müssen umgestaltet werden, und wir müssen zu internationalen Abkommen gelangen.
- Neue Methoden zur Bestellung des Bodens müssen gefunden werden.
- Manche Gesetze müssen erlassen, andere aufgehoben werden.
- Kinder und Erwachsene müssen Informationen über diese Probleme erhalten.
- Wir müssen darüber Filme drehen, Musikstücke machen und Bücher schreiben.

- Wir müssen Webseiten veröffentlichen, die Menschen beraten, Gruppen gründen, Subventionen umlenken, Nachhaltigkeitsindikatoren definieren und Preise finden, die die wahren Kosten widerspiegeln.

Genevieve Guenthers To-Do-Liste. Genevieve Guenther ist Gründerin von End Climate Silence. »Picken Sie sich eins dieser To-dos heraus, machen Sie es einmal die Woche, und es wird sich etwas ändern.«[36]

- Als Erstes: Gehen Sie wählen! Das können Sie natürlich nicht einmal die Woche tun, aber gehen Sie zu jeder einzelnen Wahl. Stimmen Sie für Kandidaten, denen das Klima wichtig ist. Und sobald sie im Amt sind, erinnern Sie diese Leute an ihre Versprechen.
- Schließen Sie sich einer Kampagne oder einer Aktivistengruppe an, zum Beispiel dem »Sunrise Movement – Wir sind die Klimarevolution«. Oder der Stiftung für die Rechte zukünftiger Generationen. Oder der Fossil-free-Bewegung. Wenn Sie so richtig knallhart drauf sind, melden Sie sich bei Extinction Rebellion.
- Falls Sie dafür keine Zeit haben, spenden Sie Geld. An Organisationen, deren Mitglieder sich konkret für das Klima einsetzen: Sunrise Movement, Fridays for Future oder Greenpeace.
- Es gibt in den USA zwei relativ neue Organisationen, die für mehr Klimagerechtigkeit eintreten und auch in Washington Lobbyarbeit leisten: Climate Power und Evergreen Action.
- Oder Sie spenden direkt an Gruppen, die zur Wahl auf Umweltthemen schauen.[37] Die von Ihnen bevorzugte Person oder Partei an die Macht zu bringen, ist eine der effizientesten Waffen im Kampf ums Klima.
- Organisieren Sie Ihren Arbeitsplatz. Bitten Sie Ihr Unternehmen beispielsweise, »grünere« Entscheidungen zu treffen oder im Parlament Lobbyarbeit fürs Klima zu leisten.

- Und eine der wichtigsten Maßnahmen, die Sie ergreifen können, ist, in Ihrem sozialen Netzwerk das Bewusstsein für den Klimawandel zu schärfen – vor allem dann, wenn sich ringsum alles dagegen zu sperren scheint.

Elissa Epels To-do-Liste. Die folgende Liste stammt von Elissa Epel, Verhaltensforscherin, Resilienzfachfrau und meine gute Freundin. Einige dieser Tipps hat Elissa schon in ihrem Buch *The Stress Prescription* vorgestellt.[38] Sie betitelt ihre Liste als »Stressresilienz und Hoffnung im Anthropozän: Drei Tipps, um sich geistig zu wappnen«. Diese Agenda beruht auf persönlicher Erfahrung. »Ich kenne Klimastress, geistige Blockaden im Hinblick auf Klimaprojekte, und manchmal überfallen mich finstere Gedanken, wie das Wunder des Lebens auf dieser Erde vielleicht bald enden könnte. Doch während ich einerseits spüre, wie meine Sorge um die Zukunft wächst, habe ich andererseits eine starke Hoffnung entwickelt. Und ich begegne diesem Widerspruch mit Gleichmut«:

1. Leichtes Gepäck!
Was wir geistig und körperlich mit uns herumschleppen, belastet uns einfach zu sehr. Wir müssen unser Leben vereinfachen, Ballast abwerfen und neu packen. Konzentrieren Sie sich nur auf jene Punkte, die Ihnen am wichtigsten sind. Machen Sie eine Liste von all den Sachen, die Sie im Leben wirklich brauchen. Und überlegen Sie, wie Sie Ihre begrenzte Zeit zubringen wollen. Eine kurze Liste erlaubt Ihnen, leichter zu leben, sowohl materiell als auch spirituell, und sich auf Ihren eigentlichen Lebenssinn zu konzentrieren. Ermutigen Sie andere, es Ihnen gleichzutun, indem Sie freudig ein Beispiel setzen.

2. Heißen Sie die Ungewissheit willkommen
Erwarten Sie das Unerwartete. Wir haben es zum einen
mit der üblichen Ungewissheit unseres Lebens zu tun, zum
anderen mit der schwankenden Ungewissheit des instabi-
len Klimas. Das Einzige, dessen wir uns künftig gewiss sein
können, ist die Ungewissheit! Lockern Sie Ihren Griff um
die Zukunft mit einem Seufzen und einem Lächeln. Genießen Sie die Gewissheit des gegenwärtigen Augenblicks.
Atmen Sie die Luft, die Sie mit allen Geschöpfen teilen, in
Ihren Körper. Menschen, die zu schätzen wissen, was sie
haben, erleben die größte Lebenszufriedenheit und das
meiste Glück. Freuen Sie sich an dem, was Sie haben.

3. Bauen Sie – absolute und aktive – Hoffnung auf
Die absolute Hoffnung: Hoffnung ist die Grundlage unserer Widerstandsfähigkeit gegen Stress. Manchmal erhoffen
wir uns ein bestimmtes Ergebnis, und unsere Hoffnung
wird enttäuscht. Spüren Sie der absoluten Hoffnung nach,
der starken Hoffnung, die nie stirbt, ganz egal, was da
kommen mag. Eine Hoffnung, die uns zusammenbringt,
sodass jeder seinen Teil zur Heilung der Welt beiträgt.
Was gibt Ihnen Hoffnung? Spüren Sie die Hoffnung, die
aus der Kraft unserer Ahnen entsteht, die uns dieses heutige Leben geschenkt haben? Das natürliche Mitgefühl, mit
dem wir Menschen auf die Welt kommen? Die vielen Akte
des Altruismus und der Großzügigkeit, die Sie beobachten
können? Hoffnung und Ehrfurcht angesichts der Resilienz der Natur? Suchen Sie sich etwas, was Ihre absolute
Hoffnung für die Zukunft nährt. Und sehen Sie sich nach
Vorbildern um.
Die aktive Hoffnung: Das ist die Hoffnung, die in aktivem
Tun mündet, wie Joanna Macy sagt. Diese aktive Hoffnung
geht nicht so leicht verloren. Sie ist höchst ansteckend, weil

jene Menschen, die sie leben, zum Handeln inspirieren. Sie heizt den sozialen Wandel an. Vergessen Sie nicht, dass die aktive Hoffnung – die Sie das tun lässt, was Ihnen wichtig ist – Sie wie nichts anderes von Schmerz, Angst, Kummer und Wut erlöst.

Vielleicht mögen Sie ja ein Gelöbnis der aktiven Hoffnung ablegen, wie Joanna Macy es tut:

»Ich verspreche mir und jedem von euch: Ich werde mit leichtem Gepäck auf dieser Erde leben und weder in der Nahrung, in den von mir verwendeten Produkten oder der Energie, die ich verbrauche, Gewalt dulden.«

Ich, Elissa, habe folgendes feierliche Versprechen abgelegt:

»Ich verspreche mir und jedem von euch: Ich werde nicht schweigen, wenn ich sehe, wie der Natur und den Geschöpfen auf der Erde Unrecht geschieht. Ich werde meine Rolle bei der Reduzierung der CO_2-Emissionen finden und meinen Platz im Netzwerk des sozialen Wandels.«

Sozialer Einfluss überträgt sich. Er unterstützt die aktive Hoffnung. Und die Wissenschaft vom Glück offenbart, dass wir leichter Freude empfinden, wenn wir mit anderen verbunden sind. Bitten Sie jemanden, der Ihre Interessen teilt, mit Ihnen einen Resilienzhort zu bilden, einen sicheren Ort, an dem Sie über Trauer, Verzweiflung, Hoffnung, Hilfe und zielgerichtetes Handeln reden können.

Die To-do-Liste von Dr. Jane Goodall. Jane ist schon seit der Kindheit eine meiner Heldinnen. Ihre kürzlich eingeführte MasterClass zeigt faszinierende Handlungsmöglichkeiten auf.[39]

- Treffen Sie verantwortungsbewusste Entscheidungen. Machen Sie sich klar, dass nicht nur Sie am Werk sind: »Es sind Hunderte, Tausende, Millionen Menschen und am Ende hoffentlich Milliarden.« Dazu gehören auch Generaldirektoren und Vorstandsvorsitzende, die mit einer einzigen Entscheidung einen enormen Wandel bewirken können.

- Handeln Sie lokal. Denken Sie lokal.
- Nutzen Sie Ihre Macht als Konsument.
- Suchen Sie den Draht zur Natur.
- Kommunizieren Sie. Sprechen Sie aus, was Ihr Herz Ihnen sagt. Vergessen Sie dabei aber den Humor nicht. Streiten Sie nicht mit anderen. Erzählen Sie Geschichten. Stellen Sie Fragen. Und hören Sie zu.
- Beziehen Sie Frauen und Mädchen ein. Hören Sie ihnen zu. Ermöglichen Sie ihnen Bildung. Stellen Sie sicher, dass Schulen abschließbare Toiletten haben und Toilettenartikel für menstruierende Mädchen bereithalten. Verleihen Sie Geld an Frauen. Ermöglichen Sie ihnen, Familienplanung zu betreiben.
- Eltern und Bezugspersonen: Unterstützen Sie die Interessen und Leidenschaften der Kinder.
- Regierungen: Investieren Sie in Bildung, auch in die frühkindliche Förderung.
- Behalten Sie stets die Interessen der Menschen und der nichtmenschlichen Geschöpfe gemeinsam im Blick. Arbeiten Sie mit den lokalen Gemeinden zusammen. Es geht nicht nur darum, die Schimpansen zu retten, sondern auch darum, das Leben jener Menschen zu verbessern, die rund um die Wälder leben, die für die Schimpansen Heimat sind. Wir brauchen einander.
- Spenden Sie für Umweltprojekte und -organisationen.
- Bringen Sie der nächsten Generation bei, wie man sich um den Planeten kümmern kann, zum Beispiel durch Jugendprogramme wie Roots & Shoots.[40]

Die To-do-Liste der Familie Thunberg-Ernman. Wie Greta im Gespräch mit dem Dalai Lama sagte: »Jetzt müssen wir tun, was immer wir tun können.« In dem Buch, das sie zusammen mit ihrer Familie geschrieben hat, leiten sie ihre Liste ein mit den Worten:

»Es gibt diese neue Geschichte schon längst. Und sie ist so positiv, dass die Engel Halleluja singen und im Himmel Purzelbäume schlagen – weil wir die Klimakrise gelöst haben und wissen, dass unsere Lösungen funktionieren. Sie sind so brillant, dass sie gleichzeitig viele andere Probleme lösen wie das zunehmende Wohlstandsgefälle, seelische Krankheiten und die Ungleichheit zwischen den Geschlechtern. Unter dem Vorbehalt, dass diese Lösungen grundlegende Änderungen erfordern und ein paar Zugeständnisse«:

- eine sehr hohe CO_2-Steuer einführen,
- das Ziel setzen, die Treibhausgase zu reduzieren,
- unglaublich viele Bäume pflanzen und die bestehenden Wälder schützen,
- das Leben verlangsamen, es kleinteiliger organisieren, und zwar sowohl lokal als auch global: von einer lokalen Form der Demokratie bis hin zu kollektivem Eigentum an Energieerzeugung und Nahrungsmittelproduktion,
- Zusammenarbeit, denn kollektive Probleme erfordern kollektive Lösungen,
- in Wind- und Solarenergie investieren, statt weiterhin fossile Brennstoffe zu subventionieren,
- in existierende Technologie investieren, statt auf etwas zu warten, was vielleicht noch kommt, aber möglicherweise erst dann, wenn es bereits zu spät ist,
- unsere Gewohnheiten ändern, viele von uns müssen ökologisch einige Schritte zurück tun,
- Unternehmen, die das Problem mitverursacht haben, sollen für alles bezahlen, was sie angerichtet haben: vor allem Unternehmen, welche die Risiken kannten und unglaubliche Profite eingestrichen haben, während sie unser Klima und die Ökosysteme zerstörten.[41]

Der Anfang vom Anfang

Haben Sie den Film *Don't Look Up* gesehen? Er zeigt sehr eindrücklich, wie wir mit der Klimakrise umgehen, und – Spoileralarm! – er hat kein Happy End. Wie der Regisseur Adam McKay meint, sei es ihm weniger um weitere Untergangsvisionen gegangen als eher um die Erkenntnis, dass Hollywood mit seinen ewigen Happy Ends vielleicht Teil des Problems sein könnte. »Ich wollte diese Idee, die mir kam, als ich *Eine kurze Geschichte der Menschheit* von Yuval Harari las, weiterverfolgen.« Harari geht davon aus, dass das, was uns – den *Homo sapiens* (wie der englische Buchtitel lautet) – von den Neandertalern und den Cro-Magnon-Menschen trennt, unsere Fähigkeit zum Geschichtenerzählen ist. »Ich habe darüber nachgedacht, was es letztlich für uns bedeutet, dass Geschichten für uns so wichtig sind. Wir sehen Tausende von Filmen – Marvel, James Bond, Actionfilme, *The Fast and the Furious*, die Komödien, die Filme, die ich gedreht habe –, und es gibt immer ein Happy End. Man weiß das einfach. Wir wissen, dass Hollywood uns ein glückliches Ende serviert. Und so habe ich mich gefragt, ob wir uns auch bei der Klimakrise zurücklehnen und auf das Happy End warten?«[42]

Und dieses Happy End soll von den Techies kommen, wenn jemand wie Elon Musk meint, dass die Technik eine Lösung finden wird. (Das soll Elon Musk tatsächlich zu Leonardo DiCaprio gesagt haben, und Adam wiederum weiß es von DiCaprio.) Kate Aronoff und andere weisen darauf hin, dass das Happy End auch eine weiß-männliche Version hat. Diese wird uns präsentiert, wenn berühmte männliche Autoren ihre gigantischen Plattformen nutzen, um sich über die harte Arbeit der engagierten Klimajournalisten hinwegzusetzen und der Welt zu erzählen: *Was ich über die Klimakrise denke*.[43] Diese Schriftsteller versprechen nicht unbedingt Glück, tatsächlich betätigen sich die meisten eher als Katastrophenpropheten. Aber indem sie sich als Autorität darstellen, strahlen sie ihre heroischen Schwingungen aus. Kate und andere wie Rebecca Solnit, Mary Annaïse Heglar und Amy Westervelt sagen: Diese – um sich selbst kreisenden, verblendeten – Klimapropheten sind nicht, was wir brauchen.[44] Vielmehr müssen wir unsere Macht von jenen zurückfordern, die von dem aktuellen Status quo am meisten profitieren.

Auch Greta wurde zur Heldin gemacht – allerdings gegen ihren Willen. Als die Moderatorin des Gesprächs mit dem Dalai Lama sie ihrer Ansicht nach mit Lob überhäufte, korrigierte sie diese und wies sie darauf hin, dass die Klimabewegung es gemeinsam geschafft habe. Greta wäre der letzte Mensch, der sagen würde, dass nur sie allein uns retten könne – oder dass dies überhaupt eine Einzelperson vermöge. Bei dem Gespräch mit dem Dalai Lama richtete Greta einen Aufruf zum Handeln an uns: »Wir müssen eine soziale Bewegung gründen. Wir müssen die sozialen Normen verändern, denn wenn genug Leute den Wandel verlangen und dafür eintreten, dann erreichen wir eine kritische Masse. Dann können wir nicht mehr ignoriert werden. Daher müssen wir das tun. Das ist keine kleine Aufgabe, aber wir müssen uns dafür einsetzen, weil es keine andere Möglichkeit gibt.« In den wenigen Jahren zwischen Gretas erstem Klimastreik und der Covid-19-Pandemie hat sie genau das getan: Sie schuf eine soziale Bewegung. Sie würde allerdings sagen: *Wir* schufen eine soziale Bewegung. Und das ist erst der Anfang.

Adam McKay erzählt, dass in den Fokusgruppen für seinen Film *Don't Look Up* das Publikum klare Ansichten vertrat: »Sie sagten: ›Wir haben die Bullshit-Enden satt!‹« Der fehlende Bullshit (sowie die *Kritik* daran) ist vielleicht für die Popularität des Films verantwortlich – und könnte auch eine Erklärung für Gretas Beliebtheit bieten. Von den ersten Posts in den sozialen Medien über ihren TED-Talk beziehungsweise ihre Reden beeindruckte uns vor allem ihre Ehrlichkeit. Wenn Greta spricht, treibt sie keine Spielchen. Sie richtet sich nicht nach ihrem Publikum, und sie macht all das nicht für sich selbst. Mein Lieblingssatz aus dem Film stammt aus dem Mund von Dr. Randall Mindy, den Leonardo DiCaprio spielt. Mindy ist Astrophysiker und wird in den ganzen Medienrummel hineingezogen. Irgendwann sagt er dann, wir müssten manchmal einfach nur fähig sein, bestimmte Dinge klar zu benennen, und mit »Dinge« meint er die Wahrheit.

Was ich sagen möchte: In diesem Gespräch mit AktivistInnen, WissenschaftlerInnen und Gelehrten, Mönchen und FilmemacherInnen, LehrerInnen, SchriftstellerInnen und JournalistInnen, mit FreundInnen und Angehörigen, mit dem Dalai Lama, mit Greta und mit Ihnen habe ich gemerkt, dass ich diese Krise nicht missen möchte, wie erschreckend und hässlich sie auch immer sein mag. Da wir ohnehin nicht darum herumkommen, bin ich froh, mit Ihnen, meinen Mitmenschen, durch sie hindurchzugehen, welche Zukunft wir auch immer für uns schaffen mögen. Ich kenne jemanden, der 2001 nach New York zurückkehrte, gerade als die Techblase platzte. Er war nach San Francisco gezogen, um dort für eine mittlerweile bankrotte Technikzeitschrift zu arbeiten, und kam gerade zur Zeit der Anschläge vom 11. September zum Big Apple zurück. Er meinte, in der Rückschau sei es wichtig gewesen, dass er als New Yorker in seiner Stadt war, um diese Katastrophe mit ihr durchzustehen. Ich weiß, dass ich mit meiner Meinung über diesen speziellen Moment in der Geschichte der Menschheit nicht allein bin. Es ist eine Ehre, jetzt leben zu dürfen und diesen Kampf gemeinsam mit der Erde durchzustehen. Eine Ehre, so viel Verantwortung zu haben und die Aufgabe, Fakten zu benennen und Maßnahmen in die Wege zu leiten, die uns retten und heilen können.

Aber im Geiste des Zuhörens möchte ich das letzte Wort jenen jungen Menschen lassen, die gerade darum kämpfen, sich auf ihre Zukunft freuen zu können. Das hier ist kein Ende, wie Greta sagt: »Es ist der Anfang vom Anfang.«[45]

Nachwort

Am Tag nachdem ich dieses Manuskript beim amerikanischen Verlag Shambhala abgegeben hatte, setzte US-Präsident Joseph Robinette Biden den Inflation Reduction Act in Kraft. Zu ihm gehören die bislang umfangreichsten gesetzlichen Regelungen zum Kampf gegen die Klimakrise. Das Parlament hatte das Gesetz – H. R. 5376 – am Freitag zuvor beschlossen. Und am Montag drückte ich mit gekreuzten Fingern auf »Send« und schickte die E-Mail mit dem Manuskript los.

In den folgenden Wochen verfolgte ich aufmerksam die Diskussionen um dieses Gesetz. Ich muss gestehen, ich habe ständig darauf gewartet, dass sich irgendein Haken zeigt, dass sich an irgendeiner Stelle doch massive Zugeständnisse an die Fossile-Brennstoff-Industrie herausstellen würden. Das war nicht der Fall. Soweit ich sagen kann und soweit KlimaexpertInnen und -journalistInnen, denen ich vertraue, sagen, werden die mit dem Inflation Reduction Act verbundenen Maßnahmen wie Investments, Anreize und Einsparungen bei den Treibhausgasen unser Land verändern. Ist das Gesetz perfekt und so einschneidend, wie es sein könnte? Nein. Ist es umfassend und bewahrt es den Geist vieler engagierter KlimaberaterInnen und -aktivistInnen, die es geschrieben und geprägt haben? Ja. Zeichnet es uns viele wichtige Schritte vor, die in die richtige Richtung gehen? Ja. War es ein politisches Wunder, dass das Gesetz durchging? Ja und Amen. Was mich an diesem Gesetz

am meisten beunruhigt, ist nicht, was darin fehlt – denn das können wir nachliefern. Nein, was mich umtreibt, ist, dass es wieder
abgeschafft werden könnte, schon bei der nächsten Wahl. Mögen
wir alle, denen die Zukunft der Menschheit und des Planeten am
Herzen liegt, darum kämpfen, dass dies nicht geschieht – ganz egal,
welchem politischen Lager wir angehören.

Etwa um die gleiche Zeit war der Freund einer Freundin in Island unterwegs und erzählte uns von einem isländischen Gletscher
namens Ok (Okjökull auf Isländisch) im Norden von Reykjavík an
der Straße zum Kaldiladur-Tal. Kaldiladur heißt »kaltes Tal«, aber
heute ist das Tal nicht mehr sonderlich kalt. Und Ok, der Gletscher,
ist kein Gletscher mehr. 2019 ist dieser verschwunden. Stattdessen
findet sich dort nun die erste Gedenktafel für einen Gletscher, der
Opfer des Klimawandels wurde. Auf dieser Gedenktafel stehen die
Worte von Andri Snær Magnason: »Ok ist der erste isländische
Gletscher, der seinen Status als Gletscher eingebüßt hat. In den
nächsten zweihundert Jahren werden alle unsere Gletscher dieses
Schicksal erleiden. Diese Gedenkstätte soll bezeugen, dass wir Bescheid wussten. Wir wussten, was passiert und was getan werden
muss. Nur ihr, die Nachwelt, werdet wissen, ob wir es auch tatsächlich gemacht haben.«

H. R. 5276 ist ein Anfang – ein ambitionierter Beginn, der gefeiert werden muss. Im besten Fall bringt er wirtschaftliche, politische und kulturelle Feedback-Loops ins Laufen, die unsere Welt
grüner und den Planeten kühler machen. Aber nur künftige Generationen werden wissen, ob wir weiter in die richtige Richtung
marschiert sind.

Dank

Mein tief empfundener Dank richtet sich an all die Menschen, deren Visionen, Anstöße und Inspiration direkt oder indirekt zu diesem Buch beigetragen haben. Tatsächlich waren viele Ursachen, Bedingungen und Verbindungen für seine Entstehung verantwortlich. Jeder einzelnen Person zu gedenken, ist daher einfach nicht möglich. Aber ein paar wichtigen Menschen möchte ich doch gesondert danken:

Zuerst danke ich Seiner Heiligkeit dem Dalai Lama und Greta Thunberg, getrennt von Jahren und Kontinenten und doch zwei Lichtgestalten in dieser Klimakrise. Ihr Gespräch war der Grundstein für dieses Buch. Und sie inspirieren mich und Millionen anderer Menschen rund um den Globus weiter, damit wir aufwachen und uns engagieren.

Barry Hershey ist ein echter Bodhisattva, der in puncto Feedback-Loops, die zum Klimawandel beitragen, einen Aha-Moment hatte und dann die entsprechenden Climate-Emergency-Filme drehte, in denen es um die Rückkopplungsschleifen geht. Die talentierten Filmemacherinnen Bonnie Waltch und Susan Gray unterstützten ihn bei seinem Projekt. Diese fünf Kurzfilme waren der eigentliche Grund für das Gespräch zwischen Seiner Heiligkeit und Greta und damit letztlich auch für dieses Buch.

Diana Chapman Walsh hat das Gespräch organisiert und moderiert. Sie ist für mich und viele andere weibliche Führungsgestalten stets ein Vorbild gewesen.

Den KlimawissenschaftlerInnen Sue Natali und Bill Moomaw möchte ich danken, weil sie an dem Gespräch teilnahmen. Und mit ihnen den zahllosen WissenschaftlerInnen und ForscherInnen, die sich in diesem Buch zu Wort melden. Ihr lebenslanges Engagement für das Klima und die Erforschung seiner grundlegenden Mechanismen kann man gar nicht genug loben.

Vom ersten Tag an glaubte Stephanie Tade an dieses Buch und teilte ihre Vision davon mit mir. Ein außerordentlicher Dank gebührt auch Stephanie Higgs, meiner Co-Autorin, die nicht nur das Buch verstand, sondern auch mich. Es war die reine Freude, mit den beiden Stephanies zusammenzuarbeiten. Zwischen uns stimmt die allseits bekannte »Chemie«, ein unerwartetes Geschenk unserer gemeinsamen Arbeit an diesem Projekt.

Thupten Jinpa war mir ein wichtiger Partner im Denken. Auf ihn geht die Struktur dieses Buchs zurück, und er half mir mit seinem außergewöhnlichen Verständnis für die Nuancen im Denken Seiner Heiligkeit.

Daniel Donner und Sigrid Stavnem möchte ich danken, weil sie als Mittler für mehr Klarheit und Integrität sorgten.

Nikko Odiseos, Matt Zepelin, Breanna Locke und dem ganzen Team von Shambhala Publications sei gedankt für Vision und Anleitung auf jeder Stufe des Produktionsprozesses. Bernhard Salomon, Sophia Volpini de Maestre und dem Team von *edition a* in Österreich sei gedankt, weil sie die erste Ausgabe unter dem Titel *Kreisläufe des Klimawandels* publiziert haben und stets das Potenzial auch in dieser umfangreicheren Version sahen.

Jacob Freund ist ein vertrauenswürdiger Kollege, der mich administrativ unterstützte und mir mit seinem fröhlichen Naturell stets Freude bereitete. Er hat sich um die zahllosen Abdruckgenehmigungen für dieses Buch bemüht. Auch den anderen Mitarbeitern des Mind & Life Institute gebührt mein herzlicher Dank. Ich habe das Glück, mit einem absoluten Dreamteam zu arbeiten, dessen Hingabe und Synergien ohnegleichen sind.

Und schließlich möchte ich dem Planungskomitee vom Mind & Life Summer Research Institute von 2021 meinen Dank aussprechen: Elissa Epel, Bobbi Patterson, Dekila Chungyalpa und Bruce Barrett. Ihr habt ein geniales Programm mit großartigen WissenschaftlerInnen und AktivistInnen zusammengestellt, die viel zu diesem Buch beitrugen.

Ein dickes Dankeschön geht an alle, die an diesem Buch mitgearbeitet haben: Willa Blythe Baker, Diana Beresford-Kroeger, Yuria Celidwen, Dekila Chungyalpa, Lyla June, Kritee Kanko und Steve Leder. Danke für eure Einsichten und eure Worte.

Und zu guter Letzt will ich all den jungen und engagierten Menschen danken, die den Mächtigen die Wahrheit sagen und darauf bestehen, dass sie sich auf ihre Zukunft freuen wollen.

Anhang

Über die Autorinnen

Susan Bauer-Wu ist Präsidentin des Mind & Life Institute, einer Organisation, die 1987 vom Dalai Lama mitgegründet wurde und den Zweck verfolgt, Wissenschaft und kontemplative Weisheit zusammenzuführen, um den menschlichen Geist besser zu verstehen und einen positiven Wandel in der Welt zu bewirken. In ihrer Arbeit am Mind & Life Institute setzt Susan sich vor allem für die Verbundenheit zwischen Mensch und Erde ein. Sie begann ihre berufliche Laufbahn als examinierte Krankenschwester, die sich auf die Pflege von KrebspatientInnen und die Begleitung von Sterbenden spezialisiert hatte. Später machte sie ihren Doktortitel in Psychoneuroimmunologie. Sie übte Führungs-, Lehr- und Forschungstätigkeiten in gemeinnützigen Organisationen und im Gesundheitswesen aus. Des Weiteren ist sie Autorin von *Wie ein Blatt im Herbstwind – Mit schwerwiegenden und lebensbedrohlichen Krankheiten voll und ganz leben* (Freiburg im Breisgau 2014). Ihre Freizeit bringt sie nach Möglichkeit in der freien Natur zu. Sie gärtnert gern oder geht in den Blue Ridge Mountains wandern.

Stephanie Higgs schreibt, lektoriert und veröffentlicht im East Village von Manhattan, wo sie mit Mann und Hund lebt. Sie ist Mitbegründerin der Two Shrews Press und Co-Autorin von *Beyond Addiction: How Science and Kindness Help People Change*.

GesprächspartnerInnen

Kate Aronoff: www.newrepublic.com/authors/kate-aronoff, Twitter: @katearonoff
Willa Blythe Baker: www.shambhala.com/authors/a-f/willa-blythe-baker.html
Camille Barton: www.camillebarton.co.uk
Stephen Batchelor: www.stephenbatchelor.org, Instagram: @agnostic108
Diana Beresford-Kroeger: www.dianaberesford-kroeger.com
Dekila Chungyalpa: www.centerhealthyminds.org/programs/loka-initiative, Twitter: @
   dchungyalpa

Mike Coe: www.woodwellclimate.org/staff/michael-coe,
   Twitter: @WoodwellClimate
Der Dalai Lama: www.dalailama.com, Twitter: @DalaiLama
Phil Duffy: www.woodwellclimate.org/staff/philip-duffy,
   Twitter: @WoodwellClimate
Kerry Emanuel: www.emanuel.mit.edu
Elissa Epel: www.profiles.ucsf.edu/elissa.epel, Twitter: @Dr_Epel
Malena Ernman: Instagram: @malena_ernman
Christiana Figueres: www.christianafigueres.com, Twitter: @CFigueres
Andy Fisher: www.andyfisher.ca, Twitter: @FisherTrueLine
Jennifer Francis: https://www.woodwellclimate.org/staff/jennifer-francis/,
   Twitter: @JFrancisClimate
Charlotte Gill: www.charlottegill.com, Twitter: @charlotte_gill
Jane Goodall: www.janegoodall.org, Twitter und Instagram: @janegoodallinst
Genevieve Guenther: www.genevieveguenther.com, Twitter: @DoctorVive
Joan Halifax: www.upaya.org, Twitter: @jhalifax
Carl Hall: www.westoneint.com/team
Paul Hawken: www.paulhawken.com, Twitter: @PaulHawken
Katharine Hayhoe: www.katharinehayhoe.com, Twitter: @KHayhoe
Barry Hershey: www.barryhershey.com
Marika Holland: https://staff.ucar.edu/users/mholland
Catherine Ingram: www.catherineingram.com, Twitter: @CathIngram
Thupten Jinpa: www.mindandlife.org/person/geshe-thupten-jinpa
Ayana Elizabeth Johnson: www.ayanaelizabeth.com, Twitter: @ayanaeliza
Lyla June: www.lylajune.com, Twitter: @lylajune
Kritee Kanko: www.boundlessinmotion.org, Twitter: @KriteeKanko
Riane Konc: www.rianekonc.com, Twitter: @theillustrious
Francesco Lastrucci: http://www.francescolastrucci.com/,
   Instagram: @francescolastrucci
Beverly Law: https://directory.forestry.oregonstate.edu/people/law-beverly
Steve Leder: www.steveleder.com, Twitter: @Steve_Leder
David Loy: www.davidloy.org
Wangari Maathai: www.greenbeltmovement.org/wangari-maathai
Joanna Macy: www.joannamacy.net
Ed Maibach: www.climatechangecommunication.org, Twitter: @MaibachEd
Andrew Marantz: Twitter: @andrewmarantz
Adam McKay: www.imdb.com/name/nm0570912, Twitter: @GhostPanther
Donella Meadows: www.donellameadows.org
George Monbiot: www.monbiot.com, Twitter: @GeorgeMonbiot
William (Bill) Moomaw: www.earthwatch.org/scientists/william-moomaw-phd
Anupam Nanda: www.anupam-nanda.org
Susan Natali: www.woodwellclimate.org/staff/susan-natali,
   Twitter: @woodwellarctic
Karen O'Brien: www.youmattermorethanyouthink.com/about
Jenny Odell: www.jennyodell.com, Twitter: @the_jennitaur
Barbara (Bobbi) Patterson: www.mindandlife.org/person/bobbi-patterson

Donald (Don) Perovich: www.icedrill-education.org/personnel/don-perovich
Matthieu Ricard: www.matthieuricard.org, Twitter: @MatthieuRicard
Andrew Rice: www.andrewrice.net, Twitter: @riceid
Brendan Rogers: www.woodwellclimate.org/staff/brendan-rogers,
   Twitter: @woodwellarctic
Nick Romeo: www.nickromeowriter.com, Twitter: @Nickromeoauthor
Regina Romero: Twitter: @TucsonRomero
Jonathan Rose: www.garrisoninstitute.org/person/jonathan-f-p-rose,
   Twitter: @JonathanFPRose
Sebene Selassie: www.sebeneselassie.com
Vandana Shiva: www.navdanyainternational.org, Twitter: @drvandanashiva
Rebecca Solnit: www.rebeccasolnit.net, Twitter: @RebeccaSolnit
Greta Thunberg: Twitter: @GretaThunberg, Instagram: @gretathunberg
Bonnie Waltch: Twitter: @BonnieWaltch
Christine Wamsler: www.lucsus.lu.se/christine-wamsler
Warren Washington: www.cgd.ucar.edu/staff/wmw
Kyle Whyte: https://seas.umich.edu/research/faculty/kyle-whyte,
   Twitter: @kylepowyswhyte
Katharine K. Wilkinson: www.kkwilkinson.com www.allwecansave.earth,
   Twitter: @DrKWilkinson
George Woodwell: www.woodwellclimate.org/staff/george-woodwell,
   Twitter: @WoodwellClimate
Adriana Zuniga: https://las.arizona.edu/people/adriana-zuniga-teran

Quellen

Das Gespräch zwischen dem Dalai Lama und Greta Thunberg vom 10.1.2021: https://
   www.youtube.com/watch?v=u9GXgOMMeTg

Kurzfilme über die Klima-Feedback-Loops: Climate Emergency:
   Feedback Loops: www.feedbackloopsclimate.com

Online-Quellen

350.org: www.350.org
Better World Shopper: www.betterworldshopper.org
Camille Separa Barton (in Berlin) und ihr Global Environments Network's Grief
   Toolkit: www.globalenvironments.org/toolkits/grief-toolkit
Ethical Consumer: www.ethicalconsumer.org
Wie Sie Ihren CO_2-Fußabdruck reduzieren können: www.nytimes.com/guides/year-of-
   living-better/how-to-reduce-your-carbon-footprint

Living Room Conversations: www.livingroomconversations.org/topics/climate_change
Mind-&-Life-Kurs zum Klimawandel: www.courses.mindandlife.org/courses/the-mind-the-human-earth-connection-and-the-climate-crisis
Projekt Drawdown von Paul Hawken: www.drawdown.org
Regeneration von Paul Hawken: www.regeneration.org

Organisationen und Initiativen

Alliance for Wild Ethics: www.wildethics.org
Bioneers: www.bioneers.org
City As Living Laboratory: www.cityaslivinglab.org
Council on the Uncertain Human Future: www.councilontheuncertainhumanfuture.org
Count Us In (Deutsch): www.count-us-in.com/de
End Climate Silence: www.endclimatesilence.org
Extinction Rebellion: www.rebellion.de
Fridays for Future: www.fridaysforfuture.de
The Mindfulness Initiative: www.themindfulnessinitiative.org
Ocean Optimism: www.oceanoptimism.org
Oil Change International: www.priceofoil.org
One Resilient Earth: www.oneresilientearth.org
Red, Black and Green New Deal: www.redblackgreennewdeal.org
Sunrise Movement: www.sunrisemovement.org/de
Work That Reconnects Network: www.workthatreconnects.org
Yale Program on Climate Change Communication: www.climatecommunication.yale.edu

Journalistische Quellen

The Atlantic: www.theatlantic.com/projects/planet
Covering Climate Now: www.coveringclimatenow.org
Klimajournalismus von *The Guardian*: www.theguardian.com/environment/climate-crisis
Heated: https://heated.world/about
The Nation: www.thenation.com/climate-change
The New Republic: www.newrepublic.com/tags/climate-change
The New York Times: www.nytimes.com/section/climate
Klimajournalismus von *The New Yorker*: www.newyorker.com/tag/climate-change
ProPublica (gemeinnütziges Mediennetzwerk für investigativen Journalismus): www.propublica.org/topics/environment
The Uproot Project: www.grist.org/uproot
Volts (Podcast): www.volts.wtf/about

Podcasts

A Matter of Degrees
Climate One
Global Weirding
Hot Take
How to Save a Planet
In the Deep with Catherine Ingram
Scene on Radio, Season 5
Volts

Bücher

David Abram: *Becoming Animal*
Kate Aronoff: *A Planet to Win*
Diana Beresford-Kroeger: *To Speak for the Trees*
Seine Heiligkeit der Dalai Lama: *Wir haben nur diese Erde*
Charles Eisenstein: *Klima: eine neue Perspektive*
Kerry Emanuel: *What We Know About Climate Change* (Ausgabe von 2018)
Christiana Figueres und Tom Rivett-Carnac: *Die Zukunft in unserer Hand*
Charlotte Gill: *Eating Dirt: Deep Forests, Big Timber, and Life with the Tree-Planting Tribe*
Paul Hawken: *Regeneration. Wir sind der Wandel* und *Drawdown – der Plan* und *Drawdown. Der Plan: Wie wir die Erwärmung umkehren können*
Katharine Hayhoe: *Saving Us*
Ayana Elizabeth Johnson und Katharine Wilkinson: *All We Can Save*
Stephanie Kaza und Kenneth Kraft (Hrsg.): *Dharma Rain*
Robin Wall Kimmerer: *Galectins Süßgras*
Elizabeth Kolbert: *Wir Klimawandler* und *Das sechste Sterben*
Bella Lack: *The Children of the Anthropocene*
Kaira Jewel Lingo: *We Were Made for These Times*
Joanna Macy und Chris Johnstone: *Hoffnung durch Handeln*
George Marshall: *Don't Even Think About It: Why Our Brains Are Wired to Ignore Climate Change*
Donella Meadows, Jorgen Randers und Dennis Meadows: *Die Grenzen des Wachstums: das 30-Jahre-Update*
Kathleen Dean Moore: *Great Tide Rising*
Karen O'Brien: *You Matter More Than You Think*
Jenny Odell: *Nichts tun*
David Remick und Henry Finder (Hrsg.): *The Fragile Earth: Writings from The New Yorker on Climate Change*
Vandana Shiva: *Eine Erde für alle*
Gary Snyder: *Lektionen der Wildnis*
Rebecca Solnit: *Hope in the Dark* und *A Paradise Built in Hell*

A Future We Can Love

Thich Nhat Hanh: *Zen und die Kunst, die Welt zu retten*
Greta Thunberg: *No One Is Too Small to Make a Difference*
Greta Thunberg, Svante Thunberg, Malena Ernman und Beata Ernman: *Our House Is on Fire*
David Wallace-Wells: *Die unbewohnbare Erde*

Filme

Ancient Futures: Learning from Ladakh (Vimeo)
Breaking Boundaries (Netflix)
David Attenborough: A Life on Our Planet (Netflix)
»The Disarming Case to Act Right Now on Climate Change« (Greta Thunbergs TEDx-Talk)
Don't Look Up (Netflix)
Earth Emergency (Regie: Susan Gray; PBS)
Joanna Macy and the Great Turning (Regie: Chris Landry, Vimeo)
Taking Root: The Vision of Wangari Maathai (YouTube)
This Changes Everything (on demand bei iTunes, Amazon und VHX)

Anmerkungen

Vorbemerkung: Alle hier angegebenen Links waren zur Zeit der Manuskripterstellung dieses Buches abrufbar.

Einleitung

1 Der Dalai Lama: *His Holiness the 14th Dalai Lama on Environment: Collected Statements 1987–2017*, 6. Auflage vonseiten des Environment and Policy Desk, The Tibet Policy Institute, Central Tibetan Administration, Dharamsala 2017, S. 88.
2 Ebenda, S. 89.
3 Ebenda, S. 89 f.
4 Ebenda, S. 165.
5 Kamal, Baher: »Climate Migrants Might Reach One Billion by 2050«, *Reliefweb*, 21.8.2017, https://reliefweb.int/report/world/climate-migrants-might-reach-one-billion-2050.
6 Dalai Lama, a. a. O., S. 164 f.
7 Thunberg, Greta: *No One Is Too Small to Make a Difference*, New York 2021, S. 66, Kindle-Ausgabe.
8 Thunberg, Greta, Svante Thunberg, Malena Ernman und Beata Ernman: *Our House Is on Fire: Scenes from a Family and a Planet in Crisis*, New York 2020, S. 207 f.
9 Thunberg, a. a. O., S. 10.
10 Siehe die Website »Council on the Uncertain Human Future, https://councilontheuncertainhumanfuture.org.
11 Marchese, David: »Yuval Noah Harari Believes This Simple Story Can Save the Planet«, *The New York Times Magazine*, 7.11.2021, https://www.nytimes.com/interactive/2021/11/08/magazine/yuval-noah-harari-interview.html.
12 Thunberg, a. a. O., S. 2.

Teil I: Wissen

1 Gray, Susan (Regie): *Climate Emergency: Feedback Loops*, Northern Light Productions 2021, https://feedbackloopsclimate.com. Alle Zitate von Wissenschaftlern in diesem Kapitel stammen, wenn nicht anders angegeben, aus den *Climate-Emergency*-Filmen.
2 Thunberg, a. a. O., S. 96.
3 Ebenda, S. 19, 60, 76, 79, 97 und 106.

4 Rice, Andrew: »This is New York in the not-so-distant future«, *New York Magazine*, 9, 2016, https://nymag.com/intelligencer/2016/09/new-york-future-flooding-climate-change.html.

5 Miller, Sarah: »The Millions of Tons of Carbon Emissions That Don't Officially Exist«, *The New Yorker*, 8.12.2021, https://www.newyorker.com/news/annals-of-a-warming-planet/the-millions-of-tons-of-carbon-emissions-that-dont-officially-exist.

6 Gill, Charlotte: *Eating Dirt: Deep Forests, Big Timber, and Life with the Tree-Planting Tribe*, Vancouver 2011, S. 158 f.

7 Meadows, Donella, Jorgen Randers und Dennis Meadows: *Grenzen des Wachstums: Das 30-Jahre-Update*, Stuttgart 2020, S. 399.

8 Ebenda, S. 400.

9 Zitiert nach Loy, David: »Indra's Postmodern Net«, *Philosophy East & West*, 43 (3), 1993, S. 481.

10 Dalai Lama, a. a. O., S. 54 f.

11 Hattenstone, Simon: »The transformation of Greta Thunberg«, *The Guardian*, 25.9.2021, https://www.theguardian.com/environment/ng-interactive/2021/sep/25/greta-thunberg-i-really-see-the-value-of-friendship-apart-from-the-climate-almost-nothing-else-matters.

12 Thunberg, a. a. O., S. 106.

13 Ebenda, S. 96.

14 Leiserowitz, Anthony, et al.: »Climate Change in the American Mind: November 2019«, *Yale Program on Climate Change Communication*, 17.12.2019, https://climatecommunication.yale.edu/publications/climate-change-in-the-american-mind-november-2019/toc/2/.

15 Hattenstone, a. a. O.

16 Zhong, Raymond: »These Climate Scientists Are Fed Up and Ready to Go on Strike«, *The New York Times*, 1.3.2022, https://www.nytimes.com/2022/03/01/climate/ipcc-climate-scientists-strike.html.

17 Meadows, Donella: »Leverage Points: Places to Intervene in a System«, o. D., *The Donella Meadows Project*, https://donellameadows.org/archives/leverage-points-places-to-intervene-in-a-system/.

18 PERI: »Greenhouse 100 Polluters Index (2021 Report, Based on 2019 Data)«, *Political Economy Research Institute*, https://peri.umass.edu/greenhouse-100-polluters-index-current.

19 Dalai Lama, a. a. O., S. 26.

20 Loy, David: »Is the Ecological Crisis Also a Spiritual Crisis?«, *The Buddhism and Ecology Summit*, Tricycle Online Courses (18.–22.4.2022), 18.4.2022, https://learn.tricycle.org/p/the-buddhism-and-ecology-summit.

21 Landry, Chris (Regie): *Joanna Macy and The Great Turning*, 2014, Vimeo.

22 Meadows et al., S. 396 ff.

23 Thunberg, a. a. O., S. 2.

24 Batchelor, Stephen: »Embracing Extinction«, *The Buddhism and Ecology Summit*, a. a. O. (s. Loy).

25 Meadows, Donella: »Envisioning a Sustainable World«, *The Donella Meadows Project*, zum dritten Zweijahrestreffen der International Society for Ecological

Economics, 24.–28.10.1994, https://donellameadows.org/archives/envisioning-a-sustainable-world/.

26 Jackson, Robert B., et al.: »Human well-being and per capita energy use«, *Ecosphere*, 13 (4), 2022, https://esajournals.onlinelibrary.wiley.com/doi/10.1002/ecs2.3978.

27 Landry, a. a. O.

28 Zusammengefasst zitiert nach Macy, Joanna und Brown, Molly: *Coming Back to Life: The Updated Guide to the Work That Reconnects*, Gabriola Island 2014, S. 30 f., und Landry, a. a. O.

Teil II: Leistungsfähigkeit

1 Hawken, Paul: »Meaningful Action«, 21.4.2022, *The Buddhism and Ecology Summit*, a. a. O. (s. Baker).

2 Gray, a. a. O.

3 Dalai Lama, a. a. O., S. 23.

4 Ebenda, S. 29.

5 Merton, Lisa, und Alan Dater (Regie): *Taking Root: Die Vision von Wangari Maathai* (Marlboro Production 2008), Vimeo (dt. *Taking Root. Bäume, Mut, Veränderung. Die Vision von Wangari Maathai*, Fechner Media).

6 Lastrucci, Francesco: »Inside the Campaign to Save an Imperiled Cambodian Rainforest«, *The New York Times*, 20.12.2021, https://www.nytimes.com/2021/12/20/travel/cardamom-mountains-wildlife-cambodia.html.

7 Hawken, Paul: *Blessed Unrest. How the Largest Movement in the World Came into Being and Why No One Saw It Coming*, New York 2007 (siehe auch ders.: *Gesegnete Unruhe*, 2012, https://www.youtube.com/watch?v=jINbRRDw6t8).

8 Ebenda, S. 12–18.

9 Hawken: »Meaningful Action«, a. a. O.

10 McVeigh, Quinn: »Tucson Is Planting a Million Trees to Combat Climate Change«, *Good Good Good*, 27.12.2021, https://www.goodgoodgood.co/articles/tucson-million-trees-initiative.

11 Leicht modifiziert nach Beresford-Kroeger, Diana: *To Speak for the Trees: My Life's Journey from Ancient Celtic Wisdom to a Healing Vision of the Forest*, Toronto 2019, S. 183–187.

12 Die Zitate in diesem Absatz stammen von Barnett, Tracy L. und Lyla June Johnson: *Kelp Gardens, Piñon Forests*, 9/2019, https://www.esperanzaproject.com/2019/environment/kelp-gardens-and-pinon-forests-native-regenerative-agriculture/.

13 Whyte, Kyle Powys: *Conveners of Responsibilities*, 30.9.2013, https://humansandnature.org/earth-ethic-kyle-powys-whyte/.

14 Rose, Jonathan: *Cities Are the Answer*, 21.4.2010, https://mitcre.mit.edu/news/partnernews/cities-are-the-answer.

15 Romeo, Nick: »How Oslo Learnt to Fight Climate Change«, *The New Yorker*, 4.5.2022, https://www.newyorker.com/news/annals-of-a-warming-planet/how-oslo-learned-to-fight-climate-change.

16 Lorenzo Rubiera, Claudia: *Superblocks: Barcelona's car-free zones could extend lives and boost mental health*, 13.9.2019, https://theconversation.com/superblocks-barcelonas-car-free-zones-could-extend-lives-and-boost-mental-health-123295.

17 Thunberg, a. a. O., S. 39.

18 Porritt, Jonathon: »Environmentalist Jonathon Porritt's big idea to slow global warming«, *New Scientist*, 18.8.2021, https://www.newscientist.com/article/2287520-environmentalist-jonathon-porritts-big-idea-to-slow-global-warming.

19 Hausfather, Zeke: »Let's Not Pretend Planting Trees Is a Permanent Climate Solution«, *The New York Times*, 4.6.2022, https://www.nytimes.com/2022/06/04/opinion/environment/climate-change-trees-carbon-removal.html.

20 Dalai Lama, a. a. O., S. 91 f.

21 Der Dalai Lama: *Die Welt in einem einzigen Atom. Meine Reise durch Wissenschaft und Buddhismus*, Berlin 2005, S. 237.

22 Thunberg, Greta: »The disarming case to act right now on climate change«, *TED-X* in Stockholm vom 27.1.2019, https://www.ted.com/talks/greta_thunberg_the_disarming_case_to_act_right_now_on_climate_change.

23 Landry, a. a. O.

24 Thunberg: *No One Is Too Small*, a. a. O., S. 102 ff.

25 Ebenda, a. a. O., S. 33, 72, 106.

26 Dalai Lama: *On Environment*, a. a. O., S. 114 f.

27 Thunberg: *No One Is Too Small*, a. a. O., S. 5.

28 Ebenda, S. 33.

29 Jinpa, Thupten, *Mitgefühl. Offen und empathisch sich selbst und dem Leben neu begegnen*, München 2016.

30 Dalai Lama: *On Environment*, a. a. O., S. 53.

31 Thunberg: *No One Is Too Small*, a. a. O., S. 12.

32 Ebenda, S. 4.

33 Ebenda, S. 72.

34 Solnit, Rebecca: *Men Explain Things to Me*, Chicago 2014, loc. 659, Kindle-Ausgabe.

35 Dalai Lama: *On Environment*, a. a. O., S. 81.

36 Thunberg: *No One Is Too Small*, a. a. O., S. 40.

Teil III: Wille

1 Zitiert nach Kaza, Stephanie (Hrsg.): *A Wild Love for the World: Joanna Macy and the Work of Our Time*, Boulder, CO, 2020, S. 84.

2 Monbiot, George: »Watching Don't Look Up made me see my whole life of campaigning flash before me«, *The Guardian*, 4.1.2022, https://www.theguardian.com/commentisfree/2022/jan/04/dont-look-up-life-of-campaigning.

3 Landry, a. a. O.

4 Macy, a. a. O., S. 73.

5 Ebenda, S. 73 f.

6 Ingram, Catherine: *Facing Extinction*, www.catherineingram.com, 2019 (wird häufig geupdatet), https://www.catherineingram.com/facingextinction/.

7 Monbiot, a. a. O.

8 Landry, a. a. O.

9 Zitiert nach Kaza, a. a. O., S. 91.

10 Wallace-Wells, David: »Why Is the World Ignoring the Latest U.N. Climate Report?«, *New York Magazine*, 14.3.2022, https://nymag.com/intelligencer/2022/03/un-climate-report.html.

11   IEA: »Global CO_2 emissions rebounded to their highest level in history in 2021«, Pressemitteilung der IEA (International Energy Agency), 8.3.2022, https://www.iea.org/news/global-co2-emissions-rebounded-to-their-highest-level-in-history-in-2021.

12   Zitiert nach Hattenstone, a. a. O.

13   Peck, Raoul (Regie): *I Am Not Your Negro*, Magnolia Pictures 2016.

14   Kaza, a. a. O., S. 75.

15   Ebenda, S. 76.

16   Menaker, Daniel: *Terminalia: Poems*, Washington 2020, S. 24.

17   Barton, Camille Sapara: *The GEN Grief Toolkit: Embodiment tools and rituals to support grief work in community*, Global Environments Network, Januar 2022, https://globalenvironments.org/toolkits/grief-toolkit/#1.

18   Aus einem Gespräch mit der Autorin am 27.5.2022.

19   Baker, Willa Blythe: »The Alchemy of Despair«, *The Buddhism and Ecology Summit*, 21.4.2022, a. a. O. (s. Loy).

20   Baker, Willa Blythe: *The Wakeful Body: Somatic Mindfulness as a Path to Freedom*, Boulder, CO, 2021, S. 96–99.

21   Konc, Riane: »Excerpts from the All-Girl Remake of ›Lord of the Flies‹«, *The New Yorker*, 7.9.2017, https://www.newyorker.com/humor/daily-shouts/excerpts-from-the-all-girl-remake-of-lord-of-the-flies.

22   Ingram, a. a. O.

23   Batchelor, Stephen: *Buddhismus für Ungläubige*, Frankfurt am Main, 13. Aufl. 2018 (1998), S. 46.

24   Batchelor, Stephen: »Embracing Extinction«, *Buddhism & Ecology Summit 2022*, a. a. O. (s. Loy).

25   Batchelor, Stephen: »Embracing Extinction«, *Tricycle: The Buddhist Review*, Herbst 2020, https://tricycle.org/magazine/stephen-batchelor-climate.

26   Landry, a. a. O.

27   Leder, Steve: *The Beauty of What Remains: How Our Greatest Fear Becomes Our Greatest Gift*, New York 2021.

28   Leder, Steve, bei Couric, Katie: »Rabbi Steve Leder discusses the mental health impact of world events and recent tragedies«, *Next Question with Katie Couric*, 4. Juni 2022, https://youtu.be/QH2LnnH-6PQ.

29   Odell, Jenny: *Nichts tun. Die Kunst, sich der Aufmerksamkeitsökonomie zu entziehen*, München 2022, S. 29.

30   Ebenda, S. 49.

31   Ebenda, S. 53.

32   Ebenda, S. 52 f.

33   Reynolds, Gretchen: »An ›Awe Walk‹ Might Do Wonders for Your Well-Being«, *The New York Times*, 30.9.2020, https://www.nytimes.com/2020/09/30/well/move/an-awe-walk-might-do-wonders-for-your-well-being.html.

34   Law, Tara: »Climate Activiste Greta Thunberg, 16, Arrives in New York After Sailing Across the Atlantic«, *Time*, 28.8.2019, https://time.com/5663534/greta-thunberg-arrives-sail-atlantic.

35   Odell, a. a. O., S. 195.

36   Ebenda, S. 51.

37   Ebenda.

38 Selassie, Sebene: *Just Ride*, 2021, https://sebeneselassie.com/blog/just-ride.

39 Solnit, Rebecca, mit Mary Annaïse Heglar und Amy Westervelt: »Down Uterus, Down Girl!«, *Hot Take*, 20.5.2022, https://hot-take.simplecast.com/episodes/down-uterus-down-girl.

40 Thunberg et al., a. a. O., S. 177.

41 Bauer-Wu, Susan: *Wie ein Blatt im Herbstwind: Mit schwerwiegenden und lebens-bedrohlichen Krankheiten voll und ganz leben*, Freiburg im Breisgau 2013, S. 18 f.

42 Berry, Wendell: »The Peace of Wild Things«, *The Selected Poems of Wendell Berry*, Berkeley, CA, 2009, S. 41, Kindle-Ausgabe.

43 Meadows, Donella: »Envisioning«, siehe *The Donella Meadows Project*, a. a. O.

44 Meadows, Donella: »Down to Earth Speech«, 1994, https://donellameadows.org/archives/envisioning-a-sustainable-world-video/.

45 Meadows: »Envisioning«, a. a. O.

46 Solnit, a. a. O.

47 Meadows et al., a. a. O., S. 390.

48 Ebenda.

Teil IV: Handeln

1 Baker, a. a. O.

2 Thunberg et al., a. a. O., S. 242.

3 Thunberg: *No One Is Too Small*, a. a. O., S. 106.

4 Siehe zum Beispiel Miller, William R. und Rollnick, Stephen: *Motivierende Gesprächsführung. Motivational Interviewing: 3. Auflage des Standardwerks in Deutsch*, Freiburg im Breisgau 2015.

5 Marantz, Andrew: »The Youth Movement Trying to Revolutionize Climate Politics«, *The New Yorker*, 28.2.2022, https://www.newyorker.com/magazine/2022/03/07/the-youth-movement-trying-to-revolutionize-climate-politics.

6 O'Brien, Karen: »›You Matter More Than You Think‹. Von Karen O'Brien (LiFT)«, *Integrale Perspektiven*, 2020, https://www.integralesforum.org/integrale-perspektiven/2020/198-ip-04-2020-integrale-politik/5265-you-matter-more-than-you-think-von-karen-o-brien.

7 O'Brien, Karen: *You Matter More Than You Think: Quantum Social Change for a Thriving World*, Oslo 2021, S. 117.

8 Ebenda, S. 120 f.

9 Ebenda, S. 38.

10 Merton und Dater, a. a. O.

11 Thunberg et al., a. a. O., S. 179.

12 Ebenda, S. 114.

13 Ebenda, S. 151 f.

14 Ebenda, S. 176.

15 Chungyalpa, Dekila: »At the Center of All Things is Interdependence«, *Humans and Nature*, 17.5.2021, https://humansandnature.org/at-the-center-of-all-things-is-interdependence/.

16 Dalai Lama: *On Environment*, a. a. O., S. 57.

17 Barnett und Johnson, a. a. O.

18 Zitiert nach Ingram, a. a. O.

19 Thunberg et al., a. a. O., S. 157.

20 Selassie, Sebene: *Connecting: Earth | Water | Fire | Air*, 2021, https://www.sebeneselassie.com/blog/connecting-earth-water-fire-air.

21 Dalai Lama: *On Environment*, a. a. O., S. 35.

22 Odell, a. a. O., S. 226.

23 Aronoff, Kate: »Things Are Bleak!«, *The Nation*, 29.10.2019, https://www.thenation.com/article/archive/jonathan-safran-foer-we-are-the-weather-climate-review/.

24 Nordgren, Loran und Vedantam, Shankar: »Work 2.0: The Obstacles You Don't See«, *Hidden Brain* (Podcast), 1.11.2021, https://hiddenbrain.org/podcast/work-2-0-the-obstacles-you-dont-see/.

25 Odell, Jenny: *Offline: Jenny Odell on How to Do Nothing* (Podcast), 2022, https://podtail.com/podcast/offline-with-jon-favreau/jenny-odell-on-how-to-do-nothing/.

26 Hawken, Paul: *Regeneration. Ending the Climate Crisis in One Generation*, New York 2021, S. 250.

27 Wynes, Seth und Nicholas, Kimberly A.: »The climate mitigation gap: education and government recommendations miss the most effective individual actions«, in: *Environmental Research Letters* 12, Nr. 7 (12. Juli 2017), https://iopscience.iop.org/article/10.1088/1748-9326/aa7541. Die Studie fasst ihre Resultate wie folgt zusammen: »Wir empfehlen vier breit durchführbare Aktivitäten mit ausgesprochen hohem Potenzial, einen systemischen Wandel zu bewirken und die eigenen Emissionen massiv zu reduzieren: ein Kind weniger (Einsparpotenzial in entwickelten Ländern 58,6 Tonnen CO_2-Äquivalente (tCO_2e) pro Jahr), ein autofreies Leben (2,4 tCO_2e pro Jahr), Verzicht auf Flugreisen (1,6 tCO_2e pro transatlantischen Hin- und Rückflug) sowie eine fleischlose Ernährung (0,8 tCO_2e pro Jahr). Diese Strategien haben ein weit größeres Potenzial, Emissionen zu reduzieren, als die häufig empfohlenen wie umfassendes Recycling (viermal weniger Einsparpotenzial als die fleischlose Ernährung) oder die Entscheidung für LED-Glühbirnen (achtmal weniger). Obwohl gerade Jugendliche, deren Lebensstil noch für Veränderungen offen ist, eine wichtige Zielgruppe für die Information über Strategien mit hohem Einsparpotenzial sind, finden wir, dass die zehn wichtigsten naturwissenschaftlichen Unterrichtswerke für die Mittel- und Oberstufe in Kanada diese Strategien meist nicht nennen. (Sie machen nur 4 Prozent aller genannten Empfehlungen aus.) Stattdessen konzentriert man sich auf Veränderungen mit deutlich geringerem Potenzial zur Emissionsreduktion. Auch die Empfehlungen der Regierungsbehörden in der EU, den USA, in Kanada und Australien richten sich auf Maßnahmen mit geringem Einsparpotenzial. Daraus schließen wir, dass es Möglichkeiten gibt, die vorhandenen Kommunikations- und Erziehungsstrukturen zu verbessern, sodass diese über die effizientesten Optionen zur Emissionsreduktion informieren und so die Lücke schließen.

28 Siehe zum Beispiel Klein, Ezra: »Your Kids Are Not Doomed«, *The New York Times*, 5.6.2022, https://www.nytimes.com/2022/06/05/opinion/climate-change-should-you-have-kids.html.

29 Guenther, Genevieve und Wallace-Wells, David bei Coaston, Jane: »Got Climate Doom? Here's What You Can Do to Actually Make a Difference«, *The Argument*, Podcast der *New York Times*, 10.11.2021, https://www.nytimes.com/2021/11/10/opinion/climate-change-personal-actions.html?showTranscript=1.

30 Goodall, Jane: »Dr. Jane Goodall Teaches Conservation«, *MasterClass* (Bildungsplattform), 2022, https://www.masterclass.com/classes/jane-goodall-teaches-conservation.

31 Hawken, *Regeneration*, a. a. O., S. 72.

32 Ebenda, S. 249 f.

33 Johnson, Ayana Elizabeth und Wilkinson, Katharine K.: *All We Can Save: Truth, Courage, and Solutions for the Climate Crisis*, New York 2020, S. XXII–XXIV.

34 Ingram: »Facing Extinction«, a. a. O.

35 Meadows et al., a. a. O., S. 399.

36 Guenther und Wallace-Wells, a. a. O.

37 In Europa stellt zum Beispiel der WWF die Umweltprogramme der Parteien auf den Prüfstand. Die Helmholtz-Zentren www.helmholtz-klima.de forschen seit Jahren zum Klimawandel (Anm. d. Ü.).

38 Epel, Elissa: *The Stress Prescription: 7 Days to More Joy and Ease*, New York 2022.

39 Goodall, a. a. O.

40 Siehe für Deutschland https://janegoodall.de/roots-shoots/ (Anm. d. Übers.).

41 Thunberg et al., a. a. O., S. 175 f.

42 McKay, Adam, bei Roberts, David: *Volts* (Podcast), 12.1.2022, https://www.volts.wtf/p/volts-podcast-dont-look-up-director#details.

43 Aronoff, a. a. O.

44 Solnit et al., a. a. O.

45 Thunberg: *No One Is Too Small*, a. a. O., S. 106.

Sachregister

Abbrennen (Prärie) 154
Abhängigkeit, wechselseitige 225
Achtsamkeitspraxis 203
Albedo 37f., 40
Altruismus 116f., 136, 138, 256
»Anhaftung« 70f.
Anpassungsprobleme 220, 233
Antarktis 18, 40
Apathie 166
–, moralische 168ff.
Arktis 18, 38ff., 44, 48f., 60, 68, 95, 98, 150, 195f.
Barcelona 120f.
–, Superblocks 120f.
»Baum Gottes« 100, 232
Bewusstheit 123, 161, 226
Bewusstsein 15, 30, 33, 70, 91, 123, 151, 161, 199, 203, 207, 221, 222, 233, 251, 255
Bewusstseinswandel/-veränderung 34, 91, 199, 222
Biomasse 57
bodhicitta 231
Bodhisattva 22, 28, 144, 265
Brennstoffe, fossile 58, 90, 100, 127, 132, 146, 211, 219, 248
Buddha 65, 84, 93, 99, 223, 230
Buddhismus 13, 66, 70, 82, 85, 144, 168, 169, 178, 199, 231
»Carbon Capture« 53
Chaco Canyon 128ff.
Climate Emergency. Feedback Loops (Filme) 194
Climate Feedback-Loops 35 s. a. Feedback-Loops, klimatische
CO_2 135
– Ausstoß/-Emissionen 134, 257

– Einsparung 247
– Fußabdruck 219, 247f.,
– Steuer 259
Covid-19 200f., 261
Debatte (Klima) 25, 27, 95, 98, 123, 143, 145, 178, 219, 228, 238ff., 251
»Debatte« (Videokonferenz) 20ff.
Don't Look Up (Film) 161, 241, 260, 261
Dürren 55, 129, 164
Ehrfurcht 9, 101, 189ff., 198f., 201, 204, 208, 256
Einsicht 62, 67, 131, 140, 160, 225, 236
»Eisbergmodell« 222
Eisschmelze 164
»Embodiment-Tools« 176
Empörung, moralische 166f.
Engagement 180
Entwaldung 98, 101, 102, 107
»Envisioning« 209
Erderwärmung 16, 35, 36, 54, 106, 242
Erwärmung, globale 38, 49, 50, 51, 54, 58, 73, 248, 249
Erwärmungsmechanismen 35, 37
Extremwetterereignisse 14, 49
Feedback Loop(s) 50, 60, 61, 63, 71, 90, 96, 127, 135, 194, 246, 264, 209
– der Angst und Abneigung 82ff.
– der Gier s. Gier
– der Unwissenheit s. Unwissenheit
– der verschwindenden Bäume 52ff.
– der Wälder 54
– des schmelzenden Spiegels 37ff., 41
–, klimatische 16, 21, 36, 49
–, ökologische 91
Fehlverhalten, moralisches 167
Gewissen, kollektives 23

Gewohnheiten 160
– ändern, 229, 259
–, alte 26
Gier 29, 70, 77f., 82, 92, 124, 127, 136, 179
Gletscher 150
Gletscherschmelze 264
»Global Weirding« 49
»globaler Bioplan« 108ff.
Greenbelt Movement 102f.
»Grief-Toolkit« 175ff.
»Großer Wandel« 90
Handeln 214ff.
–, individuelles 219
–, systemisches 219
–, wertebasiertes 169
Herr der Fliegen 182
Hoffnung 13, 20, 30, 34, 46f., 57, 127, 148ff.,
    153, 164, 188, 197, 211, 216, 239, 255f.
–, absolute 256
–, aktive 154, 256f.
Hoffnungslosigkeit 9, 45, 74, 127
Holzpellets 57, 59, 60
Hurrikane 41, 51, 52
Inflation Reduction Act 263
Interdependenz 68, 220, 232
Intergovernmental Panel on Climate
    Change (IPCC) /-Berichte 21, 33, 45,
    73, 134, 147, 169, 239
IPCC 21, 33, 45, 73, 134, 147, 169, 239
Jetstream 37, 47ff.
Karma 25, 62, 67
Kettenreaktionen 31, 34, 36, 72, 134
Khoryug 225
Kipppunkte 31, 34, 36, 56, 57
Klimaaktivisten 153, 192, 218
Klimaangst 27, 34, 141
Klimabewegung 20, 218, 261
Klimabewusstsein 105
Klima-Feedback-Loops 62, 67, 95, 131 s. a.
    Feedback-Loops, klimatische
Klimaflüchtlinge 164
Klimagerechtigkeit 36, 78, 135, 139, 143,
    145, 224, 254
Klimagewissen 219
Klimakrise 11, 15, 16, 21, 24, 26, 27, 29, 45,
    46, 51, 61, 62, 71, 72, 77, 84, 90, 93, 96,

100, 126, 129, 130, 134, 136, 139, 141, 147,
    153, 161, 164, 165, 170, 174, 183, 216, 217,
    224, 226, 239, 243, 245, 259, 260, 263, 265
Klimamodelle 39, 51
Klima-Rückkopplungsschleifen 27, 34. 63
    s.a. Feedback-Loops
Klimastress 85, 86, 88, 255
Klimaverzweiflung 27
Klimawandel 14ff., 20, 24, 30, 33ff., 38, 40,
    42, 44, 45, 47, 48f., 59, 71, 73, 82, 83, 87,
    95, 105ff., 108ff., 114, 115, 120f., 125ff.,
    130f., 142, 145, 149, 150, 152f., 164ff.,
    169f., 173, 178f., 183, 185, 188, 194, 217,
    219, 220, 222, 223, 224, 227, 238, 239,
    240, 241, 243, 245, 247, 255, 264, 265
Kohlendioxid 35, 39, 42, 53, 54, 58, 59, 63,
    95, 96, 110
Kohlenstoff 60
– quelle 56, 57
– senke 54ff.
Kreativität 70, 79, 160, 250
Landwirtschaft, regenerative 122
Leiden, moralisches 167f.
Lojong 178
Loka Initiative 231
Mangel
–, individueller innerer 77
–, kollektiver 77
Manoomin 114f.
Maslows Bedürfnispyramide 96
Medien, soziale 20, 97, 99, 162, 245, 246,
    261
Meditation 191
– »Praktizieren mit gebrochenem Her-
    zen« 172ff.
– Erdung 180f.
– gegen Öko-Angst und Klimaverzweif-
    lung 85ff.
Mind & Life Institute 11, 16, 17, 20, 23ff.,
    29, 34, 52, 66, 124, 130, 189, 194, 196,
    267
Mitgefühl 22, 23, 86ff., 117, 142ff., 147, 160,
    166, 170, 178, 180, 188, 199, 221, 231, 256
Mobilität 201
»Motivational Interviewing« (Motivie-
    rende Gesprächsführung) 217

Nadelwald, borealer 54, 56, 57
Nahrungswald 112
Öko-Angst 85, 86, 88
ökologisch-klösterliche Bewegung
  s. Khoryug
Ökopsychologie 165
Optimismus 12, 106, 149, 151, 152, 153
Oslo 118f.
–, Kohlenstoffbilanz-Ausgleich 119
–, Treibhausgasemissionen 118
–, Umweltschutz 118f.
Our House Is On Fire (Buch) 29, 223,
  242
Pariser Klimaabkommen 2016 152, 166,
  243
Pariser UN-Klimakonferenz 2015 224
Permafrostboden 41ff., 98, 150
Permafrost-Feedback-Loop 43, 44
Planet-Erde-Serie BBC 193
Podcasts 240f.
Prinzip der wechselseitigen Abhängig-
  keit 214
Quantenwandel 225
Regenerationskräfte der Natur 97
Regenwälder, (tropische) 54ff., 103, 104
Renaturierung 46, 122
Revolution, industrielle 214
Rückkopplungsschleife(n) 31, 34, 40,
  43, 44, 51, 56, 60, 62, 70, 95, 246
  s.a. Feedback-Loops
Santa Monica Sustainability Index 118
Selbstentwicklung 144
Selbstheilungskräfte der Erde 26, 98
Solaranlagen 15
»sozialer Quantensprung« 220
Spiritualität 124, 240
Städte 46, 116ff., 248, 250
Staunen 9, 188f., 191f., 194, 199, 201, 203,
  212
Sunrise Movement 218, 254
Superblocks s. Barcelona
The All We Can Save Project 249
The Alternative UK (politische Bewe-
  gung) 221
To-do-Listen 246ff. ((Schreibung wie im
  Text))

– *von Ayana Elizabeth Johnson und Ka-
  tharine K. Wilkinson* 249ff.
– Donelle Meadows 253f.
– Dr. Jane Goodall 257f.
– Familie Thunberg 258f.
– *Paul Hawkens Regenerationsprinzip
  und Aufgabenliste* 248f.
– von Catherine Ingram 251ff.
– von Elissa Epel 255ff.
– von Genevieve Guenther 254f.
Trauer 176
Trauerarbeit 176
Treibhauseffekt 124
Treibhausgase 37ff., 42, 43, 50, 56, 60, 76,
  95, 96, 98, 116, 134, 259
Treibhausgasemissionen 35, 44, 49, 54, 59,
  118, 119, 166
Treibhausgasemittenden 76
Tucson 106f., 121
Überschwemmungen 18, 164, 208, 217
Umsiedlungen 164
Umweltauflagen, strengere 46
Umweltbewegung 210
Umweltschutz/Umweltschützer 12, 15, 53,
  59, 61, 68, 81, 83, 84, 96, 99, 102, 104,
  105, 116, 118, 211, 241
UN-Klimakonferenz 2022
UN-Klimakonferenz COP26 Glasgow 161
Unwissenheit 61, 70, 72ff., 92, 131, 241
Verbundenheit, wechselseitige 27, 68, 70,
  71, 77, 78, 86, 98, 123, 129, 131, 132, 182,
  218f., 229, 232, 233
Verletzung, moralische 167
Visionen 116ff., 209, 210f.
Wachstumsgesellschaft, industrielle 79,
  82, 90, 91, 96, 123, 169, 176, 177, 192f.,
  202, 220, 233, 235
Wälder 52ff.
Wandel
–, sozialer 220
–, systemischer 221
Wasserdampf-Feedback-Loops 51
Wiederbegrünung der Erde 98ff.
Wildlife Alliance 104
Wildreis s. Manoomin
Willensbildung, öffentliche 239

Wirkmächtigkeit 125ff., 239
Wirtschaft, regenerative 116, 117
»Wolken-Feedback« 50
Woodwell Climate Research Center 36,
    41, 47, 54, 56, 98, 150
Wunder im Alltag 195, 198
Wundern 188f.
Wut 9, 86, 166, 167, 168ff., 173, 174, 188,
    251, 257

Yale Program on Climate Change
    Communication 73
»Zeitalter des Genug« 89f., 197, 215ff.
Zen 171
Zeremonien 236ff.
»Zu Hause bleiben« 201
Zynismus 209f.

Personenregister

Aronoff, Kate 238, 260f.
Attenborough, David 192f.
Bacon, Francis 68f.
Baker, Willa Blythe 176, 178ff., 215f., 267
Baldwin, James 169
Barton, Camille 175ff.
Batchelor, Stephen 82, 183f.
Batson, C. Daniel 169
Beresford-Kroeger, Diana 108
Berry, Wendell 208
Biden, Joseph Robinette 263
Cajete, Grogory 236
Chungyalpa, Dekila 224ff., 231f.
Coe, Mike 54ff.
Cook, Francis H. 66
Dalai Lama 11ff., 17ff., 21ff., 29ff., 33f., 45, 53, 57, 62, 65ff., 71, 74, 77ff., 92f., 97ff., 121ff., 138ff., 142ff., 147, 149, 151, 157, 161, 167, 169, 192, 194, 210, 213, 229, 233, 236, 240, 242, 258, 261f., 265
Descartes, René 68f.
DiCaprio, Leonardo 260, 262
Duffy, Phil 98
Eisenberg, Nancy 169
Emanuel, Kerry 36, 52
Epel, Elissa 52f., 72, 255ff.
Erman, Malena 228
Figueres, Christiana 152, 243
Fisher, Andy 165f.
Foer, Jonathan Safran 238

Francis, Jennifer 47, 51, 150
Freud, Sigmund 96
Garrigus, Beth 172
Gill, Charlotte 58
Goodall, Jane 257
Guenther, Genevieve 247, 254
Halifax, Roshi Joan 89, 167ff., 218
Hall, Carl 194
Harari, Yuval Noah 29, 260
Hartman, Thom 182
Hawken, Paul 97, 105f., 246ff.
Hayhoe, Katherine 49, 145ff., 153, 244
Heglar, Mary Annaïse 261
Hershey, Berry 16, 265
Higgs, Stephanie 96, 174, 266
Hockney, David 197
Holland, Marika 39f.
Ingram, Catherine 163, 183ff., 251
Johnson, Ayana Elizabeth 249
June, Lyla 110ff., 127ff., 154f., 232f., 236
Kangyur Rinpoche 190
Kanko, Kritee 176
Keltner, Dacher 189
Konc, Riane 182
Kübler-Ross, Elisabeth 166, 184
Lastrucci, Francesco 103ff.
Law, Beverly 58, 59
Leder, Steve 184, 200
Loy, David 77f., 92
Maathai, Wangari 100ff., 191, 211, 222, 228, 232

Macy, Joanna 79, 90, 91, 129, 141, 149, 161ff., 165, 170f. 172, 184, 256, 257

Magnason Andri Snær 264

Maibach, Ed 130, 239

McKay, Adam 260f.

McKibben, Bill 224, 227

Meadows, Donella 60ff., 74ff., 79, 82, 83, 208ff., 253

Menaker, Daniel 174, 176

Miller, Sarah 57

Mitchell, Joni 50

Monbiot, George 161f., 164

Moomaw, Bill 21, 22, 59, 95, 98, 266

Musk, Elon 260

Nanda, Anupam 120f.

Natali, Sue 21, 22, 41, 266

O'Brien Karen 220f., 227, 233, 242

Odell, Jenny 187f., 192, 197, 245f.

Patterson, Bobbi 241f.

Pecks, Raoul 169

Perovich, Don 38, 150, 195f.

Rafe, Martin 223

Ricard, Matthieu 136f., 140, 188ff., 195

Rogers, Brendan 56

Romero, Nick 119

Romero, Regina 106

Rose, Jonathan 116ff., 211

Selassie, Sebene 198f., 235

Shantideva 230

Shiva, Vandana 68ff., 78, 117, 123, 169, 232

Snyder, Gary 201

Solnit, Rebecca 148, 151, 201, 210, 224, 261

Tade, Stephanie 159ff., 211, 266

Thunberg, Greta 11ff., 19ff., 29ff., 33f., 36, 44, 56, 62f., 65, 67, 71ff., 79, 82f., 93, 122, 126, 131, 133, 135f., 139f., 142ff., 148f., 151, 157, 161, 166f., 170, 171, 192, 194, 202, 210, 213, 216, 217, 223, 227, 228, 234, 240, 242, 245, 258, 261, 262, 265

Thunberg, Svante 226f.

Thupten Jinpa 25, 66f., 142ff., 147, 192, 266

Trump, Donald 166, 167

Wallace-Wells, David 247

Waltch, Bonnie 149f., 265

Wamsler, Christine 220ff., 227, 242

Westervelt, Amy 261

Weyler, Rex 234

Whyte, Kyle 113ff., 232

Wilkinson, Katherine K. 249

Woodwell, George 36, 39, 54, 100

Woolf, Virginia 148

Zuniga, Adriana 106f.